中国林业和草原统计年鉴 2018

CHINA FORESTRY AND GRASSLAND STATISTICAL YEARBOOK

国家林业和草原局 ◎ 编

中国林业出版社
·北京·

图书在版编目（CIP）数据

中国林业和草原统计年鉴. 2018 / 国家林业和草原局编. —北京：中国林业出版社，2019.10
ISBN 978-7-5219-0315-7

Ⅰ. ①中… Ⅱ. ①国… Ⅲ. ①林业经济 – 统计资料 – 中国 – 2018 – 年鉴 ②草原资源 – 统计资料 – 中国 – 2018 – 年鉴 Ⅳ. ①F326.2-66②S812.8-66

中国版本图书馆 CIP 数据核字（2019）第 236389 号

中国林业和草原统计年鉴2018

编者：国家林业和草原局
地址：北京市东城区和平里东街 18 号
电话：010 – 84238824
E-mail：luckyhr@163.com
出版：中国林业出版社（100009　北京市西城区德内大街刘海胡同 7 号）
发行：中国林业出版社
印刷：北京中科印刷有限公司
版次：2019 年 10 月第 1 版
印次：2019 年 10 月第 1 次
开本：880mm×1230mm　1/16
印张：25.25
字数：1100 千字
定价：258.00 元

中国林业和草原统计年鉴 2018

主　　编	张建龙
副 主 编	李春良
编　　委	闫　振　马爱国　赵良平　徐济德　李伟方
	吴志民　孙国吉　张志忠　程　红　丁立新
	潘世学　刘国强
编写人员	刘建杰　周　琼　林　琳　赵宇翔　韩爱慧
	杨　智　闫晓红　方　艳　李梦先　张　旗
	于滨丽　陈鑫峰　邹庆浩　程小玲　赵　晨
	滕轶龑　李海波　胡明形
省级统计人员	张　静　张　洁　闫香妥　张　阳　张　梁
	李国丽　孙平岩　刘洁超　李晟昕　冯澄澄
	潘江灵　徐承奎　林志勇　刘　逸　胡晓丹
	崔文杰　李清伟　王译锴　荚存宏　覃方川
	倪德玉　陈　刚　林　川　郭庆峰　潘轶梅
	罗　洋　李宇星　陈　瑱　贺万祥　刘自祥
	徐彩芹　梁　燕　曲贵来　杨秋月　贾学良
	李玉新　申飞鹤

CHINA FORESTRY AND GRASSLAND STATISTICAL YEARBOOK 2018

Editor in Chief	Zhang Jianlong
Associate Editors	Li Chunliang
Members of Editorial Board	Yan Zhen Ma Aiguo Zhao Liangping Xu Jide Li Weifang Wu Zhimin Sun Guoji Zhang Zhizhong Cheng Hong Ding Lixin Pan Shixue Liu Guoqiang
Compiling Staff	Liu Jianjie Zhou Qiong Lin Lin Zhao Yuxiang Han Aihui Yang Zhi Yan Xiaohong Fang Yan Li Mengxian Zhang Qi Yu Binli Chen Xinfeng Zou Qinghao Cheng Xiaoling Zhao Chen Teng Yiyan Li Haibo Hu Mingxing
Provincial Statisticians	Zhang Jing Zhang Jie Yan Xiangtuo Zhang Yang Zhang Liang Li Guoli Sun Pingyan Liu Jiechao Li Shengxin Feng Chengcheng Pan Jiangling Xu Chengkui Lin Zhiyong Liu Yi Hu Xiaodan Cui Wenjie Li Qingwei Wang Yikai Jia Cunhong Qin Fangchuan Ni Deyu Chen Gang Lin Chuan Guo Qingfeng Pan Yimei Luo Yang Li Yuxing Chen Zhen He Wanxiang Liu Zixiang Xu Caiqin Liang Yan Qu Guilai Yang Qiuyue Jia Xueliang Li Yuxin Shen Feihe

说明

一、为了适应改革开放的需要，便于国内外各界了解中国林业建设与发展情况，我们编辑了《中国林业统计年鉴》。该书从1987年开始公开出版，每年出版一册，供广大读者作为资料性的工具书使用。自2018年开始，草原管理职能调至国家林业和草原局，其相关数据编入年鉴，《中国林业统计年鉴》更名为《中国林业和草原统计年鉴》。

二、本书系根据各省、自治区、直辖市林业和草原管理部门以及国家林业和草原局有关单位上报的2018年林业统计年报和其他有关资料编辑而成。全书分为：绿色发展和主要资源、生态建设、产业发展、从业人员和劳动报酬、林业投资、林业教育6个部分及东北、内蒙古重点国有林区森工企业主要统计指标、林业工作站和乡村林场基本情况、林业主要灾害情况、全国分县造林情况、全国历年主要统计指标完成情况、主要林产品进出口情况、野生动植物进出口情况和世界主要国家林业情况8个附录。

三、本书中内蒙古集团、吉林集团、长白山集团、龙江集团和大兴安岭指内蒙古森工集团、吉林森工集团、长白山森工集团、龙江森工集团和大兴安岭林业集团。本书数据除特别标注外不包括香港特别行政区、澳门特别行政区以及台湾省。

四、"—"表示数据不足本表最小单位数、不详或无该项数据。

五、为了不断提高该统计年鉴质量，竭诚欢迎广大读者提出改进意见。

编　者
2019年10月

Preface

To meet requirements of reform and opening – up, *China Forestry Statistical Yearbook* has been annually published since 1987. The yearbook, as a reference tool, is used to help people from all walks of life at home and abroad to understand forestry construction and development in China. Since the grassland administration was combined into former State Forestry Administration, the yearbook is renamed as *China Forestry and Grassland Statistical Yearbook*.

China Forestry and Grassland Statistical Yearbook 2018 is edited on the basis of some relevant information and the statistics submitted by the competent forestry and grassland departments of provinces, autonomous regions, municipalities directly under the Central Government and some institutions affiliated to the National Forestry and Grassland Administration. The yearbook is composed of six components including green development and major resources, ecological improvement, development of forestry industry, employment, forestry investment and education. It also contains 8 appendices of major statistical data of forest industry enterprises in the key state-owned forest areas of the Northeast region and Inner Mongolia, forestry working stations and rural forest farms, major forest disasters, afforestation in counties, main forestry statistical indicators over years, import and export of primary forest products, import and export of wild fauna and flora and forestry in major countries of the world.

In the yearbook, Inner Mongolia Group, Jilin Group, Changbai Mountain Group, Longjiang Group and Daxinganling refer to Inner Mongolia Forest Industry Group, Jilin Forest Industry Group, Changbai Mountain Forest Industry Group, Longjiang Forest Industry Group and Daxinganling Forestry Group.

The yearbook (in case there are no specific notes) does not include the data of Hong Kong Special Administrative Region, Macao Special Administrative Region and Taiwan Province.

"—" indicates that the figure is not large enough to be measured with the smallest unit in the table or the data are not available.

In order to improve the quality of the yearbook, readers' suggestions and comments are warmly welcomed.

Editor
October, 2019

目录
CONTENTS

一、绿色发展和主要资源
Green Development and Major Resources

全国森林资源情况 ……………………………………………………………………（2）
　　National Forest Resources

绿色发展林业草原指标数据 …………………………………………………………（3）
　　Green Development Indicators of Forestry and Grassland

二、生态建设
Ecological Development

全国营造林生产主要指标2018年与2017年比较 …………………………………（6）
　　National Main Indicators of Silvicultural Production in 2018 as Compared with the Year
　　of 2017

各地区营造林生产情况 ………………………………………………………………（8）
　　Silvicultural Production by Region

林业重点生态工程建设情况 …………………………………………………………（12）
　　Key Forestry Ecological Development Programs

各地区林业重点生态工程造林面积 …………………………………………………（14）
　　Areas of Afforestation of Key Forestry Ecological Development Programs by Region

天然林资源保护工程建设情况 ………………………………………………………（15）
　　Natural Forest Protection Program

各地区天然林资源保护工程建设情况 ………………………………………………（16）
　　Natural Forest Protection Program by Region

1

东北、内蒙古等重点国有林区天然林资源保护工程建设情况 (20)
Natural Forest Protection Program in the Key State-owned Forest Areas of the Northeast, Inner Mongolia, etc.

长江上游、黄河上中游地区天然林资源保护工程建设情况 (24)
Natural Forest Protection Program in the Upper Reaches of the Yangtze River and the Middle and Upper Reaches of the Yellow River

退耕还林工程建设情况 (28)
Conversion of Cropland into Forests Program

各地区退耕还林工程建设情况 (29)
Conversion of Cropland into Forests Program by Region

京津风沙源治理工程建设情况 (32)
Sandification Control Program for the Areas in the Vicinity of Beijing and Tianjin

石漠化综合治理工程建设情况 (33)
Rocky Desertification Comprehensive Control Program

三北及长江流域等重点防护林体系工程建设情况 (33)
Key Shelterbelt Development Programs in the Three-North (the Northeast, Northwest and North China) Region and in the Middle and Lower Reaches of the Yangtze River

各地区三北及长江流域等重点防护林体系工程建设情况 (34)
Key Shelterbelt Development Programs in the Three-North Region and the Middle and Lower Reaches of the Yangtze River by Region

各地区三北防护林工程建设情况 (38)
The Three-North Shelterbelt Development Program by Region

各地区长江流域防护林体系工程建设情况 (42)
The Shelterbelt Development Program in Watershed Areas of the Yangtze River by Region

各地区沿海防护林体系工程建设情况 (46)
The Shelterbelt Development Program along Coastal Areas by Region

各地区珠江流域防护林体系工程建设情况 (50)
The Shelterbelt Development Program in Watershed Areas of the Pearl River by Region

各地区太行山绿化工程建设情况 (54)
The Greening Program in the Taihang Mountain Areas by Region

野生动植物保护情况 (58)
The Wildlife Conservation

各地区野生动植物保护情况 (59)
The Wildlife Conservation by Region

三、产业发展

Forest Industrial Development

林业产业总产值（按现行价格计算） ……………………………………………（62）
Gross Output Value of Forest Industry (at Current Prices)

各地区林业产业总产值（按现行价格计算） ……………………………………（64）
Gross Output Value of Forest Industry (at Current Prices) by Region

全国主要林产工业产品产量2018年与2017年比较 ……………………………（72）
National Output of Major Forest Industrial Products in 2018 as Compared with the Year of 2017

全国主要木材、竹材产品产量 …………………………………………………（73）
National Output of Major Timber and Bamboo Wood Products

各地区主要木材、竹材产品产量 ………………………………………………（74）
Output of Major Timber and Bamboo Wood Products by Region

全国主要经济林产品生产情况 …………………………………………………（77）
National Output of Major Economic Forest Products

各地区主要经济林产品生产情况 ………………………………………………（78）
Output of Major Economic Forest Products by Region

全国油茶与核桃产业发展情况 …………………………………………………（84）
National Development of Oil-tea Camellia and Walnut Industry

全国花卉产业发展情况 …………………………………………………………（85）
National Development of Flower Industry

各地区油茶与核桃产业发展情况 ………………………………………………（86）
Development of Oil-tea Camellia and Walnut Industry by Region

各地区花卉产业发展情况 ………………………………………………………（88）
Development of Flower Industry by Region

全国主要林产工业产品产量 ……………………………………………………（90）
National Output of Major Forest Industrial Products

各地区主要木竹加工产品产量 …………………………………………………（92）
National Output of Major Timber and Bamboo Processing Products

各地区主要林产化工产品产量 …………………………………………………（96）
Output of Major Timber and Bamboo Processing Products by Region

全国主要林产品销售实际平均价格 ……………………………………………（99）
National Average Selling Price for Major Forest Products

各地区主要林产品销售实际平均价格 ·············· （100）
　　Average Selling Price for Major Forest Products by Region

各地区林业旅游与休闲产业发展情况 ·············· （104）
　　Development of Forest Tourism and Recreation by Region

各地区森林公园建设与经营情况主要指标 ·············· （105）
　　Main Indicators of Forest Park Development and Operation by Region

四、从业人员和劳动报酬
Employment and Wages

林业系统从业人员和劳动报酬主要指标2018年与2017年比较 ·············· （110）
　　Main Indicators of Employed Persons and Earnings in Forestry Sector in 2018 as
　　Compared with the Year of 2017

林业系统按行业分全部单位个数、从业人员和劳动报酬情况 ·············· （111）
　　Number of Units, Employed Persons and Earnings in Forestry Sector by Line of Business

各地区林业系统单位个数 ·············· （114）
　　Number of Units in Forestry Sector by Region

各地区林业系统单位年末人数 ·············· （118）
　　Number of Persons at the End of the Year in Forestry Sector by Region

各地区林业系统单位从业人员年末人数 ·············· （122）
　　Number of Employed Persons at the End of the Year in Forestry Sector by Region

各地区林业系统单位在岗职工年末人数 ·············· （126）
　　Number of Employed Workers and Staff Members at the End of the Year in Forestry
　　Sector by Region

各地区林业系统单位其他从业人员年末人数 ·············· （130）
　　Number of Other Employed Persons at the End of the Year in Forestry Sector by Region

各地区林业系统单位实有离退休人员年末人数 ·············· （134）
　　Number of Retired Veteran Cadres and Workers at the End of the Year in Forestry Sector
　　by Region

各地区林业系统单位离开本单位仍保留劳动关系人员年末人数 ·············· （138）
　　Number of Persons who no Longer Worked for Units but Still Remained Their Labor
　　Relations at the End of the Year in Forestry Sector by Region

各地区林业系统单位在岗职工年平均工资 ·············· （142）
　　Annual Average Wage of Employed Workers and Staff Members in Forestry Sector
　　by Region

林业系统职工伤亡事故情况 ……………………………………………………（146）
　　Casualty Accidents of Workers in Forestry Sector

各地区林业系统职工轻伤事故情况 ……………………………………………（148）
　　Minor Injury Accidents of Workers in Forestry Sector by Region

各地区林业系统职工重伤事故情况 ……………………………………………（150）
　　Severe Injury Accidents of Workers in Forestry Sector by Region

各地区林业系统职工死亡事故情况 ……………………………………………（152）
　　Fatal Accidents of Workers in Forestry Sector by Region

国家林业和草原局机关及直属单位从业人员和劳动报酬情况 …………………（154）
　　Number of Employed Persons and Earnings in the Administrative Organs and Institutions
　　Directly Affiliated to the National Forestry and Grassland Administration

五、林业投资
Investment in Forestry

林业投资完成情况 …………………………………………………………………（158）
　　Investment in Forestry

各地区林业投资完成情况 …………………………………………………………（160）
　　Investment in Forestry by Region

林业固定资产投资完成情况 ………………………………………………………（164）
　　Investment in Forestry Fixed Assets

各地区林业固定资产投资完成情况 ………………………………………………（165）
　　Investment in Forestry Fixed Assets by Region

林业利用外资基本情况 ……………………………………………………………（170）
　　Utilization of Foreign Investment in Forestry

各地区林业利用外资项目个数 ……………………………………………………（171）
　　Number of Foreign-invested Forestry Projects by Region

各地区林业实际利用外资情况 ……………………………………………………（172）
　　Actual Utilization of Foreign Investment in Forestry by Region

各地区林业协议利用外资情况 ……………………………………………………（173）
　　Contractual Utilization of Foreign Investment in Forestry by Region

国家林业和草原局机关及直属单位林业投资完成情况 …………………………（174）
　　Investment in Forestry by the Administrative Organs and Institutions Directly Affiliated to
　　the National Forestry and Grassland Administration

六、林业教育

Forestry Education

2018~2019 学年初普通高、中等林业院校和其他高、中等院校林科基本情况 ……… (180)
    Basic Information on Forestry Schools of Higher and Secondary Education, and Forestry-related Discipline of Other Schools of Higher and Secondary Education at the Beginning of the Academic Year (2018 – 2019)

2018~2019 学年初普通高等林业院校和其他高等院校、科研院所林科研究生分学科情况 ……………………………………………………………………………………… (181)
    Number of Postgraduates by Field of Study in Forestry Schools of Higher Education and in Forestry – related Discipline of Other Schools of Higher Education and Scientific Research Institutes at the Beginning of the Academic Year (2018 – 2019)

2018~2019 学年初普通高等林业院校和其他高等院校林科本科学生分专业情况 …… (185)
    Number of Bachelor Students by Specialty in Forestry Schools of Higher Education and in Forestry – related Discipline of Other Schools of Higher Education at the Beginning of the Academic Year (2018 – 2019)

2018~2019 学年高等林业(生态)职业技术学院和其他高等职业学院林科分专业情况 ………………………………………………………………………………………… (191)
    Number of Students by Specialty in Forestry (Ecological) Vocational Technical Schools of Higher Education and in Forestry-related Discipline of Other Vocational Schools of Higher Education at the Beginning of the Academic Year (2018 – 2019)

2018~2019 学年初普通中等林业(园林)职业学校和其他中等职业学校林科分专业学生情况 ………………………………………………………………………………… (197)
    Number of Students by Specialty in Secondary Forestry (Horticultural) Schools and in Forestry – related Discipline of Other Secondary Vocational Schools at the Beginning of the Academic Year (2018 – 2019)

附录一：东北、内蒙古重点国有林区森工企业主要统计指标

Annex I Main Statistical Indicators for Forest Industry Enterprises in the Key State-owned Forest Areas of the Northeast Region and Inner Mongolia

东北、内蒙古重点国有林区森工企业营林生产情况 …………………………… (200)
    Silviculture of the Forest Industry Enterprises in the Key State-owned Forest Areas of the Northeast Region and Inner Mongolia

东北、内蒙古重点国有林区 87 个森工企业营林生产情况 …………………… (202)
    Silviculture of the Forest Industry Enterprises in the Key State-owned Forest Areas of the Northeast Region and Inner Mongolia by Enterprise

东北、内蒙古重点国有林区森工企业产值与企业债务情况（按现行价格计算）……… (206)
Output Value and Enterprise Debt of the Forest Industry Enterprises in the Key State-owned Forest Areas of the Northeast Region and Inner Mongolia (at Current Prices)

东北、内蒙古重点国有林区87个森工企业产值与企业债务情况（按现行价格计算）………
………………………………………………………………………………………………… (208)
Output Value and Enterprise Debt of the Forest Industry Enterprises in the Key State-owned Forest Areas of the Northeast Region and Inner Mongolia by Enterprise (at current prices)

东北、内蒙古重点国有林区森工企业主要产品产量 ………………………………… (216)
Output of Major Products of the Forest Industry Enterprises in the Key State-owned Forest Areas of the Northeast Region and Inner Mongolia

东北、内蒙古重点国有林区87个森工企业主要产品产量 …………………………… (218)
Output of Major Products of the Forest Industry Enterprises in the Key State-owned Forest Areas of the Northeast Region and Inner Mongolia by Enterprise

东北、内蒙古重点国有林区森工企业非木材产品产量 ………………………………… (222)
Output of Non-timber Products of the Forest Industry Enterprises in the Key State-owned Forest Areas of the Northeast Region and Inner Mongolia

东北、内蒙古重点国有林区87个森工企业非木材产品产量 …………………………… (223)
Output of Non-timber Products of the Forest Industry Enterprises in the Key State-owned Forest Areas of the Northeast Region and Inner Mongolia by Enterprise

东北、内蒙古重点国有林区森工企业从业人员和劳动报酬情况 ……………………… (225)
Number of Employed Persons and Earnings of the Forest Industry Enterprises in the Key State-owned Forest Areas of the Northeast Region and Inner Mongolia

东北、内蒙古重点国有林区87个森工企业从业人员和劳动报酬情况 ………………… (226)
Number of Employed Persons and Earnings of the Forest Industry Enterprises in the Key State-owned Forest Areas of the Northeast Region and Inner Mongolia by Enterprise

东北、内蒙古重点国有林区森工企业林业投资完成情况 ……………………………… (230)
Investment in Forestry of the Forest Industry Enterprises in the Key State-owned Forest Areas of the Northeast Region and Inner Mongolia

东北、内蒙古重点国有林区87个森工企业林业投资完成情况 ………………………… (232)
Investment in Forestry of the Forest Industry Enterprises in the Key State-owned Forest Areas of the Northeast Region and Inner Mongolia by Enterprise

附录二：林业工作站和乡村林场基本情况

Annex Ⅱ Forestry Working Stations and Rural Forest Farms

各地区乡镇林业工作站基本情况 ………………………………………………………… (246)
Forestry Working Stations at the Grassroots Level by Region

各地区地、县级林业工作站及管理人员情况 …………………………………………… (248)
Forestry Working Stations and Managerial Staff at Prefecture and County Levels by Region

各地区乡镇林业工作站人员素质和培训情况 ……………………………………（250）
　　Educational and Technical Background of Personnel and Training at the Grassroots
　　　Forestry Working Stations by Region

各地区乡镇林业工作站建设完成投资情况 ……………………………………（252）
　　Investment in Forestry Working Stations at the Grassroots Level by Region

各地区乡镇林业工作站职能作用主要指标情况 ………………………………（253）
　　Main Indicators of Function and Role of Forestry Working Stations at the Grassroots Level
　　　by Region

各地区乡村护林员情况 ……………………………………………………………（256）
　　Forest Guards in Rural Areas by Region

各地区乡村林场基本情况 …………………………………………………………（258）
　　Rural Forest Farms by Region

附录三：林业主要灾害情况
Annex III Major Forest Disasters

全国林业主要灾害情况 ……………………………………………………………（262）
　　Major Forest Disasters

各地区林业有害生物发生防治情况 ………………………………………………（264）
　　Control of Forest Pests, Diseases, Rodent Damages and Harmful Plants by Region

各地区林业病害发生防治情况 ……………………………………………………（266）
　　Control of Forest Diseases by Region

各地区林业虫害发生防治情况 ……………………………………………………（268）
　　Control of Forest Pests by Region

各地区林业鼠(兔)害发生防治情况 ………………………………………………（270）
　　Control of Forest Rodent Damages by Region

各地区林业有害植物发生防治情况 ………………………………………………（272）
　　Control of Forest Harmful Plants by Region

各地区林业有害生物防治检疫机构情况 …………………………………………（274）
　　Quarantine Institutions for Control of Forest Pests, Diseases, Rodent Damages and
　　　Harmful Plants by Region

各地区林业有害生物防治资金投入情况 …………………………………………（276）
　　Funds Invested in Control of Pests, Diseases, Rodent Damages
　　　and Harmful Plants by Region

附录四：全国分县造林情况
Annex IV National Afforestation by County

分县造林完成情况 …………………………………………………………………（280）
　　Afforestation by County

附录五：全国历年主要统计指标完成情况
Annex V Main Statistical Indicators in Calendar Years

全国历年营造林面积 ·· (352)
　　Areas of Afforestation in Calendar Years

全国历年林业重点生态工程完成造林面积 ··· (354)
　　Areas of Afforestation Established by Key Forestry Ecological Development Programs in Calendar Years

全国历年林业重点生态工程实际完成投资及国家投资情况 ································· (356)
　　Investment in Key Forestry Ecological Development Programs and the Central Government Investment in Calendar Years

全国历年木材、竹材及木材加工、林产化学主要产品产量 ································· (360)
　　Output of Major Products Including Timber, Bamboo Wood and Timber Processing Products, Forest Industrial and Chemical Products in Calendar Years

全国历年林业投资完成情况 ·· (361)
　　Investment in Forestry in Calendar Years

附录六：2009~2018年主要林产品进出口情况
Annex VI Import and Export of Major Forest Products between 2009 and 2018

2009~2018年主要林产品进出口金额 ·· (364)
　　Import and Export Value of Major Forest Products between 2009 and 2018

2009~2018年主要林产品进出口数量 ·· (368)
　　Import and Export Volume of Major Forest Products between 2009 and 2018

附录七：野生动植物进出口情况
Annex VII Import and Export of Wild Fauna and Flora

全国野生动植物进出口情况 ·· (374)
　　National Import and Export of Wild Fauna and Flora

各办事处野生动植物进出口情况 ·· (376)
　　Import and Export of Wild Fauna and Flora by Representative Office

附录八：世界主要国家林业情况
Annex VIII Forestry in Major Countries in the World

2015年世界主要国家森林面积及变化 ·· (384)
　　Areas of Forests and Changes in Major Countries of the World in 2015

2017年世界主要国家林产品产量、贸易量和消费量 ·· (385)
　　Output, Trade Volume and Consumption of Forest Products in Major Countries of the World in 2017

绿色发展和主要资源

GREEN DEVELOPMENT AND MAJOR RESOURCES

中国林业和草原统计年鉴 2018

全国森林资源情况

地区	森林覆盖率 森林覆盖率(%)[①]	森林覆盖率 排序	林地面积（万公顷）	活立木总蓄积（万立方米）	森林面积[①]（万公顷）	森林蓄积（万立方米）	人工林 面积（万公顷）	人工林 蓄积（万立方米）	天然林 面积（万公顷）	天然林 蓄积（万立方米）	乔木林单位面积蓄积量（立方米/公顷）
全国合计	22.96	—	32591.12	1900713.20	22044.62	1756022.99	8003.10	345209.06	14041.52	1410813.93	94.83
北　京	43.77	10	107.10	3000.81	71.82	2437.36	43.48	1345.18	28.34	1092.18	39.21
天　津	12.07	28	20.39	620.56	13.64	460.27	12.98	428.13	0.66	32.14	44.86
河　北	26.78	19	775.64	15920.34	502.69	13737.98	263.54	7263.16	239.15	6474.82	37.60
山　西	20.50	22	787.25	14778.65	321.09	12923.37	167.63	4085.31	153.46	8838.06	52.88
内蒙古	22.10	21	4499.17	166271.98	2614.85	152704.12	600.01	13907.88	2014.84	138796.24	86.95
辽　宁	39.24	16	735.92	30888.53	571.83	29749.18	315.32	11486.23	256.51	18262.95	69.91
吉　林	41.49	14	904.79	105368.45	784.87	101295.77	175.94	11722.11	608.93	89573.66	130.76
黑龙江	43.78	9	2453.77	199999.41	1990.46	184704.09	243.26	20365.65	1747.20	164338.44	93.08
上　海	14.04	25	10.19	664.32	8.90	449.59	8.90	449.59	—	—	62.10
江　苏	15.20	24	174.98	9609.62	155.99	7044.48	150.83	6814.82	5.16	229.66	55.57
浙　江	59.43	4	659.77	31384.86	604.99	28114.67	244.65	8342.16	360.34	19772.51	65.86
安　徽	28.65	18	449.33	26145.10	395.85	22186.55	232.91	11686.64	162.94	10499.91	71.88
福　建	66.80	1	924.40	79711.29	811.58	72937.63	385.59	29957.75	425.99	42979.88	117.39
江　西	61.16	2	1079.90	57564.29	1021.02	50665.83	368.70	13893.65	652.32	36772.18	62.67
山　东	17.51	23	349.34	13040.49	266.51	9161.49	256.11	8855.52	10.40	305.97	60.01
河　南	24.14	20	520.74	26564.48	403.18	20719.12	245.78	11382.18	157.40	9336.94	59.49
湖　北	39.61	15	876.09	39579.82	736.27	36507.91	197.42	7836.98	538.85	28670.93	60.18
湖　南	49.69	8	1257.59	46141.03	1052.58	40715.73	501.51	18064.82	551.07	22650.91	50.96
广　东	53.52	7	1080.29	50063.49	945.98	46755.09	615.51	21617.35	330.47	25137.74	59.87
广　西	60.17	3	1629.50	74433.24	1429.65	67752.45	733.53	34516.12	696.12	33236.33	64.52
海　南	57.36	5	217.50	16347.14	194.49	15340.15	140.40	7649.11	54.09	7691.04	88.48
重　庆	43.11	12	421.71	24412.17	354.97	20678.18	95.93	5287.53	259.04	15390.65	84.11
四　川	38.03	17	2454.52	197201.77	1839.77	186099.00	502.22	25446.47	1337.55	160652.53	139.67
贵　州	43.77	11	927.96	44464.57	771.03	39182.90	315.45	16586.27	455.58	22596.63	66.93
云　南	55.04	6	2599.44	213244.99	2106.16	197265.84	507.68	21646.27	1598.48	175619.57	105.89
西　藏	12.14	27	1798.19	230519.15	1490.99	228254.42	7.84	242.06	1483.15	228012.36	258.30
陕　西	43.06	13	1236.79	51023.42	886.84	47866.70	310.53	4413.22	576.31	43453.48	67.69
甘　肃	11.33	29	1046.35	28386.88	509.73	25188.89	126.56	4313.99	383.17	20874.90	95.45
青　海	5.82	30	819.16	5556.86	419.75	4864.15	19.10	575.21	400.65	4288.94	115.43
宁　夏	12.63	26	179.52	1111.14	65.60	835.18	43.55	450.76	22.05	384.42	48.25
新　疆	4.87	31	1371.26	46490.95	802.23	39221.50	121.42	8127.84	680.81	31093.66	182.60
香　港[②]	25.05	—	2.77	—	2.77	—	2.77	—	—	—	—
澳　门[③]	30.00	—	0.09	—	0.09	—	0.09	—	—	—	—
台　湾[④]	60.71	—	219.71	50203.40	219.71	50203.40	45.96	6449.10	173.75	43754.30	228.50

①全国森林覆盖率和森林面积中含国家特别规定的灌木林新增面积，各省（区、市）森林覆盖率和森林面积含国家特别规定的灌木林面积。

②香港特别行政区数据来源于《中国统计年鉴（2018）》，森林面积为林地面积。

③澳门特别行政区数据来源于《澳门统计年鉴（2011）》，森林面积为绿地面积。

④台湾省数据来源于《台湾第四次森林资源调查统计资料（2013年）》。

绿色发展林业草原指标数据

地 区	森林覆盖率（%）	森林蓄积量（亿立方米）	乔木林单位面积蓄积量（立方米/公顷）	湿地保护率（%）	沙化土地治理面积（万公顷）	草原综合植被盖度（%）
全国合计	22.96	175.60	94.83	52.19	248.96	55.72
北 京	43.77	0.24	39.21	46.65	1.79	—
天 津	12.07	0.05	44.86	59.14	0.37	—
河 北	26.78	1.37	37.60	42.66	52.01	72.50
山 西	20.50	1.29	52.88	62.78	6.55	72.80
内蒙古	22.10	15.27	86.95	32.57	84.68	44.00
辽 宁	39.24	2.97	69.91	44.94	4.72	63.13
吉 林	41.49	10.13	130.76	44.98	3.52	71.70
黑龙江	43.78	18.47	93.08	55.85	2.68	67.50
上 海	14.04	0.04	62.10	50.47	—	—
江 苏	15.20	0.70	55.57	38.07	—	—
浙 江	59.43	2.81	65.86	23.08	—	—
安 徽	28.65	2.22	71.88	41.41	0.34	83.20
福 建	66.80	7.29	117.39	20.17	0.06	—
江 西	61.16	5.07	62.67	53.76	1.49	86.50
山 东	17.51	0.92	60.01	42.94	0.01	77.60
河 南	24.14	2.07	59.49	46.94	2.00	78.00
湖 北	39.61	3.65	60.18	44.92	4.20	86.00
湖 南	49.69	4.07	50.96	63.87	0.01	86.60
广 东	53.52	4.68	59.87	49.22	0.06	—
广 西	60.17	6.78	64.52	34.22	0.01	81.50
海 南	57.36	1.53	88.48	37.55	—	—
重 庆	43.11	2.07	84.11	60.28	—	85.20
四 川	38.03	18.61	139.67	50.00	4.32	85.50
贵 州	43.77	3.92	66.93	42.60	—	86.00
云 南	55.04	19.73	105.89	40.31	3.57	87.81
西 藏	12.14	22.83	258.30	68.75	11.74	45.90
陕 西	43.06	4.79	67.69	40.62	7.04	60.10
甘 肃	11.33	2.52	95.45	55.77	6.62	51.60
青 海	5.82	0.49	115.43	66.57	8.20	56.80
宁 夏	12.63	0.08	48.25	52.79	2.41	55.43
新 疆	4.87	3.92	182.60	66.62	40.54	40.98

说明：1. 森林资源数据来源于第九次全国森林资源清查结果(2014～2018年)。

2. 湿地面积数据来源于第二次全国湿地资源调查(2009～2013年)结果。

3. 草原综合植被盖度数据来源于针对全国23个省份开展的草原地面监测数据。

2 生态建设
ECOLOGICAL DEVELOPMENT

中国
林业和草原统计年鉴 2018

全国营造林生产主要指标

指 标 名 称	单位	2018年
一、造林面积	公顷	**7299473**
1. 人工造林	公顷	3677952
其中:新造混交林	公顷	876206
其中:新造灌木林	公顷	440023
其中:新造竹林	公顷	56470
2. 飞播造林	公顷	135429
①荒山飞播	公顷	125907
②飞播营林	公顷	9522
3. 新封山(沙)育林	公顷	1785067
①无林地和疏林地新封山育林	公顷	1034079
②有林地和灌木林地新封山育林	公顷	750988
4. 退化林修复	公顷	1329166
其中:纯林改造混交林	公顷	69309
①低效林改造	公顷	846156
②退化防护林改造	公顷	483010
5. 人工更新	公顷	371859
其中:新造混交林	公顷	31913
其中:人工促进天然更新	公顷	189794
二、森林抚育面积	公顷	**8675957**
三、年末实有封山(沙)育林面积	公顷	**24596091**
四、四旁(零星)植树	万株	**173967**
五、林木种苗		
1. 林木种子采集量	吨	30364
2. 当年苗木产量	万株	6463753
3. 育苗面积	公顷	1426929
其中:国有育苗	公顷	69911

2018年与2017年比较

2017年	2018年比2017年增减（%）
7680711	-4.96
4295890	-14.38
1416817	-38.16
372593	18.10
27319	106.71
141220	-4.10
136954	-8.07
4266	123.21
1657169	7.72
984741	5.01
672428	11.68
1280993	3.76
93056	-25.52
764190	10.73
516803	-6.54
305439	21.75
45936	-30.53
36295	422.92
8856398	-2.04
24682804	-0.35
174799	-0.48
28763	5.57
7021893	-7.95
1419171	0.55
72002	-2.90

各地区营造林

地 区	总计	人工造林				飞播造林			造 林
		合 计	其中:新造混交林	其中:新造灌木林	其中:新造竹林	合 计	荒山飞播	飞播营林	
全国合计	7299473	3677952	876206	440023	56460	135429	125907	9522	
北 京	29979	18427	10980	150	—	—	—	—	
天 津	8648	8648	467	—	—	—	—	—	
河 北	600956	359045	50437	5081	—	14934	14934	—	
山 西	340148	308020	183281	17943	—	—	—	—	
内蒙古	599979	317967	38307	149098	—	61146	57813	3333	
内蒙古集团	24699	3944	3819	125	—	—	—	—	
辽 宁	167978	62353	19012	346	—	13333	13333	—	
吉 林	122657	48260	9464	986	—	—	—	—	
吉林集团	27074	156	—	18	—	—	—	—	
长白山集团	32037	817	90	—	—	—	—	—	
黑龙江	96639	45678	2674	10191	—	—	—	—	
龙江集团	18479	2809	—	—	—	—	—	—	
上 海	3183	3183	3075	108	—	—	—	—	
江 苏	43356	41283	8286	3486	—	—	—	—	
浙 江	63643	7462	2973	43	34	—	—	—	
安 徽	138493	55718	4757	537	719	—	—	—	
福 建	193393	6517	1851	41	16	—	—	—	
江 西	308143	88556	30393	15800	671	—	—	—	
山 东	147481	118745	17209	874	14	—	—	—	
河 南	173596	137272	25832	—	—	13336	13336	—	
湖 北	330657	143803	20837	408	686	—	—	—	
湖 南	584316	188114	70527	42486	142	—	—	—	
广 东	270462	85178	50708	289	—	—	—	—	
广 西	247800	46828	885	3166	1146	—	—	—	
海 南	10496	2657	54	—	—	—	—	—	
重 庆	270003	110058	45658	9875	5480	—	—	—	
四 川	436816	257961	22635	30959	16805	—	—	—	
贵 州	346676	205917	5158	3187	20740	—	—	—	
云 南	374796	261079	24433	18005	10007	—	—	—	
西 藏	75039	39883	—	—	—	—	—	—	
陕 西	348094	160912	37765	8256	—	27004	25670	1334	
甘 肃	392765	296021	174677	36871	—	667	—	667	
青 海	205904	70031	—	35617	—	—	—	—	
宁 夏	100055	44828	7784	15098	—	—	—	—	
新 疆	243788	134881	6087	31122	—	5009	821	4188	
新疆兵团	15387	10462	588	1559	—	—	—	—	
大兴安岭	23534	2667	—	—	—	—	—	—	

生产情况(一)

单位:公顷

面积						
	新封山(沙)育林		退化林修复			
合计	无林地和疏林地新封山育林	有林地和灌木林地新封山育林	合计	其中:纯林改造混交林	低效林改造	退化防护林改造
1785067	1034079	750988	1329166	69309	846156	483010
10001	1934	8067	744	114	744	—
—	—	—	—	—	—	—
223827	205771	18056	238	220	106	132
32128	30546	1582	—	—	—	—
107537	88866	18671	92497	4626	25564	66933
—	—	—	20755	—	18085	2670
55334	22813	32521	25673	173	7539	18134
—	—	—	62685	—	51008	11677
—	—	—	26797	—	26797	—
—	—	—	29759	—	21808	7951
30863	11928	18935	19692	20	18235	1457
—	—	—	15670	—	15670	—
—	—	—	—	—	—	—
—	—	—	124	31	124	—
1798	630	1168	46964	2678	2051	44913
39965	1494	38471	38815	1110	23052	15763
112846	—	112846	18882	1592	15693	3189
70193	38035	32158	144835	9919	128113	16722
—	—	—	3188	—	1401	1787
18890	18890	—	4098	—	4098	—
63178	37794	25384	119578	12033	48435	71143
168002	109378	58624	223819	22314	97971	125848
99798	6265	93533	63696	5854	58544	5152
29421	7876	21545	6085	468	3890	2195
—	—	—	—	—	—	—
62225	29215	33010	89521	1167	71853	17668
70746	30289	40457	96135	—	95242	893
84347	37274	47073	56412	2800	55826	586
67692	12484	55208	45937	2134	41070	4867
35156	—	35156	—	—	—	—
75220	46475	28745	84958	—	68972	15986
85410	76211	9199	10667	667	—	10667
135873	135873	—	—	—	—	—
14939	11606	3333	40288	—	—	40288
89678	72432	17246	12768	1389	5758	7010
2266	2266	—	1570	56	1225	345
—	—	—	20867	—	20867	—

各地区营造林

地区	造林面积 人工更新			森林抚育面积	年末实有封山(沙)育林面积
	合计	其中:新造混交林	其中:人工促进天然更新		
全国合计	371859	31913	189794	8675957	24596091
北京	807	15	43	96261	84098
天津	—	—	—	49037	26014
河北	2912	757	298	449100	1019150
山西	—	—	—	62439	557487
内蒙古	20832	200	406	667603	3695853
内蒙古集团	—	—	—	390849	—
辽宁	11285	1627	754	99354	485408
吉林	11712	75	99	214224	397517
吉林集团	121	—	44	67076	213718
长白山集团	1461	—	—	113967	150127
黑龙江	406	—	—	588210	703607
龙江集团	—	—	—	472977	275102
上海	—	—	—	26743	—
江苏	1949	499	85	73858	3051
浙江	7419	1323	1928	128620	1117293
安徽	3995	375	280	553838	285385
福建	55148	13639	11229	393977	707297
江西	4559	1383	253	378118	778749
山东	25548	1927	67	203046	14808
河南	—	—	—	301934	350833
湖北	4098	662	398	273258	1178631
湖南	4381	1396	1180	473406	1387472
广东	21790	5134	1346	504606	874103
广西	165466	1438	164028	860744	1510131
海南	7839	181	—	49226	—
重庆	8199	400	6400	156666	255462
四川	11974	620	890	198570	788257
贵州	—	—	—	400000	854504
云南	88	—	88	169891	862927
西藏	—	—	—	22660	1326576
陕西	—	—	—	166933	743916
甘肃	—	—	—	147442	1130187
青海	—	—	—	38260	1479324
宁夏	—	—	—	26664	313572
新疆	1452	262	22	670669	1664479
新疆兵团	1089	199	22	211101	128077
大兴安岭	—	—	—	230600	—

生产情况(二)

单位:公顷

四旁(零星)植树(万株)	林木种苗			
	林木种子采集量(吨)	当年苗木产量(万株)	育苗面积	
			合计	其中:国有育苗
173967	30364	6463753	1426929	69911
631	—	8671	14921	432
233	9	8494	13817	727
9379	2335	353980	95400	4815
10775	1562	619274	74607	6487
759	1749	217525	46541	7666
13	354	4645	143	131
3586	1952	189651	28076	1902
443	251	215317	11694	1837
—	30	6291	88	85
8	56	6352	130	108
466	1016	96364	7470	1572
72	47	27614	493	424
51	—	2383	3183	—
6485	6070	670165	173236	4268
1680	304	499684	139624	1819
11869	282	102612	86224	1821
4502	29	70014	8476	129
4409	32	173278	98765	2751
14409	3819	495008	182285	4367
14069	1566	298720	53811	2042
11404	2150	142896	42105	2673
16216	134	84584	13458	361
7800	53	59061	4080	464
4382	588	102728	11903	499
140	58	10951	1565	115
5161	102	88188	19547	366
12993	384	138811	41833	449
3380	854	175701	16874	1321
11511	1286	116748	13286	197
505	1	3447	4320	1745
7486	1424	428308	98047	2375
5697	1292	584578	47371	6811
1586	138	110726	8902	614
663	255	208806	29212	1673
1298	669	180544	36164	7519
191	18	11776	5370	4195
—	—	6539	132	94

林业重点生态

指　标	总计	天然林资源保护工程	退耕还林工程	京津风沙源治理工程	石漠化治理工程
一、造林面积	**2443078**	**400601**	**723500**	**177838**	**247284**
1.人工造林	1390491	92425	721634	95615	46994
2.飞播造林	98827	60494	—	14666	—
3.新封山育林	778125	129253	1866	67557	200289
4.退化林修复	173033	118429	—	—	1
5.人工更新	2602	—	—	—	—
二、森林抚育面积	**1906431**	**1796976**	—	**990**	**2929**
三、年末实有封山育林面积	**11148804**	**3957471**	**946647**	**2230702**	—
四、全部林业投资完成额	**7171963**	**3956762**	**2254055**	**123900**	**107522**
其中:中央投资	6242725	3684003	1982703	85808	100502
地方投资	479057	186730	65403	27189	3795

工程建设情况

单位：公顷、万元

	三北及长江流域等重点防护林体系工程						野生动物植物保护工程
合计	三北防护林工程	长江流域防护林体系工程	沿海防护林体系工程	珠江流域防护林体系工程	太行山绿化工程	林业血防	
893855	572976	206469	44515	25472	38946	5477	—
433823	273377	86500	29849	12410	26210	5477	—
23667	21332	—	—	—	2335	—	—
379160	246284	98451	13457	10567	10401	—	—
54603	31720	20939	320	1624	—	—	—
2602	263	579	889	871	—	—	—
105536	47298	20317	22990	14931	—	—	—
4013984	2999494	578975	98787	213051	123677	—	—
575427	347045	123383	62467	19310	20784	2438	154297
335181	206476	81513	21190	10683	13719	1600	54528
106811	65656	24782	6423	3022	6496	432	89129

各地区林业重点生态工程造林面积

单位：公顷

地区	全部造林面积	林业重点生态工程造林面积						其他造林面积
		合计	天然林资源保护工程	退耕还林工程	京津风沙源治理工程	石漠化治理工程	三北及长江流域等重点防护林体系工程	
全国合计	7299473	2443078	400601	723500	177838	247284	893855	4856395
北京	29979	12268	—	—	11601	—	667	17711
天津	8648	1849	—	—	1849	—	—	6799
河北	600956	114035	—	—	44210	—	69825	486921
山西	340148	215570	27793	130002	23611	—	34164	124578
内蒙古	599979	316073	74103	51560	84293	—	106117	283906
内蒙古集团	24699	22761	22761	—	—	—	—	1938
辽宁	167978	68599	—	866	—	—	67733	99379
吉林	122657	71452	55563	—	—	—	15889	51205
吉林集团	27074	23951	23951	—	—	—	—	3123
长白山集团	32037	29542	29542	—	—	—	—	2495
黑龙江	96639	69808	18479	—	—	—	51329	26831
龙江集团	18479	18479	18479	—	—	—	—	—
上海	3183	—	—	—	—	—	—	3183
江苏	43356	8205	—	—	—	—	8205	35151
浙江	63643	—	—	—	—	—	—	63643
安徽	138493	38098	—	333	—	—	37765	100395
福建	193393	4078	—	—	—	—	4078	189315
江西	308143	61747	—	—	—	—	61747	246396
山东	147481	14651	—	—	—	—	14651	132830
河南	173596	47567	4407	3072	—	—	40088	126029
湖北	330657	71091	10000	4666	—	32591	23834	259566
湖南	584316	50817	—	1533	—	14042	35242	533499
广东	270462	1163	—	—	—	—	1163	269299
广西	247800	31521	—	2160	—	23381	5980	216279
海南	10496	189	—	—	—	—	189	10307
重庆	270003	129230	17464	100000	—	9102	2664	140773
四川	436816	67749	29670	34639	—	3440	—	369067
贵州	346676	117945	6667	6400	—	95811	9067	228731
云南	374796	255464	26987	151895	—	68917	7665	119332
西藏	75039	13975	1466	2414	—	—	10095	61064
陕西	348094	161847	59975	53598	12274	—	36000	186247
甘肃	392765	164493	8410	106712	—	—	49371	228272
青海	205904	71372	23470	8621	—	—	39281	134532
宁夏	100055	51608	7334	2000	—	—	42274	48447
新疆	243788	187080	5279	63029	—	—	118772	56708
新疆兵团	15387	12051	—	3589	—	—	8462	3336
大兴安岭	23534	23534	23534	—	—	—	—	—

天然林资源保护工程建设情况

指　　标	单位	总计	东北、内蒙古等重点国有林区	长江上游、黄河上中游地区
一、工程区木材产量	立方米	5202328	310072	4892256
其中:人工林木材产量	立方米	4772806	235704	4537102
二、造林面积	公顷	400601	128018	272583
1.人工造林	公顷	92425	10154	82271
其中:灌木林	公顷	15583	125	15458
2.飞播造林	公顷	60494	5009	55485
3.新封山(沙)育林	公顷	129253	—	129253
①无林地和疏林地新封山育林	公顷	82668	—	82668
②有林地和灌木林地新封山育林	公顷	46585	—	46585
4.退化林修复	公顷	118429	112855	5574
三、森林抚育面积	公顷	1796976	1385875	411101
四、年末实有封山(沙)育林面积	公顷	3957471	736135	3221336
五、年末实有森林管护面积	公顷	115079115	39221727	75857388
1.国有林	公顷	71063681	39130394	31933287
2.集体和个人所有的国家级公益林	公顷	20885817	91333	20794484
3.集体和个人所有的地方公益林	公顷	23129617	—	23129617
六、工程区项目实施单位人员情况				
1.年末人数	人	563695	434722	128973
其中:混岗职工人数	人	19438	17796	1642
①在岗职工	人	453113	345772	107341
②其他从业人员	人	20994	203	20791
③离开本单位保留劳动关系人员	人	89588	88747	841
2.在岗职工年平均人数	人	423406	316968	106438
3.在岗职工年工资总额	万元	1977824	1348864	628960
4.年末实有离退休人员	人	597243	512193	85050
5.当年离退休人员生活费	万元	1885930	1640998	244932
6.年末参加基本养老保险人数	人	593787	475419	118368
其中:在岗职工	人	441872	341735	100137
7.年末参加基本医疗保险人数	人	726546	559216	167330
其中:在岗职工	人	443771	343968	99803
七、全部林业投资完成额	万元	3956762	2352626	1604136
其中:中央投资	万元	3684003	2317080	1366923
地方投资	万元	186730	28853	157877
1.营造林	万元	431629	300695	130934
2.森林管护	万元	1351924	752916	599008
3.生态效益补偿	万元	660424	63926	596498
4.社会保险(养老、医疗、失业、工伤、生育)	万元	761700	592348	169352
5.政社性支出	万元	540290	506412	33878
6.其他	万元	210795	136329	74466

各地区天然林资源

地　　区	工程区木材产量（立方米）		造林面积(公顷)							退化林修复
^	合计	其中：人工林木材产量	总计	人工造林		飞播造林	新封山(沙)育林			^
^	^	^	^	合计	其中：灌木林	^	合计	无林地和疏林地新封山育林	有林地和灌木林地新封山育林	^
全国合计	5202328	4772806	400601	92425	15583	60494	129253	82668	46585	118429
北　京	—	—	—	—	—	—	—	—	—	—
天　津	—	—	—	—	—	—	—	—	—	—
河　北	—	—	—	—	—	—	—	—	—	—
山　西	67095	27788	27793	12462	—	—	15331	14215	1116	—
内蒙古	62047	58926	74103	21866	10917	28481	3001	3001	—	20755
内蒙古集团	9191	6070	22761	2006	125	—	—	—	—	20755
辽　宁	—	—	—	—	—	—	—	—	—	—
吉　林	286675	229076	55563	—	—	—	—	—	—	55563
吉林集团	152810	128963	23951	—	—	—	—	—	—	23951
长白山集团	125467	91956	29542	—	—	—	—	—	—	29542
黑龙江	14206	558	18479	2809	—	—	—	—	—	15670
龙江集团	14206	558	18479	2809	—	—	—	—	—	15670
上　海	—	—	—	—	—	—	—	—	—	—
江　苏	—	—	—	—	—	—	—	—	—	—
浙　江	—	—	—	—	—	—	—	—	—	—
安　徽	—	—	—	—	—	—	—	—	—	—
福　建	—	—	—	—	—	—	—	—	—	—
江　西	—	—	—	—	—	—	—	—	—	—
山　东	—	—	—	—	—	—	—	—	—	—
河　南	213210	108611	4407	3745	—	—	662	662	—	—
湖　北	190854	173808	10000	2000	—	—	8000	4233	3767	—
湖　南	—	—	—	—	—	—	—	—	—	—
广　东	—	—	—	—	—	—	—	—	—	—
广　西	—	—	—	—	—	—	—	—	—	—
海　南	—	—	—	—	—	—	—	—	—	—
重　庆	193113	156743	17464	1799	—	—	15665	3944	11721	—
四　川	2301076	2268128	29670	4671	266	—	24999	23333	1666	—
贵　州	1265955	1227684	6667	3333	267	—	3334	2229	1105	—
云　南	571675	494817	26987	11188	1433	—	12799	1532	11267	3000
西　藏	—	—	1466	133	—	—	1333	—	1333	—
陕　西	24571	20346	59975	6734	33	27004	23663	10586	13077	2574
甘　肃	11851	6321	8410	6811	—	—	1599	1399	200	—
青　海	—	—	23470	7936	—	—	15534	15534	—	—
宁　夏	—	—	7334	4001	2667	—	3333	2000	1333	—
新　疆	—	—	5279	270	—	5009	—	—	—	—
新疆兵团	—	—	—	—	—	—	—	—	—	—
大兴安岭	—	—	23534	2667	—	—	—	—	—	20867

保护工程建设情况(一)

森林抚育面积（公顷）	年末实有封山(沙)育林面积（公顷）	年末实有森林管护面积（公顷）				工程区项目实施单位人员情况				
						年末人数（人）				
		合计	国有林	集体和个人所有的国家级公益林	集体和个人所有的地方公益林	合计	其中:混岗职工人数	在岗职工	其他从业人员	离开本单位保留劳动关系人员
1796976	3957471	115079115	71063681	20885817	23129617	563695	19438	453113	20994	89588
—	—	—	—	—	—	—	—	—	—	—
—	—	—	—	—	—	—	—	—	—	—
—	—	—	—	—	—	—	—	—	—	—
47387	180841	5184097	1665426	765208	2753463	10116	220	9776	330	10
518182	760474	20618059	13696968	1973990	4947101	62550	205	62160	366	24
390849	—	9685580	9685580	—	—	50085	—	50085	—	—
184017	363845	3960797	3960797	—	—	64129	580	41640	38	22451
67076	213718	1342699	1342699	—	—	26402	—	16615	—	9787
113540	150127	2335449	2335449	—	—	34398	580	21933	—	12465
472977	275102	9621022	9621022	—	—	255240	14012	190705	85	64450
472977	275102	9621022	9621022	—	—	255240	14012	190705	85	64450
—	—	—	—	—	—	—	—	—	—	—
—	—	—	—	—	—	—	—	—	—	—
—	—	30118	8298	17793	4027	—	—	—	—	—
—	—	—	—	—	—	—	—	—	—	—
—	—	—	—	—	—	—	—	—	—	—
—	—	—	—	—	—	—	—	—	—	—
—	2600	1689959	195367	563985	930607	3277	—	3275	—	2
23731	104301	3322614	782038	1505853	1034723	7292	882	6941	342	9
—	—	—	—	—	—	—	—	—	—	—
—	—	—	—	—	—	—	—	—	—	—
—	—	373333	373333	—	—	1530	—	1528	—	2
2147	88998	3098438	449153	1109468	1539817	2964	68	2964	—	—
71934	142667	17683468	12168333	4814027	701108	30830	—	20838	9528	464
10733	55966	4603601	318639	2443023	1841939	6545	—	6194	331	20
71134	467673	10499978	4018251	3486740	2994987	7772	—	7711	—	61
1333	28406	1276667	1276667	—	—	115	114	1	114	—
76268	361538	10992391	3498594	2903913	4589884	17243	153	16267	724	252
79835	426552	4928665	3446115	924286	558264	20853	—	20776	61	16
16700	496672	3678170	2816971	83868	777331	11142	—	2194	8948	—
10566	131959	1185126	435097	293663	456366	5524	—	5455	69	—
26099	69877	4233813	4233813	—	—	3258	16	3237	19	2
—	—	100000	100000	—	—	155	—	155	—	—
183933	—	8098799	8098799	—	—	53315	3188	51451	39	1825

各地区天然林资源

地区	工程区项目实施单位人员情况							
	在岗职工年平均人数(人)	在岗职工年工资总额(万元)	年末实有离退休人员(人)	当年离退休人员生活费(万元)	年末参加基本养老保险人数(人)		年末参加基本医疗保险人数(人)	
					合计	其中：在岗职工	合计	其中：在岗职工
全国合计	423406	1977824	597243	1885930	593787	441872	726546	443771
北 京	—	—	—	—	—	—	—	—
天 津	—	—	—	—	—	—	—	—
河 北	—	—	—	—	—	—	—	—
山 西	9760	58942	5289	19976	11998	9000	12736	9030
内蒙古	51736	280973	99431	330442	61637	61406	64109	61603
内蒙古集团	39534	205158	90845	298583	50085	50085	50085	50085
辽 宁	—	—	—	—	—	—	—	—
吉 林	42646	193975	—	—	62232	41640	62183	41640
吉林集团	16826	67999	—	—	26402	16615	26402	16615
长白山集团	22662	110739	—	—	32542	21933	32493	21933
黑龙江	171463	634436	335761	1090684	303223	190705	379950	190705
龙江集团	171463	634436	335761	1090684	303223	190705	379950	190705
上 海	—	—	—	—	—	—	—	—
江 苏	—	—	—	—	—	—	—	—
浙 江	—	—	—	—	—	—	—	—
安 徽	—	—	—	—	—	—	—	—
福 建	—	—	—	—	—	—	—	—
江 西	—	—	—	—	—	—	—	—
山 东	—	—	—	—	—	—	—	—
河 南	3275	12950	1857	5747	3778	2969	3804	2991
湖 北	6829	41394	3956	9626	7292	6941	7292	6941
湖 南	—	—	—	—	—	—	—	—
广 东	—	—	—	—	—	—	—	—
广 西	—	—	—	—	—	—	—	—
海 南	1534	8207	2357	7348	1654	1315	1654	1315
重 庆	2973	27106	3476	5899	3075	2976	4267	2974
四 川	20755	138238	36336	104888	30830	20838	63543	20838
贵 州	6171	14388	717	1910	2910	2491	3086	2378
云 南	8727	59264	13463	27959	8947	8262	13225	7793
西 藏	1	1	—	—	1	1	1	1
陕 西	16048	90780	9243	32465	16226	15077	21727	14508
甘 肃	18988	102763	5556	21313	20869	19743	24270	20106
青 海	2529	23551	464	2019	2508	2508	2508	2462
宁 夏	5363	30945	1258	2013	5484	5095	5576	5132
新 疆	3264	27641	3216	2299	3208	3078	6191	3065
新疆兵团	155	540	122	337	155	155	155	155
大兴安岭	51344	232270	74863	221342	47915	47827	50424	50289

保护工程建设情况(二)

全部林业投资完成额(万元)								
合计	其中		营造林	森林管护	生态效益补偿	社会保险(养老、医疗、失业、工伤、生育)	政社性支出	其他
	中央投资	地方投资						
3956762	3684003	186730	431629	1351924	660424	761700	540290	210795
—	—	—	—	—	—	—	—	—
—	—	—	—	—	—	—	—	—
—	—	—	—	—	—	—	—	—
98677	82352	12344	24361	33023	28658	11148	707	780
657174	643132	13972	116820	224104	47844	98020	106921	63465
451093	437270	13823	81144	147339	—	78260	99777	44573
—	—	—	—	—	—	—	—	—
407542	405563	552	45883	62233	54570	93264	96975	54617
159606	159606	—	21814	20034	—	38289	79469	—
218729	216865	437	22053	37856	54570	50500	15805	37945
953218	953218	—	103273	321470	—	339882	188593	—
953218	953218	—	103273	321470	—	339882	188593	—
—	—	—	—	—	—	—	—	—
—	—	—	—	—	—	—	—	—
4304	3406	—	—	100	—	2844	—	1360
—	—	—	—	—	—	—	—	—
—	—	—	—	—	—	—	—	—
—	—	—	—	—	—	—	—	—
11426	11426	—	800	5799	—	3986	841	—
82228	65196	17032	8813	18609	37516	10453	1731	5106
—	—	—	—	—	—	—	—	—
—	—	—	—	—	—	—	—	—
16656	7829	8700	—	12201	646	2542	205	1062
73668	49545	21817	3700	14738	43945	5454	1025	4806
416503	391434	25069	21636	166911	153554	61317	371	12714
113421	86094	16897	2186	27906	68098	7195	3686	4350
221751	164754	39680	13141	73689	95804	13304	2755	23058
19507	19507	—	300	19150	—	37	20	—
233436	185528	7659	22072	79770	91064	18596	7253	14681
138769	122348	12637	8230	71203	22254	20822	10990	5270
57633	55633	2000	8000	45753	—	3236	626	18
33484	26428	2616	2980	12121	7592	5868	3174	1749
66910	60155	5755	4826	46154	6035	5976	—	3919
4964	4964	—	—	4964	—	—	—	—
350455	350455	—	44508	117090	—	60600	114417	13840

东北、内蒙古等重点国有林区

地 区	工程区木材产量（立方米）		造林面积(公顷)							
				人工造林			新封山(沙)育林			
	合计	其中：人工林木材产量	总计	合计	其中：灌木林	飞播造林	合计	无林地和疏林地新封山育林	有林地和灌木林地新封山育林	退化林修复
全国合计	310072	235704	128018	10154	125	5009	—	—	—	112855
北 京	—	—	—	—	—	—	—	—	—	—
天 津	—	—	—	—	—	—	—	—	—	—
河 北	—	—	—	—	—	—	—	—	—	—
山 西	—	—	—	—	—	—	—	—	—	—
内蒙古	9191	6070	25163	4408	125	—	—	—	—	20755
内蒙古集团	9191	6070	22761	2006	125	—	—	—	—	20755
辽 宁	—	—	—	—	—	—	—	—	—	—
吉 林	286675	229076	55563	—	—	—	—	—	—	55563
吉林集团	152810	128963	23951	—	—	—	—	—	—	23951
长白山集团	125467	91956	29542	—	—	—	—	—	—	29542
黑龙江	14206	558	18479	2809	—	—	—	—	—	15670
龙江集团	14206	558	18479	2809	—	—	—	—	—	15670
上 海	—	—	—	—	—	—	—	—	—	—
江 苏	—	—	—	—	—	—	—	—	—	—
浙 江	—	—	—	—	—	—	—	—	—	—
安 徽	—	—	—	—	—	—	—	—	—	—
福 建	—	—	—	—	—	—	—	—	—	—
江 西	—	—	—	—	—	—	—	—	—	—
山 东	—	—	—	—	—	—	—	—	—	—
河 南	—	—	—	—	—	—	—	—	—	—
湖 北	—	—	—	—	—	—	—	—	—	—
湖 南	—	—	—	—	—	—	—	—	—	—
广 东	—	—	—	—	—	—	—	—	—	—
广 西	—	—	—	—	—	—	—	—	—	—
海 南	—	—	—	—	—	—	—	—	—	—
重 庆	—	—	—	—	—	—	—	—	—	—
四 川	—	—	—	—	—	—	—	—	—	—
贵 州	—	—	—	—	—	—	—	—	—	—
云 南	—	—	—	—	—	—	—	—	—	—
西 藏	—	—	—	—	—	—	—	—	—	—
陕 西	—	—	—	—	—	—	—	—	—	—
甘 肃	—	—	—	—	—	—	—	—	—	—
青 海	—	—	—	—	—	—	—	—	—	—
宁 夏	—	—	—	—	—	—	—	—	—	—
新 疆	—	—	5279	270	—	5009	—	—	—	—
新疆兵团	—	—	—	—	—	—	—	—	—	—
大兴安岭	—	—	23534	2667	—	—	—	—	—	20867

天然林资源保护工程建设情况(一)

森林抚育面积(公顷)	年末实有封山(沙)育林面积(公顷)	年末实有森林管护面积(公顷)				工程区项目实施单位人员情况				
						年末人数(人)				
		合计	国有林	集体和个人所有的国家级公益林	集体和个人所有的地方公益林	合计	其中:混岗职工人数	在岗职工	其他从业人员	离开本单位保留劳动关系人员
1385875	736135	39221727	39130394	91333	—	434722	17796	345772	203	88747
—	—	—	—	—	—	—	—	—	—	—
—	—	—	—	—	—	—	—	—	—	—
—	—	—	—	—	—	—	—	—	—	—
518182	27311	12754630	12754630	—	—	57209	—	57170	22	17
390849	—	9685580	9685580	—	—	50085	—	50085	—	—
—	—	—	—	—	—	—	—	—	—	—
184017	363845	3960797	3960797	—	—	64129	580	41640	38	22451
67076	213718	1342699	1342699	—	—	26402	—	16615	—	9787
113540	150127	2335449	2335449	—	—	34398	580	21933	—	12465
472977	275102	9621022	9621022	—	—	255240	14012	190705	85	64450
472977	275102	9621022	9621022	—	—	255240	14012	190705	85	64450
—	—	—	—	—	—	—	—	—	—	—
—	—	—	—	—	—	—	—	—	—	—
—	—	—	—	—	—	—	—	—	—	—
—	—	—	—	—	—	—	—	—	—	—
—	—	—	—	—	—	—	—	—	—	—
—	—	—	—	—	—	—	—	—	—	—
—	—	373333	373333	—	—	1530	—	1528	—	2
—	—	—	—	—	—	—	—	—	—	—
—	—	—	—	—	—	—	—	—	—	—
—	—	—	—	—	—	—	—	—	—	—
667	—	179333	88000	91333	—	41	—	41	—	—
—	—	—	—	—	—	—	—	—	—	—
26099	69877	4233813	4233813	—	—	3258	16	3237	19	2
—	—	100000	100000	—	—	155	—	155	—	—
183933	—	8098799	8098799	—	—	53315	3188	51451	39	1825

东北、内蒙古等重点国有林区

地 区	工程区项目实施单位人员情况							
	在岗职工年平均人数(人)	在岗职工年工资总额(万元)	年末实有离退休人员(人)	当年离退休人员生活费(万元)	年末参加基本养老保险人数(人)		年末参加基本医疗保险人数(人)	
					合计	其中:在岗职工	合计	其中:在岗职工
全国合计	316968	1348864	512193	1640998	475419	341735	559216	343968
北 京	—	—	—	—	—	—	—	—
天 津	—	—	—	—	—	—	—	—
河 北	—	—	—	—	—	—	—	—
山 西	—	—	—	—	—	—	—	—
内蒙古	46676	252139	95996	319325	57187	57170	58770	56910
内蒙古集团	39534	205158	90845	298583	50085	50085	50085	50085
辽 宁	—	—	—	—	—	—	—	—
吉 林	42646	193975	—	—	62232	41640	62183	41640
吉林集团	16826	67999	—	—	26402	16615	26402	16615
长白山集团	22662	110739	—	—	32542	21933	32493	21933
黑龙江	171463	634436	335761	1090684	303223	190705	379950	190705
龙江集团	171463	634436	335761	1090684	303223	190705	379950	190705
上 海	—	—	—	—	—	—	—	—
江 苏	—	—	—	—	—	—	—	—
浙 江	—	—	—	—	—	—	—	—
安 徽	—	—	—	—	—	—	—	—
福 建	—	—	—	—	—	—	—	—
江 西	—	—	—	—	—	—	—	—
山 东	—	—	—	—	—	—	—	—
河 南	—	—	—	—	—	—	—	—
湖 北	—	—	—	—	—	—	—	—
湖 南	—	—	—	—	—	—	—	—
广 东	—	—	—	—	—	—	—	—
广 西	—	—	—	—	—	—	—	—
海 南	1534	8207	2357	7348	1654	1315	1654	1315
重 庆	—	—	—	—	—	—	—	—
四 川	—	—	—	—	—	—	—	—
贵 州	—	—	—	—	—	—	3	3
云 南	—	—	—	—	—	—	—	—
西 藏	—	—	—	—	—	—	—	—
陕 西	41	196	—	—	—	—	41	41
甘 肃	—	—	—	—	—	—	—	—
青 海	—	—	—	—	—	—	—	—
宁 夏	—	—	—	—	—	—	—	—
新 疆	3264	27641	3216	2299	3208	3078	6191	3065
新疆兵团	155	540	122	337	155	155	155	155
大兴安岭	51344	232270	74863	221342	47915	47827	50424	50289

天然林资源保护工程建设情况(二)

全部林业投资完成额(万元)								
合计	其中		营造林	森林管护	生态效益补偿	社会保险(养老、医疗、失业、工伤、生育)	政社性支出	其他
	中央投资	地方投资						
2352626	2317080	28853	300695	752916	63926	592348	506412	136329
—	—	—	—	—	—	—	—	—
—	—	—	—	—	—	—	—	—
—	—	—	—	—	—	—	—	—
—	—	—	—	—	—	—	—	—
553776	539860	13846	102205	192518	—	89965	106197	62891
451093	437270	13823	81144	147339	—	78260	99777	44573
—	—	—	—	—	—	—	—	—
407542	405563	552	45883	62233	54570	93264	96975	54617
159606	159606	—	21814	20034	—	38289	79469	—
218729	216865	437	22053	37856	54570	50500	15805	37945
953218	953218	—	103273	321470	—	339882	188593	—
953218	953218	—	103273	321470	—	339882	188593	—
—	—	—	—	—	—	—	—	—
—	—	—	—	—	—	—	—	—
—	—	—	—	—	—	—	—	—
—	—	—	—	—	—	—	—	—
—	—	—	—	—	—	—	—	—
—	—	—	—	—	—	—	—	—
—	—	—	—	—	—	—	—	—
—	—	—	—	—	—	—	—	—
—	—	—	—	—	—	—	—	—
16656	7829	8700	—	12201	646	2542	205	1062
—	—	—	—	—	—	—	—	—
—	—	—	—	—	—	—	—	—
—	—	—	—	—	—	—	—	—
—	—	—	—	—	—	—	—	—
—	—	—	—	—	—	—	—	—
4069	—	—	—	1250	2675	119	25	—
—	—	—	—	—	—	—	—	—
66910	60155	5755	4826	46154	6035	5976	—	3919
4964	4964	—	—	4964	—	—	—	—
350455	350455	—	44508	117090	—	60600	114417	13840

长江上游、黄河上中游地区

地区	工程区木材产量（立方米）		造林面积（公顷）							退化林修复
	合计	其中：人工林木材产量	总计	人工造林		飞播造林	新封山(沙)育林			
				合计	其中：灌木林		合计	无林地和疏林地新封山育林	有林地和灌木林地新封山育林	
全国合计	4892256	4537102	272583	82271	15458	55485	129253	82668	46585	5574
北京	—	—	—	—	—	—	—	—	—	—
天津	—	—	—	—	—	—	—	—	—	—
河北	—	—	—	—	—	—	—	—	—	—
山西	67095	27788	27793	12462	—	—	15331	14215	1116	—
内蒙古	52856	52856	48940	17458	10792	28481	3001	3001	—	—
内蒙古集团	—	—	—	—	—	—	—	—	—	—
辽宁	—	—	—	—	—	—	—	—	—	—
吉林	—	—	—	—	—	—	—	—	—	—
吉林集团	—	—	—	—	—	—	—	—	—	—
长白山集团	—	—	—	—	—	—	—	—	—	—
黑龙江	—	—	—	—	—	—	—	—	—	—
龙江集团	—	—	—	—	—	—	—	—	—	—
上海	—	—	—	—	—	—	—	—	—	—
江苏	—	—	—	—	—	—	—	—	—	—
浙江	—	—	—	—	—	—	—	—	—	—
安徽	—	—	—	—	—	—	—	—	—	—
福建	—	—	—	—	—	—	—	—	—	—
江西	—	—	—	—	—	—	—	—	—	—
山东	—	—	—	—	—	—	—	—	—	—
河南	213210	108611	4407	3745	—	—	662	662	—	—
湖北	190854	173808	10000	2000	—	—	8000	4233	3767	—
湖南	—	—	—	—	—	—	—	—	—	—
广东	—	—	—	—	—	—	—	—	—	—
广西	—	—	—	—	—	—	—	—	—	—
海南	—	—	—	—	—	—	—	—	—	—
重庆	193113	156743	17464	1799	—	—	15665	3944	11721	—
四川	2301076	2268128	29670	4671	266	—	24999	23333	1666	—
贵州	1265955	1227684	6667	3333	267	—	3334	2229	1105	—
云南	571675	494817	26987	11188	1433	—	12799	1532	11267	3000
西藏	—	—	1466	133	—	—	1333	—	1333	—
陕西	24571	20346	59975	6734	33	27004	23663	10586	13077	2574
甘肃	11851	6321	8410	6811	—	—	1599	1399	200	—
青海	—	—	23470	7936	—	—	15534	15534	—	—
宁夏	—	—	7334	4001	2667	—	3333	2000	1333	—
新疆	—	—	—	—	—	—	—	—	—	—
新疆兵团	—	—	—	—	—	—	—	—	—	—
大兴安岭	—	—	—	—	—	—	—	—	—	—

天然林资源保护工程建设情况(一)

森林抚育面积(公顷)	年末实有封山(沙)育林面积(公顷)	年末实有森林管护面积(公顷)				工程区项目实施单位人员情况				
						年末人数(人)				
		合计	国有林	集体和个人所有的国家级公益林	集体和个人所有的地方公益林	合计	其中:混岗职工人数	在岗职工	其他从业人员	离开本单位保留劳动关系人员
411101	3221336	75857388	31933287	20794484	23129617	128973	1642	107341	20791	841
—	—	—	—	—	—	—	—	—	—	—
—	—	—	—	—	—	—	—	—	—	—
—	—	—	—	—	—	—	—	—	—	—
47387	180841	5184097	1665426	765208	2753463	10116	220	9776	330	10
—	733163	7863429	942338	1973990	4947101	5341	205	4990	344	7
—	—	—	—	—	—	—	—	—	—	—
—	—	—	—	—	—	—	—	—	—	—
—	—	—	—	—	—	—	—	—	—	—
—	—	—	—	—	—	—	—	—	—	—
—	—	—	—	—	—	—	—	—	—	—
—	—	—	—	—	—	—	—	—	—	—
—	—	30118	8298	17793	4027	—	—	—	—	—
—	—	—	—	—	—	—	—	—	—	—
—	—	—	—	—	—	—	—	—	—	—
—	—	—	—	—	—	—	—	—	—	—
—	2600	1689959	195367	563985	930607	3277	—	3275	—	2
23731	104301	3322614	782038	1505853	1034723	7292	882	6941	342	9
—	—	—	—	—	—	—	—	—	—	—
—	—	—	—	—	—	—	—	—	—	—
—	—	—	—	—	—	—	—	—	—	—
2147	88998	3098438	449153	1109468	1539817	2964	68	2964	—	—
71934	142667	17683468	12168333	4814027	701108	30830	—	20838	9528	464
10733	55966	4603601	318639	2443023	1841939	6545	—	6194	331	20
71134	467673	10499978	4018251	3486740	2994987	7772	—	7711	—	61
1333	28406	1276667	1276667	—	—	115	114	1	114	—
75601	361538	10813058	3410594	2812580	4589884	17202	153	16226	724	252
79835	426552	4928665	3446115	924286	558264	20853	—	20776	61	16
16700	496672	3678170	2816971	83868	777331	11142	—	2194	8948	—
10566	131959	1185126	435097	293663	456366	5524	—	5455	69	—
—	—	—	—	—	—	—	—	—	—	—
—	—	—	—	—	—	—	—	—	—	—
—	—	—	—	—	—	—	—	—	—	—

长江上游、黄河上中游地区

地 区	工程区项目实施单位人员情况							
	在岗职工年平均人数(人)	在岗职工年工资总额(万元)	年末实有离退休人员(人)	当年离退休人员生活费(万元)	年末参加基本养老保险人数(人)		年末参加基本医疗保险人数(人)	
					合计	其中：在岗职工	合计	其中：在岗职工
全国合计	106438	628960	85050	244932	118368	100137	167330	99803
北　京	—	—	—	—	—	—	—	—
天　津	—	—	—	—	—	—	—	—
河　北	—	—	—	—	—	—	—	—
山　西	9760	58942	5289	19976	11998	9000	12736	9030
内蒙古	5060	28834	3435	11117	4450	4236	5339	4693
内蒙古集团	—	—	—	—	—	—	—	—
辽　宁	—	—	—	—	—	—	—	—
吉　林	—	—	—	—	—	—	—	—
吉林集团	—	—	—	—	—	—	—	—
长白山集团	—	—	—	—	—	—	—	—
黑龙江	—	—	—	—	—	—	—	—
龙江集团	—	—	—	—	—	—	—	—
上　海	—	—	—	—	—	—	—	—
江　苏	—	—	—	—	—	—	—	—
浙　江	—	—	—	—	—	—	—	—
安　徽	—	—	—	—	—	—	—	—
福　建	—	—	—	—	—	—	—	—
江　西	—	—	—	—	—	—	—	—
山　东	—	—	—	—	—	—	—	—
河　南	3275	12950	1857	5747	3778	2969	3804	2991
湖　北	6829	41394	3956	9626	7292	6941	7292	6941
湖　南	—	—	—	—	—	—	—	—
广　东	—	—	—	—	—	—	—	—
广　西	—	—	—	—	—	—	—	—
海　南	—	—	—	—	—	—	—	—
重　庆	2973	27106	3476	5899	3075	2976	4267	2974
四　川	20755	138238	36336	104888	30830	20838	63543	20838
贵　州	6171	14388	717	1910	2910	2491	3083	2375
云　南	8727	59264	13463	27959	8947	8262	13225	7793
西　藏	1	1	—	—	1	1	1	1
陕　西	16007	90584	9243	32465	16226	15077	21686	14467
甘　肃	18988	102763	5556	21313	20869	19743	24270	20106
青　海	2529	23551	464	2019	2508	2508	2508	2462
宁　夏	5363	30945	1258	2013	5484	5095	5576	5132
新　疆	—	—	—	—	—	—	—	—
新疆兵团	—	—	—	—	—	—	—	—
大兴安岭	—	—	—	—	—	—	—	—

天然林资源保护工程建设情况(二)

全部林业投资完成额(万元)								
合计	其 中		营造林	森林管护	生态效益补偿	社会保险(养老、医疗、失业、工伤、生育)	政社性支出	其他
	中央投资	地方投资						
1604136	1366923	157877	130934	599008	596498	169352	33878	74466
—	—	—	—	—	—	—	—	—
—	—	—	—	—	—	—	—	—
—	—	—	—	—	—	—	—	—
98677	82352	12344	24361	33023	28658	11148	707	780
103398	103272	126	14615	31586	47844	8055	724	574
—	—	—	—	—	—	—	—	—
—	—	—	—	—	—	—	—	—
—	—	—	—	—	—	—	—	—
—	—	—	—	—	—	—	—	—
—	—	—	—	—	—	—	—	—
—	—	—	—	—	—	—	—	—
4304	3406	—	100	—	2844	—	—	1360
—	—	—	—	—	—	—	—	—
—	—	—	—	—	—	—	—	—
—	—	—	—	—	—	—	—	—
11426	11426	—	800	5799	—	3986	841	—
82228	65196	17032	8813	18609	37516	10453	1731	5106
—	—	—	—	—	—	—	—	—
—	—	—	—	—	—	—	—	—
—	—	—	—	—	—	—	—	—
73668	49545	21817	3700	14738	43945	5454	1025	4806
416503	391434	25069	21636	166911	153554	61317	371	12714
113421	86094	16897	2186	27906	68098	7195	3686	4350
221751	164754	39680	13141	73689	95804	13304	2755	23058
19507	19507	—	300	19150	—	37	20	—
229367	185528	7659	22072	78520	88389	18477	7228	14681
138769	122348	12637	8230	71203	22254	20822	10990	5270
57633	55633	2000	8000	45753	—	3236	626	18
33484	26428	2616	2980	12121	7592	5868	3174	1749
—	—	—	—	—	—	—	—	—
—	—	—	—	—	—	—	—	—
—	—	—	—	—	—	—	—	—

退耕还林工程建设情况

指　　标	单位	本年实际
一、造林情况		
1．退耕地造林	公顷	719810
其中：25°以上坡耕地退耕	公顷	511145
15°~25°水源地耕地退耕	公顷	30072
严重沙化耕地退耕	公顷	125188
退耕地造林按林种主导功能分		
①用材林	公顷	63538
②经济林	公顷	389503
③防护林	公顷	266769
④薪炭林	公顷	—
⑤特种用途林	公顷	—
2．荒山荒地造林	公顷	1824
3．新封山(沙)育林面积	公顷	1866
①无林地和疏林地新封山育林面积	公顷	1533
②有林地和灌木林地新封山育林面积	公顷	333
二、年末实有封山(沙)育林面积	公顷	**946647**
三、全部林业投资完成额	万元	**2254055**
其中：中央投资	万元	1982703
地方投资	万元	65403
1．种苗费	万元	406319
2．完善政策补助资金	万元	742449
3．巩固退耕还林成果专项资金	万元	22427
4．新一轮退耕还林补助资金	万元	1021251
5．其他	万元	61609

各地区退耕还林工程建设情况(一)

地区	造林情况(公顷)								
	退耕地造林				退耕地造林按林种主导功能分				
	合计	其中			用材林	经济林	防护林	薪炭林	特种用途林
		25°以上坡耕地退耕	15°~25°水源地耕地退耕	严重沙化耕地退耕					
全国合计	719810	511145	30072	125188	63538	389503	266769	—	—
北京	—	—	—	—	—	—	—	—	—
天津	—	—	—	—	—	—	—	—	—
河北	—	—	—	—	—	—	—	—	—
山西	128471	126212	—	—	—	67404	61067	—	—
内蒙古	51560	—	—	50633	13	1217	50330	—	—
内蒙古集团	—	—	—	—	—	—	—	—	—
辽宁	866	133	—	733	—	66	800	—	—
吉林	—	—	—	—	—	—	—	—	—
吉林集团	—	—	—	—	—	—	—	—	—
长白山集团	—	—	—	—	—	—	—	—	—
黑龙江	—	—	—	—	—	—	—	—	—
龙江集团	—	—	—	—	—	—	—	—	—
上海	—	—	—	—	—	—	—	—	—
江苏	—	—	—	—	—	—	—	—	—
浙江	—	—	—	—	—	—	—	—	—
安徽	—	—	—	—	—	—	—	—	—
福建	—	—	—	—	—	—	—	—	—
江西	—	—	—	—	—	—	—	—	—
山东	—	—	—	—	—	—	—	—	—
河南	3072	1319	843	—	258	2024	790	—	—
湖北	4666	2330	2336	—	995	2739	932	—	—
湖南	—	—	—	—	—	—	—	—	—
广东	—	—	—	—	—	—	—	—	—
广西	1867	1267	—	—	581	1137	149	—	—
海南	—	—	—	—	—	—	—	—	—
重庆	100000	77602	21331	—	15413	77287	7300	—	—
四川	34639	30300	3946	—	5210	21593	7836	—	—
贵州	6400	6400	—	—	—	689	5711	—	—
云南	151895	146167	—	—	39653	112242	—	—	—
西藏	2414	3	—	—	—	3	2411	—	—
陕西	53598	48735	1507	—	659	30141	22798	—	—
甘肃	106712	68292	—	20747	—	34119	72593	—	—
青海	8621	—	—	—	—	—	8621	—	—
宁夏	2000	2000	—	—	—	—	2000	—	—
新疆	63029	385	109	53075	67	33820	29142	—	—
新疆兵团	3589	—	—	2196	—	2075	1514	—	—
大兴安岭	—	—	—	—	—	—	—	—	—

各地区退耕还林

地　区	造林情况（公顷）				年末实有封山（沙）育林面积（公顷）
	荒山荒地造林	新封山（沙）育林			
		合　计	无林地和疏林地新封山育林	有林地和灌木林地新封山育林	
全国合计	**1824**	**1866**	**1533**	**333**	**946647**
北　京	—	—	—	—	—
天　津	—	—	—	—	—
河　北	—	—	—	—	110408
山　西	1531	—	—	—	32127
内蒙古	—	—	—	—	100296
内蒙古集团	—	—	—	—	—
辽　宁	—	—	—	—	1334
吉　林	—	—	—	—	10001
吉林集团	—	—	—	—	—
长白山集团	—	—	—	—	—
黑龙江	—	—	—	—	82121
龙江集团	—	—	—	—	—
上　海	—	—	—	—	—
江　苏	—	—	—	—	—
浙　江	—	—	—	—	—
安　徽	—	333	—	333	13625
福　建	—	—	—	—	—
江　西	—	—	—	—	1767
山　东	—	—	—	—	—
河　南	—	—	—	—	5066
湖　北	—	—	—	—	4405
湖　南	—	1533	1533	—	17935
广　东	—	—	—	—	—
广　西	293	—	—	—	53263
海　南	—	—	—	—	—
重　庆	—	—	—	—	16133
四　川	—	—	—	—	16632
贵　州	—	—	—	—	2629
云　南	—	—	—	—	45157
西　藏	—	—	—	—	—
陕　西	—	—	—	—	54545
甘　肃	—	—	—	—	143906
青　海	—	—	—	—	80532
宁　夏	—	—	—	—	4000
新　疆	—	—	—	—	150765
新疆兵团	—	—	—	—	—
大兴安岭	—	—	—	—	—

工程建设情况（二）

全部林业投资完成额（万元）							
合计	其　中		种苗费	完善政策补助资金	巩固退耕还林成果专项资金	新一轮退耕还林补助资金	其他
	中央投资	地方投资					
2254055	1982703	65403	406319	742449	22427	1021251	61609
309	253	—	—	168	—	141	—
242	242	—	—	242	—	—	—
28914	23121	128	—	22526	6266	—	122
225281	211321	11406	88898	31254	134	100575	4420
146457	146457	—	26168	79636	226	37429	2998
—	—	—	—	—	—	—	—
37434	20893	15781	520	33354	—	650	2910
21261	21261	—	—	21261	—	—	—
15715	13819	372	289	14001	1056	349	20
—	—	—	—	—	—	—	—
—	—	—	—	—	—	—	—
20716	13135	5722	3027	14830	895	1157	807
—	—	—	—	—	—	—	—
19558	16896	—	—	19558	—	—	—
26478	16770	—	1360	23418	—	1700	—
48418	39232	126	3802	26050	1379	16823	364
49875	39244	1443	318	42683	972	4824	1078
—	—	—	—	—	—	—	—
22370	18995	754	1524	16066	—	4330	450
3074	2410	—	—	2886	188	—	—
217222	191954	2318	60200	43424	4811	100742	8045
156475	152045	4430	15760	64985	—	60700	15030
235765	213102	5728	12882	57446	1586	161702	2149
312588	279446	11173	69132	36261	3378	192121	11696
4215	4215	—	2360	1558	—	297	—
176208	133986	308	27610	64511	1183	79538	3366
282504	247378	261	58639	58181	288	163525	1871
18909	—	—	—	12918	—	4200	1791
44234	38504	5453	1200	31188	65	7929	3852
139833	138024	—	32630	24044	—	82519	640
12734	11332	—	170	8081	—	3843	640
—	—	—	—	—	—	—	—

京津风沙源治理工程建设情况

指　　标	单位	合计	北京	天津	河北	山西	内蒙古	陕西
一、治理情况								
（一）造林面积	公顷	177838	11601	1849	44210	23611	84293	12274
1.人工造林	公顷	95615	1600	1849	28210	18944	39558	5454
其中：灌木林	公顷	15358	—	—	—	6	14352	1000
2.飞播造林	公顷	14666	—	—	—	—	14666	—
3.当年新封山（沙）育林	公顷	67557	10001	—	16000	4667	30069	6820
①无林地和疏林地新封山育林	公顷	57490	1934	—	16000	4667	30069	4820
②有林地和灌木林地新封山育林	公顷	10067	8067	—	—	—	—	2000
4.退化林修复	公顷	—						
（二）森林抚育面积	公顷	990	—	—	990			
（三）年末实有封山（沙）育林面积	公顷	2230702	22933	24667	477047	132362	1549356	24337
（四）工程固沙面积	公顷	5167	—	—	—	—	5167	—
（五）草地治理面积	公顷	29865	—	—	8200	1933	19732	—
（六）暖棚建设面积	平方米	1409100	—	—	419000	441100	549000	—
（七）贮草棚建设面积	万平方米	25	—	—	—	—	25	—
（八）青贮窖建设	万立方米	11056	—	—	3008	8020	28	—
（九）饲料机械台数	台	370	—	—	370	—	—	—
（十）小流域治理	公顷	60688	—	—	15500	12300	32888	—
（十一）水利设施	处	5643	—	—	1195	1733	2715	—
（十二）易地搬迁人数	人	2995	—	—	—	800	2195	—
（十三）易地搬迁户数	户	1096	—	—	—	338	758	—
二、全部投资完成额	万元	210632	14368	1760	46737	44296	97438	6033
其中：林业投资完成额	万元	123900	14368	1760	29726	23307	48706	6033
其中：中央投资	万元	85808	2702	1400	17966	17993	43171	2576
地方投资	万元	27189	11666	360	8660	3865	2265	373
1.营造林	万元	115432	13392	1760	24549	21932	47962	5837
2.科技费用	万元	12	—	—	12	—	—	—
3.其他	万元	8456	976	—	5165	1375	744	196

石漠化综合治理工程建设情况

指标	单位	合计	湖北	湖南	广东	广西	重庆	四川	贵州	云南
一、治理情况										
（一）造林面积	公顷	247284	32591	14042	—	23381	9102	3440	95811	68917
1．人工造林	公顷	46994	3483	6123		955	2057	1583	14969	17824
其中：灌木林	公顷	2201	225	310		122	—	—	1078	466
2．新封山（沙）育林	公顷	200289	29108	7919	—	22426	7044	1857	80842	51093
①无林地和疏林地新封山育林	公顷	78898	18942	7383		4949	1401	894	35044	10285
②有林地和灌木林地新封山育林	公顷	121391	10166	536		17477	5643	963	45798	40808
3．退化林修复	公顷	1					1			
（二）森林抚育面积	公顷	2929	994	—	43					1892
（三）草地治理面积	公顷									
二、全部投资完成额	万元	242997	9823	18273	68	15911	7476	4953	31772	154721
其中：林业投资完成额	万元	107522	8828	15034	68	11576	6672	4953	30600	29791
其中：中央投资	万元	100502	7445	13336	—	11104	6035	4953	28317	29312
地方投资	万元	3795	439	843	68	76	589		1506	274
1．营造林	万元	81193	7249	12915	67	10103	6352	4323	25258	14926
2．科技费用	万元	628	—	250			88	—	177	113
3．其他	万元	25701	1579	1869	1	1473	232	630	5165	14752

三北及长江流域等重点防护林体系工程建设情况

单位：公顷、万元

指标	三北及长江流域等重点防护林体系工程						
	合计	三北防护林工程	长江流域防护林体系工程	沿海防护林体系工程	珠江流域防护林体系工程	太行山绿化工程	林业血防
一、造林面积	**893855**	**572976**	**206469**	**44515**	**25472**	**38946**	**5477**
1．人工造林	433823	273377	86500	29849	12410	26210	5477
其中：灌木林	59230	53620	5194	209	95	94	18
2．飞播造林	23667	21332	—	—	—	2335	
3．新封山（沙）育林	379160	246284	98451	13457	10567	10401	—
①无林地和疏林地新封山育林	266703	179059	60552	8024	8933	10135	
②有林地和灌木林地新封山育林	112457	67225	37899	5433	1634	266	
4．退化林修复	54603	31720	20939	320	1624	—	
①低效林改造	11273	4773	6300	200	—	—	
②退化防护林改造	43330	26947	14639	120	1624	—	
5．人工更新	2602	263	579	889	871		
二、森林抚育面积	**105536**	**47298**	**20317**	**22990**	**14931**	**—**	**—**
三、年末实有封山（沙）育林面积	**4013984**	**2999494**	**578975**	**98787**	**213051**	**123677**	**—**
四、全部林业投资完成额	**575427**	**347045**	**123383**	**62467**	**19310**	**20784**	**2438**
其中：中央投资	335181	206476	81513	21190	10683	13719	1600
地方投资	106811	65656	24782	6423	3022	6496	432
1．营造林	522762	322660	103820	58967	15927	19566	1822
2．种苗	30855	18240	9006	1085	1264	951	309
3．森林防火	2610	499	1728	206	131	11	35
4．病虫害防治	3593	1631	1559	278	76	23	26
5．科技费用	1503	285	614	111	432	50	11
6．其他	14104	3730	6656	1820	1480	183	235
五、群众投工投劳（折合资金）	**86858**	**35164**	**32198**	**8510**	**6020**	**3760**	**1206**

各地区三北及长江流域等重点

地区	总计	人工造林 合计	其中:灌木林	造林 飞播造林
全国合计	893855	433823	59230	23667
北　京	667	667	—	—
天　津	—			
河　北	69825	46638	—	5668
山　西	34164	22034	94	—
内蒙古	106117	44920	16232	17999
内蒙古集团	—			
辽　宁	67733	32732		
吉　林	15889	12163		
吉林集团				
长白山集团				
黑龙江	51329	23651	6283	
龙江集团				
上　海				
江　苏	8205	8081	79	—
浙　江	—			
安　徽	37765	7478	18	
福　建	4078	17		
江　西	61747	24627		
山　东	14651	14025	130	—
河　南	40088	23819	—	—
湖　北	23834	13002	183	—
湖　南	35242	12442	4774	—
广　东	1163	179		
广　西	5980	3985	—	—
海　南	189	126	—	—
重　庆	2664	2664	41	—
四　川	—	—		
贵　州	9067	7734	266	
云　南	7665	4798	25	
西　藏	10095	4142	—	
陕　西	36000	12268	—	—
甘　肃	49371	17369	1346	—
青　海	39281	20214	13800	—
宁　夏	42274	19239	5075	—
新　疆	118772	54809	10884	—
新疆兵团	8462	6014	1389	
大兴安岭	—	—	—	

防护林体系工程建设情况(一)

单位:公顷、万元

面积			退化林修复			
新封山(沙)育林						
合计	无林地和疏林地新封山育林	有林地和灌木林地新封山育林	合计	低效林改造	退化防护林改造	人工更新
379160	266703	112457	54603	11273	43330	2602
—	—	—	—	—	—	—
—	—	—	—	—	—	—
17399	16732	667	120	—	120	—
12130	11664	466	—	—	—	—
40198	25327	14871	3000	—	3000	—
—	—	—	—	—	—	—
35001	7546	27455	—	—	—	—
—	—	—	3726	—	3726	—
—	—	—	—	—	—	—
27438	10961	16477	240	240	—	—
—	—	—	—	—	—	—
—	—	—	—	—	—	—
—	—	—	—	—	—	124
—	—	—	—	—	—	—
26216	1427	24789	4071	2035	2036	—
1940	—	1940	1266	1266	—	855
33120	30927	2193	4000	—	4000	—
—	—	—	200	200	—	426
16269	16269	—	—	—	—	—
9499	7268	2231	1333	67	1266	—
16998	13732	3266	5802	1199	4603	—
617	—	617	—	—	—	367
—	—	—	1491	—	1491	504
—	—	—	—	—	—	63
—	—	—	—	—	—	—
—	—	—	1333	1333	—	—
—	—	—	2867	—	2867	—
5953	—	5953	—	—	—	—
23332	18266	5066	400	400	—	—
32002	29669	2333	—	—	—	—
19067	19067	—	—	—	—	—
9479	8812	667	13556	—	13556	—
52502	49036	3466	11198	4533	6665	263
2266	2266	—	—	—	—	182
—	—	—	—	—	—	—

各地区三北及长江流域等重点

地　　区	森林抚育面积	年末实有封山(沙)育林面积	合计	其中：中央投资
全国合计	105536	4013984	575427	335181
北　京	—	—	5000	500
天　津	—	—	—	—
河　北	—	89053	39405	29071
山　西	—	167058	21998	18550
内蒙古	6667	539933	32984	32984
内蒙古集团	—	—	—	—
辽　宁	—	207801	32500	29800
吉　林	—	8667	10038	10038
吉林集团	—	—	—	—
长白山集团	—	—	—	—
黑龙江	14344	251835	20119	17169
龙江集团	—	—	—	—
上　海	—	—	—	—
江　苏	5657	—	37132	1100
浙　江	—	—	—	—
安　徽	7734	142491	20040	12861
福　建	128	1940	3247	973
江　西	—	155968	27712	21917
山　东	4433	—	11760	9800
河　南	1655	94818	19863	12383
湖　北	—	160228	16008	8194
湖　南	9728	90355	27630	14460
广　东	28903	113027	6297	883
广　西	—	65024	7448	3819
海　南	—	—	—	—
重　庆	—	933	2005	2000
四　川	—	—	—	—
贵　州	—	—	7448	6451
云　南	—	6407	4555	3821
西　藏	—	5953	4000	4000
陕　西	360	196395	13936	12880
甘　肃	—	322742	16500	16350
青　海	21560	386620	8500	8500
宁　夏	4034	87398	22913	13817
新　疆	333	919338	156389	42860
新疆兵团	—	36695	63981	5926
大兴安岭	—	—	—	—

防护林体系工程建设情况(二)

单位:公顷、万元

全部林业投资完成额								群众投工投劳(折合资金)
	其中:地方投资	营造林	种苗	森林防火	病虫害防治	科技费用	其他	
	106811	522762	30855	2610	3593	1503	14104	86858
	4500	5000	—	—	—	—	—	—
	—	—	—	—	—	—	—	—
	3804	35221	4135	—	—	—	49	11740
	3238	21918	—	60	20	—	—	—
	—	32875	—	—	—	—	109	—
	—	—	—	—	—	—	—	—
	—	29194	3291	—	—	6	9	4210
	—	10038	—	—	—	—	—	—
	—	—	—	—	—	—	—	—
	1022	18268	1552	21	42	4	232	4129
	—	—	—	—	—	—	—	—
	—	—	—	—	—	—	—	—
	3690	34802	821	6	262	110	1131	—
	4730	15512	1495	164	179	50	2640	3999
	2274	2446	25	205	15	2	554	—
	1460	24639	1138	488	37	89	1321	10021
	1365	10230	1198	44	48	21	219	2006
	6341	18171	834	195	128	50	485	1821
	5629	13145	2047	262	248	82	224	2860
	4914	21507	2582	590	949	369	1633	15822
	2411	5081	—	—	4	—	1212	—
	136	6270	535	88	45	411	99	2554
	—	—	—	—	—	—	—	—
	5	1808	155	—	—	5	37	—
	—	—	—	—	—	—	—	—
	785	6209	409	69	47	16	698	345
	571	4102	373	—	—	13	67	476
	—	4000	—	—	—	—	—	—
	281	13586	212	—	—	13	125	520
	—	15693	130	—	68	—	609	786
	—	8500	—	—	—	—	—	—
	9076	21999	—	27	32	15	840	—
	50579	142548	9923	391	1469	247	1811	25569
	6760	52321	8581	371	1290	197	1221	5553
	—	—	—	—	—	—	—	—

各地区三北防护林

地 区	总计	人工造林 合　计	其中:灌木林	造　林 飞播造林
全国合计	572976	273377	53620	21332
北　京	—	—	—	—
天　津	—	—	—	—
河　北	37781	26182	—	3333
山　西	26031	15367	—	—
内蒙古	106117	44920	16232	17999
内蒙古集团	—	—	—	—
辽　宁	54666	27998	—	—
吉　林	15889	12163	—	—
吉林集团	—	—	—	—
长白山集团	—	—	—	—
黑龙江	51329	23651	6283	—
龙江集团	—	—	—	—
上　海	—	—	—	—
江　苏	—	—	—	—
浙　江	—	—	—	—
安　徽	—	—	—	—
福　建	—	—	—	—
江　西	—	—	—	—
山　东	—	—	—	—
河　南	—	—	—	—
湖　北	—	—	—	—
湖　南	—	—	—	—
广　东	—	—	—	—
广　西	—	—	—	—
海　南	—	—	—	—
重　庆	—	—	—	—
四　川	—	—	—	—
贵　州	—	—	—	—
云　南	—	—	—	—
西　藏	—	—	—	—
陕　西	31465	11465	—	—
甘　肃	49371	17369	1346	—
青　海	39281	20214	13800	—
宁　夏	42274	19239	5075	—
新　疆	118772	54809	10884	—
新疆兵团	8462	6014	1389	—
大兴安岭	—	—	—	—

工程建设情况(一)

单位:公顷、万元

面积	新封山(沙)育林			退化林修复			人工更新
合计	合计	无林地和疏林地新封山育林	有林地和灌木林地新封山育林	合计	低效林改造	退化防护林改造	
246284	179059	67225	31720	4773	26947	263	
—	—	—	—	—	—	—	
—	—	—	—	—	—	—	
8266	7599	667	—	—	—	—	
10664	10464	200	—	—	—	—	
40198	25327	14871	3000	—	3000	—	
—	—	—	—	—	—	—	
26668	2656	24012	—	—	—	—	
—	—	—	3726	—	3726	—	
—	—	—	—	—	—	—	
—	—	—	—	—	—	—	
27438	10961	16477	240	240	—	—	
—	—	—	—	—	—	—	
—	—	—	—	—	—	—	
—	—	—	—	—	—	—	
—	—	—	—	—	—	—	
—	—	—	—	—	—	—	
—	—	—	—	—	—	—	
—	—	—	—	—	—	—	
—	—	—	—	—	—	—	
—	—	—	—	—	—	—	
—	—	—	—	—	—	—	
—	—	—	—	—	—	—	
—	—	—	—	—	—	—	
—	—	—	—	—	—	—	
—	—	—	—	—	—	—	
—	—	—	—	—	—	—	
—	—	—	—	—	—	—	
—	—	—	—	—	—	—	
—	—	—	—	—	—	—	
—	—	—	—	—	—	—	
20000	15468	4532	—	—	—	—	
32002	29669	2333	—	—	—	—	
19067	19067	—	—	—	—	—	
9479	8812	667	13556	—	13556	—	
52502	49036	3466	11198	4533	6665	263	
2266	2266	—	—	—	—	182	
—	—	—	—	—	—	—	

各地区三北防护林

地 区	森林抚育面积	年末实有封山(沙)育林面积	合计	其中：中央投资
全国合计	47298	2999494	347045	206476
北　京	—	—	—	—
天　津	—	—	—	—
河　北	—	41735	23028	14708
山　西	—	117347	16638	13730
内蒙古	6667	539933	32984	32984
内蒙古集团	—	—	—	—
辽　宁	—	140748	27700	25000
吉　林	—	8667	10038	10038
吉林集团	—	—	—	—
长白山集团	—	—	—	—
黑龙江	14344	251835	20119	17169
龙江集团	—	—	—	—
上　海	—	—	—	—
江　苏	—	—	—	—
浙　江	—	—	—	—
安　徽	—	—	—	—
福　建	—	—	—	—
江　西	—	—	—	—
山　东	—	—	—	—
河　南	—	—	—	—
湖　北	—	—	—	—
湖　南	—	—	100	100
广　东	—	—	—	—
广　西	—	—	—	—
海　南	—	—	—	—
重　庆	—	—	—	—
四　川	—	—	—	—
贵　州	—	—	—	—
云　南	—	—	—	—
西　藏	—	—	—	—
陕　西	360	183131	12136	11220
甘　肃	—	322742	16500	16350
青　海	21560	386620	8500	8500
宁　夏	4034	87398	22913	13817
新　疆	333	919338	156389	42860
新疆兵团	—	36695	63981	5926
大兴安岭	—	—	—	—

工程建设情况（二）

单位：公顷、万元

全部林业投资完成额		营造林	种苗	森林防火	病虫害防治	科技费用	其他	群众投工投劳（折合资金）
	其中：地方投资							
65656		322660	18240	499	1631	285	3730	35164
—		—	—	—	—	—	—	—
—		—	—	—	—	—	—	—
1790		19828	3200	—	—	—	—	680
2908		16558	—	60	20	—	—	—
—		32875	—	—	—	—	109	—
—		—	—	—	—	—	—	—
—		24394	3291	—	—	6	9	3900
—		10038	—	—	—	—	—	—
—		—	—	—	—	—	—	—
1022		18268	1552	21	42	4	232	4129
—		—	—	—	—	—	—	—
—		—	—	—	—	—	—	—
—		—	—	—	—	—	—	—
—		—	—	—	—	—	—	—
—		—	—	—	—	—	—	—
—		—	—	—	—	—	—	—
—		—	—	—	—	—	—	—
—		—	—	—	—	—	—	—
—		100	—	—	—	—	—	—
—		—	—	—	—	—	—	—
—		—	—	—	—	—	—	—
—		—	—	—	—	—	—	—
—		—	—	—	—	—	—	—
—		—	—	—	—	—	—	—
—		—	—	—	—	—	—	—
281		11859	144	—	—	13	120	100
—		15693	130	—	68	—	609	786
—		8500	—	—	—	—	—	—
9076		21999	—	27	32	15	840	—
50579		142548	9923	391	1469	247	1811	25569
6760		52321	8581	371	1290	197	1221	5553
—		—	—	—	—	—	—	—

各地区长江流域防护林

地 区	总计	人工造林		造 林
		合 计	其中:灌木林	飞播造林
全国合计	206469	86500	5194	—
北　京	—	—	—	—
天　津	—	—	—	—
河　北	—	—	—	—
山　西	—	—	—	—
内蒙古	—	—	—	—
内蒙古集团	—	—	—	—
辽　宁	—	—	—	—
吉　林	—	—	—	—
吉林集团	—	—	—	—
长白山集团	—	—	—	—
黑龙江	—	—	—	—
龙江集团	—	—	—	—
上　海	—	—	—	—
江　苏	133	133	—	—
浙　江	—	—	—	—
安　徽	34291	4004	—	—
福　建	1603	17	—	—
江　西	52413	21960	—	—
山　东	10185	9926	—	—
河　南	27075	13742	—	—
湖　北	21831	10999	183	—
湖　南	30977	11643	4704	—
广　东	—	—	—	—
广　西	—	—	—	—
海　南	—	—	—	—
重　庆	2664	2664	41	—
四　川	—	—	—	—
贵　州	6667	5334	266	—
云　南	4000	1133	—	—
西　藏	10095	4142	—	—
陕　西	4535	803	—	—
甘　肃	—	—	—	—
青　海	—	—	—	—
宁　夏	—	—	—	—
新　疆	—	—	—	—
新疆兵团	—	—	—	—
大兴安岭	—	—	—	—

体系工程建设情况（一）

单位：公顷、万元

面 积						人工更新
新封山(沙)育林			退化林修复			
合 计	无林地和疏林地新封山育林	有林地和灌木林地新封山育林	合 计	低效林改造	退化防护林改造	
98451	60552	37899	20939	6300	14639	579
—	—	—	—	—	—	—
—	—	—	—	—	—	—
—	—	—	—	—	—	—
—	—	—	—	—	—	—
—	—	—	—	—	—	—
—	—	—	—	—	—	—
—	—	—	—	—	—	—
—	—	—	—	—	—	—
—	—	—	—	—	—	—
—	—	—	—	—	—	—
—	—	—	—	—	—	—
26216	1427	24789	4071	2035	2036	—
—	—	—	1266	1266	—	320
26453	24260	2193	4000	—	4000	—
—	—	—	—	—	—	259
13333	13333	—	—	—	—	—
9499	7268	2231	1333	67	1266	—
13665	11466	2199	5669	1199	4470	—
—	—	—	—	—	—	—
—	—	—	—	—	—	—
—	—	—	—	—	—	—
—	—	—	1333	1333	—	—
—	—	—	2867	—	2867	—
5953	—	5953	—	—	—	—
3332	2798	534	400	400	—	—
—	—	—	—	—	—	—
—	—	—	—	—	—	—
—	—	—	—	—	—	—
—	—	—	—	—	—	—

各地区长江流域防护林

地区	森林抚育面积	年末实有封山(沙)育林面积	合计	其中：中央投资
全国合计	20317	578975	123383	81513
北　京	—	—	—	—
天　津	—	—	—	—
河　北	—	—	—	—
山　西	—	—	—	—
内蒙古				
内蒙古集团				
辽　宁				
吉　林				
吉林集团				
长白山集团				
黑龙江				
龙江集团				
上　海	—	—	—	—
江　苏	—	—	200	100
浙　江	—	—	—	—
安　徽	7734	142491	19038	11961
福　建	128	—	642	371
江　西	—	118769	24812	19017
山　东	1499	—	8045	6195
河　南	1655	60903	15248	8383
湖　北	—	160228	14572	7494
湖　南	9301	76434	24766	13160
广　东	—	—	—	—
广　西	—	—	—	—
海　南	—	—	—	—
重　庆	—	933	2005	2000
四　川	—	—	—	—
贵　州	—	—	6648	5651
云　南	—	—	1607	1521
西　藏	—	5953	4000	4000
陕　西	—	13264	1800	1660
甘　肃	—	—	—	—
青　海	—	—	—	—
宁　夏	—	—	—	—
新　疆	—	—	—	—
新疆兵团				
大兴安岭	—	—	—	—

体系工程建设情况(二)

单位:公顷、万元

全部林业投资完成额 其中:地方投资	营造林	种苗	森林防火	病虫害防治	科技费用	其他	群众投工投劳(折合资金)
24782	103820	9006	1728	1559	614	6656	32198
—	—	—	—	—	—	—	—
—	—	—	—	—	—	—	—
—	—	—	—	—	—	—	—
—	—	—	—	—	—	—	—
—	—	—	—	—	—	—	—
—	—	—	—	—	—	—	—
—	—	—	—	—	—	—	—
—	—	—	—	—	—	—	—
—	—	—	—	—	—	—	—
—	—	—	—	—	—	—	—
—	—	—	—	—	—	—	—
—	—	—	—	—	—	—	—
—	—	—	—	—	—	—	—
100	72	106	6	6	—	10	—
—	—	—	—	—	—	—	—
4628	14712	1495	164	179	50	2438	3258
271	611	25	2	2	2	—	—
1460	21924	990	488	37	89	1284	8671
1255	6913	873	41	43	20	155	1106
6085	13790	818	184	105	—	351	1821
5299	12123	1738	227	222	71	191	2395
4808	18823	2487	551	919	361	1625	14182
—	—	—	—	—	—	—	—
—	—	—	—	—	—	—	—
5	1808	155	—	—	5	37	—
—	—	—	—	—	—	—	—
785	5710	251	65	46	16	560	345
86	1607	—	—	—	—	—	—
—	4000	—	—	—	—	—	—
—	1727	68	—	—	—	5	420
—	—	—	—	—	—	—	—
—	—	—	—	—	—	—	—
—	—	—	—	—	—	—	—
—	—	—	—	—	—	—	—
—	—	—	—	—	—	—	—
—	—	—	—	—	—	—	—

各地区沿海防护林

地 区	总计	人工造林		造 林 飞播造林
		合 计	其中:灌木林	
全国合计	44515	29849	209	—
北　京	—	—	—	—
天　津	—	—	—	—
河　北	14911	11657	—	—
山　西	—	—	—	—
内蒙古	—	—	—	—
内蒙古集团	—	—	—	—
辽　宁	13067	4734	—	—
吉　林	—	—	—	—
吉林集团	—	—	—	—
长白山集团	—	—	—	—
黑龙江	—	—	—	—
龙江集团	—	—	—	—
上　海	—	—	—	—
江　苏	8072	7948	79	—
浙　江	—	—	—	—
安　徽	—	—	—	—
福　建	2475	—	—	—
江　西	—	—	—	—
山　东	4466	4099	130	—
河　南	—	—	—	—
湖　北	—	—	—	—
湖　南	—	—	—	—
广　东	82	32	—	—
广　西	1253	1253	—	—
海　南	189	126	—	—
重　庆	—	—	—	—
四　川	—	—	—	—
贵　州	—	—	—	—
云　南	—	—	—	—
西　藏	—	—	—	—
陕　西	—	—	—	—
甘　肃	—	—	—	—
青　海	—	—	—	—
宁　夏	—	—	—	—
新　疆	—	—	—	—
新疆兵团	—	—	—	—
大兴安岭	—	—	—	—

体系工程建设情况(一)

单位:公顷、万元

面积				退化林修复			
	当年新封山(沙)育林						人工更新
合计	无林地和疏林地新封山育林	有林地和灌木林地新封山育林	合计	低效林改造	退化防护林改造	
13457	8024	5433	320	200	120	889
—	—	—	—	—	—	—
—	—	—	—	—	—	—
3134	3134	—	120	—	120	—
—	—	—	—	—	—	—
—	—	—	—	—	—	—
8333	4890	3443	—	—	—	—
—	—	—	—	—	—	—
—	—	—	—	—	—	—
—	—	—	—	—	—	—
—	—	—	—	—	—	124
—	—	—	—	—	—	—
1940	—	1940	—	—	—	535
—	—	—	—	—	—	—
—	—	—	200	200	—	167
—	—	—	—	—	—	—
—	—	—	—	—	—	—
50	—	50	—	—	—	—
—	—	—	—	—	—	—
—	—	—	—	—	—	63
—	—	—	—	—	—	—
—	—	—	—	—	—	—
—	—	—	—	—	—	—
—	—	—	—	—	—	—
—	—	—	—	—	—	—
—	—	—	—	—	—	—
—	—	—	—	—	—	—
—	—	—	—	—	—	—
—	—	—	—	—	—	—

各地区沿海防护林

地　区	森林抚育面积	年末实有封山(沙)育林面积	合计	其中：中央投资
全国合计	22990	98787	62467	21190
北　京	—	—	—	—
天　津	—	—	—	—
河　北	—	7267	10568	9964
山　西	—	—	—	—
内蒙古	—	—	—	—
内蒙古集团	—	—	—	—
辽　宁	—	67053	4800	4800
吉　林	—	—	—	—
吉林集团	—	—	—	—
长白山集团	—	—	—	—
黑龙江	—	—	—	—
龙江集团	—	—	—	—
上　海	—	—	—	—
江　苏	5657	—	36932	1000
浙　江	—	—	—	—
安　徽	—	—	—	—
福　建	—	1940	2605	602
江　西	—	—	—	—
山　东	2934	—	3715	3605
河　南	—	—	—	—
湖　北	—	—	—	—
湖　南	—	—	—	—
广　东	14399	22527	3492	864
广　西	—	—	355	355
海　南	—	—	—	—
重　庆	—	—	—	—
四　川	—	—	—	—
贵　州	—	—	—	—
云　南	—	—	—	—
西　藏	—	—	—	—
陕　西	—	—	—	—
甘　肃	—	—	—	—
青　海	—	—	—	—
宁　夏	—	—	—	—
新　疆	—	—	—	—
新疆兵团	—	—	—	—
大兴安岭	—	—	—	—

体系工程建设情况(二)

单位：公顷、万元

全部林业投资完成额								群众投工投劳（折合资金）
其中：地方投资	营造林	种苗	森林防火	病虫害防治	科技费用	其他		
6423	58967	1085	206	278	111	1820		8510
—	—	—	—	—	—	—		—
—	—	—	—	—	—	—		—
604	10568	—	—	—	—	—		7300
—	—	—	—	—	—	—		—
—	—	—	—	—	—	—		—
—	4800	—	—	—	—	—		310
—	—	—	—	—	—	—		—
—	—	—	—	—	—	—		—
—	—	—	—	—	—	—		—
—	—	—	—	—	—	—		—
—	—	—	—	—	—	—		—
3590	34730	715	—	256	110	1121		—
—	—	—	—	—	—	—		—
2003	1835	—	203	13	—	554		—
—	—	—	—	—	—	—		—
110	3317	325	3	5	1	64		900
—	—	—	—	—	—	—		—
—	—	—	—	—	—	—		—
116	3407	—	—	4	—	81		—
—	310	45	—	—	—	—		—

各地区珠江流域防护林

地　区	总计	人工造林 合　计	人工造林 其中:灌木林	造　林 飞播造林
全国合计	25472	12410	95	—
北　京	—	—	—	—
天　津	—	—	—	—
河　北	—	—	—	—
山　西	—	—	—	—
内蒙古	—	—	—	—
内蒙古集团	—	—	—	—
辽　宁	—	—	—	—
吉　林	—	—	—	—
吉林集团	—	—	—	—
长白山集团	—	—	—	—
黑龙江	—	—	—	—
龙江集团	—	—	—	—
上　海	—	—	—	—
江　苏	—	—	—	—
浙　江	—	—	—	—
安　徽	—	—	—	—
福　建	—	—	—	—
江　西	9334	2667	—	—
山　东	—	—	—	—
河　南	—	—	—	—
湖　北	—	—	—	—
湖　南	4265	799	70	—
广　东	1081	147	—	—
广　西	4727	2732	—	—
海　南	—	—	—	—
重　庆	—	—	—	—
四　川	—	—	—	—
贵　州	2400	2400	—	—
云　南	3665	3665	25	—
西　藏	—	—	—	—
陕　西	—	—	—	—
甘　肃	—	—	—	—
青　海	—	—	—	—
宁　夏	—	—	—	—
新　疆	—	—	—	—
新疆兵团	—	—	—	—
大兴安岭	—	—	—	—

体系工程建设情况(一)

单位:公顷、万元

面 积			退化林修复			
新封山(沙)育林			退化林修复			
合 计	无林地和疏林地新封山育林	有林地和灌木林地新封山育林	合 计	低效林改造	退化防护林改造	人工更新
10567	8933	1634	1624	—	1624	871
—	—	—	—	—	—	—
—	—	—	—	—	—	—
—	—	—	—	—	—	—
—	—	—	—	—	—	—
—	—	—	—	—	—	—
—	—	—	—	—	—	—
—	—	—	—	—	—	—
—	—	—	—	—	—	—
—	—	—	—	—	—	—
—	—	—	—	—	—	—
—	—	—	—	—	—	—
—	—	—	—	—	—	—
6667	6667	—	—	—	—	—
—	—	—	—	—	—	—
—	—	—	—	—	—	—
3333	2266	1067	133	—	133	—
567	—	567	—	—	—	367
—	—	—	1491	—	1491	504
—	—	—	—	—	—	—
—	—	—	—	—	—	—
—	—	—	—	—	—	—
—	—	—	—	—	—	—
—	—	—	—	—	—	—
—	—	—	—	—	—	—
—	—	—	—	—	—	—
—	—	—	—	—	—	—
—	—	—	—	—	—	—
—	—	—	—	—	—	—
—	—	—	—	—	—	—

各地区珠江流域防护林

地　　区	森林抚育面积	年末实有封山(沙)育林面积	合计	其中：中央投资
全国合计	14931	213051	19310	10683
北　京	—	—	—	—
天　津	—	—	—	—
河　北	—	—	—	—
山　西	—	—	—	—
内蒙古				
内蒙古集团				
辽　宁	—	—	—	—
吉　林				
吉林集团				
长白山集团				
黑龙江				
龙江集团				
上　海	—	—	—	—
江　苏	—	—	—	—
浙　江	—	—	—	—
安　徽	—	—	—	—
福　建	—	—	—	—
江　西	—	37199	2900	2900
山　东	—	—	—	—
河　南	—	—	—	—
湖　北	—	—	—	—
湖　南	427	13921	2764	1200
广　东	14504	90500	2805	19
广　西	—	65024	7093	3464
海　南	—	—	—	—
重　庆	—	—	—	—
四　川	—	—	—	—
贵　州	—	—	800	800
云　南	—	6407	2948	2300
西　藏	—	—	—	—
陕　西	—	—	—	—
甘　肃	—	—	—	—
青　海	—	—	—	—
宁　夏	—	—	—	—
新　疆	—	—	—	—
新疆兵团				
大兴安岭	—	—	—	—

体系工程建设情况（二）

单位：公顷、万元

全部林业投资完成额 其中：地方投资	营造林	种苗	森林防火	病虫害防治	科技费用	其他	群众投工投劳（折合资金）
3022	15927	1264	131	76	432	1480	6020
—	—	—	—	—	—	—	—
—	—	—	—	—	—	—	—
—	—	—	—	—	—	—	—
—	—	—	—	—	—	—	—
—	—	—	—	—	—	—	—
—	—	—	—	—	—	—	—
—	—	—	—	—	—	—	—
—	—	—	—	—	—	—	—
—	—	—	—	—	—	—	—
—	—	—	—	—	—	—	—
—	—	—	—	—	—	—	—
—	—	—	—	—	—	—	—
—	2715	148	—	—	—	37	1350
—	—	—	—	—	—	—	—
—	—	—	—	—	—	—	—
—	—	—	—	—	—	—	—
106	2584	95	39	30	8	8	1640
2295	1674	—	—	—	—	1131	—
136	5960	490	88	45	411	99	2554
—	—	—	—	—	—	—	—
—	—	—	—	—	—	—	—
—	499	158	4	1	—	138	—
485	2495	373	—	—	13	67	476
—	—	—	—	—	—	—	—
—	—	—	—	—	—	—	—
—	—	—	—	—	—	—	—
—	—	—	—	—	—	—	—
—	—	—	—	—	—	—	—

各地区太行山绿化

地区	总计	人工造林 合计	其中:灌木林	造林 飞播造林
全国合计	38946	26210	94	2335
北　京	667	667	—	—
天　津	—	—	—	—
河　北	17133	8799	—	2335
山　西	8133	6667	94	—
内蒙古				
内蒙古集团				
辽　宁				
吉　林				
吉林集团				
长白山集团				
黑龙江				
龙江集团				
上　海				
江　苏				
浙　江				
安　徽				
福　建				
江　西				
山　东				
河　南	13013	10077	—	—
湖　北	—	—	—	—
湖　南				
广　东				
广　西				
海　南				
重　庆				
四　川				
贵　州				
云　南				
西　藏				
陕　西	—	—	—	—
甘　肃	—	—	—	—
青　海				
宁　夏				
新　疆				
新疆兵团				
大兴安岭	—	—	—	—

工程建设情况(一)

单位:公顷、万元

面积			退化林修复			人工更新
	新封山(沙)育林					
合计	无林地和疏林地新封山育林	有林地和灌木林地新封山育林	合计	低效林改造	退化防护林改造	
10401	10135	266	—	—	—	—
—	—	—	—	—	—	—
—	—	—	—	—	—	—
5999	5999	—	—	—	—	—
1466	1200	266	—	—	—	—
—	—	—	—	—	—	—
—	—	—	—	—	—	—
—	—	—	—	—	—	—
—	—	—	—	—	—	—
—	—	—	—	—	—	—
—	—	—	—	—	—	—
—	—	—	—	—	—	—
—	—	—	—	—	—	—
—	—	—	—	—	—	—
2936	2936	—	—	—	—	—
—	—	—	—	—	—	—
—	—	—	—	—	—	—
—	—	—	—	—	—	—
—	—	—	—	—	—	—
—	—	—	—	—	—	—
—	—	—	—	—	—	—
—	—	—	—	—	—	—
—	—	—	—	—	—	—
—	—	—	—	—	—	—
—	—	—	—	—	—	—
—	—	—	—	—	—	—
—	—	—	—	—	—	—

各地区太行山绿化

地　　区	森林抚育面积	年末实有封山(沙)育林面积	合计	其中：中央投资
全国合计	—	123677	20784	13719
北　　京	—	—	5000	500
天　　津	—	—	—	—
河　　北	—	40051	5809	4399
山　　西	—	49711	5360	4820
内　蒙　古				
内蒙古集团				
辽　　宁	—	—	—	—
吉　　林	—	—	—	—
吉林集团				
长白山集团				
黑　龙　江				
龙江集团				
上　　海	—	—	—	—
江　　苏	—	—	—	—
浙　　江	—	—	—	—
安　　徽	—	—	—	—
福　　建	—	—	—	—
江　　西	—	—	—	—
山　　东	—	—	—	—
河　　南	—	33915	4615	4000
湖　　北	—	—	—	—
湖　　南	—	—	—	—
广　　东	—	—	—	—
广　　西	—	—	—	—
海　　南	—	—	—	—
重　　庆	—	—	—	—
四　　川	—	—	—	—
贵　　州	—	—	—	—
云　　南	—	—	—	—
西　　藏	—	—	—	—
陕　　西	—	—	—	—
甘　　肃	—	—	—	—
青　　海	—	—	—	—
宁　　夏	—	—	—	—
新　　疆	—	—	—	—
新疆兵团				
大兴安岭	—	—	—	—

工程建设情况(二)

单位:公顷、万元

全部林业投资完成额		营造林	种苗	森林防火	病虫害防治	科技费用	其他	群众投工投劳(折合资金)
	其中:地方投资							
	6496	**19566**	**951**	**11**	**23**	**50**	**183**	**3760**
	4500	5000	—	—	—	—	—	—
	—	—	—	—	—	—	—	—
	1410	4825	935	—	—	—	49	3760
	330	5360	—	—	—	—	—	—
	—	—	—	—	—	—	—	—
	—	—	—	—	—	—	—	—
	—	—	—	—	—	—	—	—
	—	—	—	—	—	—	—	—
	—	—	—	—	—	—	—	—
	—	—	—	—	—	—	—	—
	—	—	—	—	—	—	—	—
	—	—	—	—	—	—	—	—
	—	—	—	—	—	—	—	—
	—	—	—	—	—	—	—	—
	256	4381	16	11	23	50	134	—
	—	—	—	—	—	—	—	—
	—	—	—	—	—	—	—	—
	—	—	—	—	—	—	—	—
	—	—	—	—	—	—	—	—
	—	—	—	—	—	—	—	—
	—	—	—	—	—	—	—	—
	—	—	—	—	—	—	—	—
	—	—	—	—	—	—	—	—
	—	—	—	—	—	—	—	—
	—	—	—	—	—	—	—	—
	—	—	—	—	—	—	—	—

野生动植物保护情况

指　　标	单位	本年实际
一、国际重要湿地个数	个	57
国际重要湿地面积	公顷	6948593
二、野生动植物保护管理站	个	1891
三、野生动物救护中心	个	297
四、野生动物繁育机构	个	6490
五、野生动物基因库	个	21
六、野生动物疫源疫病监测站个数	个	1593
七、从事野生动植物保护的职工人数	人	49540
其中：各类专业技术人员	人	14620
八、野生动植物保护投资完成额	万元	154297
其中：中央投资	万元	54528
地方投资	万元	89129

注：国际重要湿地含香港特别行政区1处。

各地区野生动植物保护情况（一）

单位：个、公顷、人、万元

地 区	国际重要湿地		野生动植物保护管理站	野生动物救护中心	野生动物繁育机构	野生动物基因库
	个数	面积				
全国合计	**57**	**6948593**	**1891**	**297**	**6490**	**21**
北　京	—	—	1	1	273	—
天　津	—	—	4	1	—	—
河　北	—	—	15	4	6	—
山　西	—	—	17	7	123	—
内蒙古	3	855028	103	8	189	1
内蒙古集团	1	107348	—	2	165	—
辽　宁	2	139700	64	12	458	—
吉　林	3	253039	84	16	22	—
吉林集团	—	—	—	—	—	—
长白山集团	—	—	25	2	—	—
黑龙江	8	775313	169	13	68	1
龙江集团	2	92225	89	4	67	—
上　海	2	36360	10	1	1	—
江　苏	2	531000	14	17	73	1
浙　江	1	325	42	17	512	1
安　徽	1	33340	90	5	128	—
福　建	1	2358	47	9	2	—
江　西	1	22400	69	7	344	—
山　东	2	146711	18	30	61	—
河　南	—	—	45	8	84	—
湖　北	4	84844	112	14	266	—
湖　南	3	393000	262	23	1090	—
广　东	4	67949	95	8	84	—
广　西	2	7000	48	6	415	17
海　南	1	5400	2	3	326	—
重　庆	—	—	30	12	604	—
四　川	2	836370	36	15	1093	—
贵　州	—	—	103	6	4	—
云　南	4	13586	1	7	10	—
西　藏	3	2010908	159	7	8	—
陕　西	—	—	65	15	106	—
甘　肃	3	318472	37	5	111	—
青　海	3	184427	6	3	10	—
宁　夏	—	—	26	2	9	—
新　疆	—	—	105	15	10	—
新疆兵团	—	—	—	—	—	—
大兴安岭	1	229523	12	—	—	—

注：香港特别行政区1处国际重要湿地未列出。

各地区野生动植物保护情况(二)

单位:个、公顷、人、万元

地 区	野生动物疫源疫病监测站个数	从事野生动植物保护的职工人数		野生动植物保护投资完成额		
		合计	其中:各类专业技术人员	合计	其中	
					中央投资	地方投资
全国合计	1593	49540	14620	154297	54528	89129
北 京	88	149	26	568	35	525
天 津	14	162	87	343	—	343
河 北	35	773	284	850	839	11
山 西	34	1277	382	2852	1834	1018
内蒙古	32	1698	504	3571	2432	1139
内蒙古集团	6	712	268	107	80	27
辽 宁	96	570	260	645	456	177
吉 林	11	6203	997	1512	1211	301
吉林集团	—					
长白山集团	1	3810	673	376	362	14
黑龙江	97	3829	1370	6259	3322	2287
龙江集团	69	2806	1017	3036	2577	459
上 海	59	262	132	9974	315	9659
江 苏	47	1058	232	3055	—	171
浙 江	39	983	415	3909	40	2795
安 徽	26	715	361	1520	189	1275
福 建	40	1645	498	5090	4070	1020
江 西	58	2645	898	6599	2992	3216
山 东	31	1210	547	1568	42	696
河 南	53	1994	509	2960	2019	941
湖 北	57	663	285	4946	825	2628
湖 南	110	5154	1398	9065	4121	4883
广 东	103	1126	392	5583	329	5234
广 西	55	2035	374	4850	1657	2622
海 南	33	691	122	9763	3150	6613
重 庆	29	1464	364	1344	333	1011
四 川	25	3357	1052	15042	7930	6074
贵 州	20	826	286	630	154	476
云 南	82	2131	1060	12450	3657	7266
西 藏	19	260	65	7116	5916	1200
陕 西	70	1317	633	2037	778	1259
甘 肃	64	2754	354	3252	2863	389
青 海	16	144	15	3172	2200	972
宁 夏	24	1351	337	21	3	18
新 疆	107	839	256	23679	744	22910
新疆兵团	1	14	5	—		
大兴安岭	19	255	125	72	72	—

产业发展

FOREST INDUSTRIAL DEVELOPMENT

中国林业和草原统计年鉴 2018

林业产业总产值(一)

（按现行价格计算）　　　　　　　　　　　单位：万元

指　　标	总产值
总　计	762727590
一、第一产业	245808400
（一）涉林产业合计	233237826
其中：湿地产业	2854968
1. 林木育种和育苗	24017953
（1）林木育种	1802918
（2）林木育苗	22215035
2. 营造林	20653585
3. 木材和竹材采运	12416766
（1）木材采运	8904702
（2）竹材采运	3512064
4. 经济林产品的种植与采集	144920194
（1）水果种植	72713805
（2）坚果、含油果和香料作物种植	22609905
（3）茶及其他饮料作物的种植	14898935
（4）森林药材种植	10665654
（5）森林食品种植	12471843
（6）林产品采集	11560052
5. 花卉及其他观赏植物种植	26140638
6. 陆生野生动物繁育与利用	5088690
（二）林业系统非林产业	12570574
二、第二产业	349958761
（一）涉林产业合计	342627902
其中：湿地产业	2122303
1. 木材加工和木、竹、藤、棕、苇制品制造	128158726
（1）木材加工	22919180
（2）人造板制造	66863043

林业产业总产值（二）

（按现行价格计算）　　　　　　　　　　　　　　　　　　　单位：万元

指　　标	总产值
（3）木制品制造	28373177
（4）竹、藤、棕、苇制品制造	10003326
2.木、竹、藤家具制造	63560469
3.木、竹、苇浆造纸和纸制品	66465191
（1）木、竹、苇浆制造	7346716
（2）造纸	34970678
（3）纸制品制造	24147797
4.林产化学产品制造	6025110
5.木质工艺品和木质文教体育用品制造	8490306
6.非木质林产品加工制造业	58241270
（1）木本油料、果蔬、茶饮料等加工制造	44468754
（2）野生动物食品与毛皮革等加工制造	2898374
（3）森林药材加工制造	10874142
7.其他	11686830
（二）林业系统非林产业	7330859
三、第三产业	**166960429**
（一）涉林产业合计	155691645
其中：湿地产业	4032956
1.林业生产服务	6079008
2.林业旅游与休闲服务	130437115
3.林业生态服务	10323153
4.林业专业技术服务	2667809
5.林业公共管理及其他组织服务	6184560
（二）林业系统非林产业	11268784
补充资料：竹产业产值	24557523
油茶产业产值	10240911
林下经济产值	81550897

各地区林业

（按现行

地 区	总 计	合 计	合 计	其中：湿地产业	第 一 涉 林 林木育种和育苗		
					小 计	林木育种	林木育苗
全国合计	762727590	245808400	233237826	2854968	24017953	1802918	22215035
北 京	1982907	1506054	1506054	—	97398	5099	92299
天 津	329393	327286	327286	—	5224	350	4874
河 北	14537374	6913266	6897998	4110	585522	38216	547306
山 西	4975362	3697276	3680468	328	772228	16261	755967
内蒙古	5005409	2000547	1845472	16079	356732	7525	349207
内蒙古集团	591225	242864	236179	—	3462	—	3462
辽 宁	10981337	6331114	6235811	122089	545819	55995	489824
吉 林	13980773	3772380	3469179	—	261601	23133	238468
吉林集团	1057667	234728	226168	—	2509	422	2087
长白山集团	698321	216369	182287	—	2921	205	2716
黑龙江	14684966	6316767	4435017	4713	452734	13383	439351
龙江集团	6353044	2236581	1034162	—	9945	437	9508
上 海	3270590	366382	366382	—	2369	—	2369
江 苏	47389897	11594763	11248001	287686	2341330	121436	2219894
浙 江	48980208	10071035	10060868	2710	2119680	731	2118949
安 徽	40445629	11616059	11266058	208038	1406406	296909	1109497
福 建	59237698	9296486	9250415	2704	163058	15201	147857
江 西	45025656	11951934	11099600	71226	1142818	177891	964927
山 东	67358492	24166237	24032683	53430	6116329	5844	6110485
河 南	21120020	10094800	9865122	220	721046	123221	597825
湖 北	37921344	11885476	11197685	206939	849402	76060	773342
湖 南	46569770	15250786	13989755	1040990	1262032	384051	877981
广 东	81675768	9934785	9803370	342971	142021	11876	130145
广 西	57082451	19550093	16383559	5118	546472	135062	411410
海 南	6384908	3196309	3196039	—	14289	289	14000
重 庆	12605922	5199893	5051183	160447	317042	34224	282818
四 川	37408252	14438460	13336326	39158	509575	80116	429459
贵 州	30100000	8855188	7900918	206012	614632	42027	572605
云 南	22207951	13395340	13036737	77243	389026	25631	363395
西 藏	358893	294891	294891	—	31951	194	31757
陕 西	13206108	10348411	10301460	1200	1320261	41437	1278824
甘 肃	4802713	3743224	3603550	544	188387	19297	169090
青 海	675339	493314	493314	458	27778	212	27566
宁 夏	1623706	764420	763920	—	98891	31663	67228
新 疆	9802514	8009992	8006398	555	611234	19584	591650
新疆兵团	2739534	2672486	2672486		32061	1803	30258
大兴安岭	996240	425432	292307	—	4666	—	4666

产业总产值（一）

价格计算）　　　　　　　　　　　　　　　　　　　　　　　　　　　　　　　　　　　　　单位：万元

产业	木材和竹材采运			经济林产品的种植与采集			
营造林	小计	木材采运	竹材采运	小计	水果种植	坚果、含油果和香料作物种植	茶及其他饮料作物的种植
20653585	12416766	8904702	3512064	144920194	72713805	22609905	14898935
852771	10187	10187	—	413607	358481	54926	—
98682	13085	13085	—	193678	189900	3778	—
1336581	58467	58467	—	4425799	3014407	1092784	302
916889	13832	13832	—	1934978	1235996	567774	800
885080	32531	32531	—	503727	300110	38645	500
206326	445	445	—	6954	69	163	—
297904	112049	112049	—	4364357	2563997	663665	50140
244535	115784	115784	—	2334146	276524	130171	1740
105275	20727	20727	—	92586	211	11584	—
61311	10482	10482	—	78171	152	18735	—
279004	40552	40552	—	3275985	209402	76143	4978
170984	713	713	—	844130	2687	894	—
58325	1157	42	1115	230931	227862	—	2400
848635	943463	921795	21668	4533217	3198269	144548	319654
325006	407753	132725	275028	6511639	2733313	357800	1414029
1515017	771389	543700	227689	6043569	2014308	627595	1710279
358577	1691087	744396	946691	5349522	2015004	232932	1317116
960916	729072	410730	318342	6108719	2733306	400423	802594
719044	402491	402491	—	13296057	10442732	1950675	736539
708694	265932	260805	5127	5481639	2707775	652099	736379
882789	244615	185832	58783	7227587	2929726	696057	1554383
1986752	730115	406449	323666	7572728	3103517	1807916	951634
425479	902128	598216	303912	5962127	3972254	347411	312934
1213666	2872953	2430953	442000	9915553	6585590	735577	459579
113969	108818	104317	4501	2490059	1176527	818603	3973
696930	135324	60016	75308	3359575	2034228	563919	216695
924187	725509	349196	376313	9051547	3784411	2169092	925395
825389	351385	329460	21925	5570263	2156579	597118	1326279
717243	681020	573677	107343	10235624	2578876	2490925	1322092
207413	153	153	—	54258	29902	15765	1159
759073	33218	30687	2531	7857835	4741195	1602873	714941
370740	3047	2925	122	3017260	2076548	632989	11239
123972	264	264	—	335022	12197	2433	859
163773	—	—	—	469215	98643	20002	319
667737	19386	19386	—	6695931	3212226	3113179	4
313785	3942	3942	—	2315308	1455530	817996	—
168813	—	—	—	104040	—	2088	—

各地区林业

（按现行

地　区	第　一　产　业					林业系统非林产业
	涉林产业					
	经济林产品的种植与采集			花卉及其他观赏植物种植	陆生野生动物繁育与利用	
	森林药材种植	森林食品种植	林产品采集			
全国合计	10665654	12471843	11560052	26140638	5088690	12570574
北　京	—	200	—	124600	7491	—
天　津	—	—	—	16617	—	—
河　北	181685	68810	67811	346167	145462	15268
山　西	70564	59210	634	37217	5324	16808
内蒙古	65713	58715	40044	16003	51399	155075
内蒙古集团	225	1656	4841	6	18986	6685
辽　宁	394210	416116	276229	229948	685734	95303
吉　林	1327902	510256	87553	61670	451443	303201
吉林集团	40757	25659	14375	385	4686	8560
长白山集团	2251	48451	8582	62	29340	34082
黑龙江	368850	1971062	645550	46378	340364	1881750
龙江集团	127888	547372	165289	27	8363	1202419
上　海	—	169	500	73600	—	—
江　苏	241423	136886	492437	2527712	53644	346762
浙　江	473404	1384693	148400	498725	198065	10167
安　徽	575066	661955	454366	1336370	193307	350001
福　建	197067	762918	824485	1504245	183926	46071
江　西	290561	1009040	872795	1984034	174041	852334
山　东	39865	106196	20050	2877839	620923	133554
河　南	420279	668549	296558	2413184	274627	229678
湖　北	604317	1104389	338715	1697232	296060	687791
湖　南	724651	533888	451122	2106192	331936	1261031
广　东	218408	254076	857044	2333177	38438	131415
广　西	459707	429953	1245147	1506992	327923	3166534
海　南	9035	28468	453453	437697	31207	270
重　庆	266983	129016	148734	488603	53709	148710
四　川	573861	850429	748359	1831932	293576	1102134
贵　州	483075	313577	693635	457815	81434	954270
云　南	1298152	696593	1848986	853967	159857	358603
西　藏	4780	1751	901	1116	—	—
陕　西	290927	254993	252906	266870	64203	46951
甘　肃	270145	11396	14943	20963	3153	139674
青　海	319048	360	125	—	6278	—
宁　夏	343816	—	6435	31848	193	500
新　疆	143753	50	226719	11786	324	3594
新疆兵团	41732	50	—	7340	50	—
大兴安岭	8407	48129	45416	139	14649	133125

产业总产值(二)

价格计算)   单位:万元

合计	第二产业						
	合计	其中:湿地产业	涉林产业				
				木材加工和木、竹、藤、棕、苇制品制造			
			小计	木材加工	人造板制造	木制品制造	竹、藤、棕、苇制品制造
349958761	342627902	2122303	128158726	22919180	66863043	28373177	10003326
243	243	—	—	—	—	—	—
—	—	—	—	—	—	—	—
6565839	6554780	—	3434968	268373	2985217	177515	3863
628401	599257	—	94245	50156	39254	4835	—
1669769	1617199	—	1438611	1390829	46640	1142	—
41506	1652	—	—	—	—	—	—
2899466	2865450	1000	1299405	323072	278290	624258	73785
7786998	7485578	42117	2613330	376394	1107423	1125385	4128
441686	382378	—	282597	818	179527	102252	—
105751	43852	—	42620	614	7624	32024	2358
4575747	2857437	265	1360313	778762	151074	421071	9406
1723605	479024	—	218735	61145	17937	132348	7305
2687200	2687200	—	487200	—	487200	—	—
28935517	27797510	1238936	17737650	1423037	12697724	3190779	426110
26493789	26489366	200	7298939	573493	1369250	4274557	1081639
18766804	18401382	127358	11061932	1790719	6511073	1616250	1143890
40039672	40004670	1126	13082546	1625718	2106456	5432973	3917399
21205434	20334007	7480	4026261	692205	1289382	1626679	417995
37972984	37895314	7420	21512306	3183348	16819700	1332319	176939
7893605	7855394	—	3591940	797623	2402526	316087	75704
12755229	12292881	147501	3951431	417304	1724327	1528776	281024
15786612	14825652	357187	4888108	878831	1576442	1359383	1073452
53311612	53304926	1593	5297437	891992	2542146	1477891	385408
30356465	29970210	10893	18114017	5444341	10181299	2166548	321829
2758390	2756420	—	260444	194308	61742	3634	760
3689380	3663722	5327	1005448	308725	314626	255753	126344
9977274	9695597	1445	2496556	628821	1138927	407511	321297
3961577	3887896	136102	1078452	350360	268526	348856	110710
5959590	5657746	36353	1748899	455836	649411	608758	34894
3342	3342	—	460	150	310	—	—
1345835	1324207	—	215894	48143	90439	63247	14065
236703	235158	—	6370	1558	3707	520	585
96961	96961	—	—	—	—	—	—
558996	558996	—	—	—	—	—	—
864347	861777	—	46708	24571	19932	105	2100
15264	15264	—	795	795	—	—	—
174980	47624	—	8856	511	—	8345	—

各地区林业

（按现行

第 二
涉 林

地 区	木、竹、藤家具制造	木、竹、苇浆造纸和纸制品				林产化学产品制造
		小计	木、竹、苇浆制造	造纸	纸制品制造	
全国合计	**63560469**	**66465191**	**7346716**	**34970678**	**24147797**	**6025110**
北　京	—	—	—	—	—	—
天　津	—	—	—	—	—	—
河　北	586920	27549	696	22613	4240	40034
山　西	30224	600	—	—	600	1120
内蒙古	14302	38377	—	38377	—	3000
内蒙古集团	—	—	—	—	—	—
辽　宁	569547	191186	33706	97631	59849	3491
吉　林	566257	497740	76625	132026	289089	13052
吉林集团	2392	—	—	—	—	10379
长白山集团	79	—	—	—	—	—
黑龙江	424443	271158	25715	216880	28563	2224
龙江集团	66756	31781	22578	7165	2038	—
上　海	1200000	1000000	—	1000000	—	—
江　苏	2110899	4075141	639890	2232617	1202634	429031
浙　江	4820492	9300969	394147	5302870	3603952	150634
安　徽	2349952	629160	112632	381757	134771	144725
福　建	5833834	8601325	1001906	3634056	3965363	1094855
江　西	12853087	446471	55972	298462	92037	767026
山　东	3200786	4960410	1198478	3431207	330725	—
河　南	1298935	952968	513073	302479	137416	22492
湖　北	1996742	1976142	147134	1341078	487930	52104
湖　南	1889218	2402626	314144	1800984	287498	310148
广　东	17107354	22761938	439941	10237994	12084003	719876
广　西	1849263	3517119	494369	1966374	1056376	1667187
海　南	36897	2167733	468260	1699473	—	639
重　庆	1088033	749234	429755	247762	71717	10636
四　川	3190794	1360074	704455	497683	157936	159059
贵　州	292278	245323	123604	44154	77565	47190
云　南	190937	250659	157838	44201	48620	381241
西　藏	850	—	—	—	—	—
陕　西	51275	39144	14376	—	24768	1200
甘　肃	6881	—	—	—	—	—
青　海	—	—	—	—	—	—
宁　夏	—	—	—	—	—	—
新　疆	269	2145	—	—	2145	200
新疆兵团	269	—	—	—	—	200
大兴安岭	—	—	—	—	—	3946

产业总产值(三)

价格计算) 单位:万元

木质工艺品和木质文教体育用品制造	非木质林产品加工制造业			森林药材加工制造	其他	林业系统非林产业
	小计	木本油料、果蔬、茶饮料等加工制造	野生动物食品与毛皮革等加工制造			
8490306	58241270	44468754	2898374	10874142	11686830	7330859
—	243	—	243	—	—	—
—	—	—	—	—	—	—
13074	2396575	1735365	44153	617057	55660	11059
144	444819	435527	1420	7872	28105	29144
115	68363	50719	9711	7933	54431	52570
—	1652	1652	—	—	—	39854
49195	651438	202731	138219	310488	101188	34016
27606	3611274	912246	126096	2572932	156319	301420
—	74351	63233	—	11118	12659	59308
—	182	182	—	—	971	61899
82697	462107	298007	69710	94390	254495	1718310
9087	41030	12674	—	28356	111635	1244581
—	—	—	—	—	—	—
265304	2626682	920018	598602	1108062	552803	1138007
2409713	2308740	1804273	212807	291660	199879	4423
618540	3281777	2813819	68267	399691	315296	365422
1432125	8115895	7354875	78045	682975	1844090	35002
288376	1759088	1664399	3919	90770	193698	871427
1836279	6144985	6023225	24800	96960	240548	77670
170439	1508978	879823	15304	613851	309642	38211
116500	3090176	2321989	283633	484554	1109786	462348
334708	3758940	3194643	119557	444740	1241904	960960
188868	6335081	4755003	654771	925307	894372	6686
210498	2310481	1166605	247226	896650	2301645	386255
80041	210556	210556	—	—	110	1970
109749	408988	257677	52917	98394	291634	25658
69643	1651962	1343884	60070	248008	767509	281677
155320	1890310	1763500	7608	119202	179023	73681
28484	2781204	2482234	53888	245082	276322	301844
—	—	—	—	—	2032	—
2710	858799	660024	26748	172027	155185	21628
178	211515	204674	384	6457	10214	1545
—	54483	43361	276	10846	42478	—
—	557800	243807	—	313993	1196	—
—	705557	696533	—	9024	106898	2570
—	14000	14000	—	—	—	—
—	34454	29237	—	5217	368	127356

各地区林业

（按现行

地 区	合计	第 三 涉 林				
		合计	其中：湿地产业	林业生产服务	林业旅游与休闲服务	林业生态服务
全国合计	166960429	155691645	4032956	6079008	130437115	10323153
北　京	476610	450009	—	27859	233314	111395
天　津	2107	2107	—	—	2107	—
河　北	1058269	997194	23	53384	779163	40579
山　西	649685	622097	3244	38442	313774	137802
内蒙古	1335093	1071632	2382	92398	762326	88130
内蒙古集团	306855	53499	—	17797	7921	10297
辽　宁	1750757	1658707	4005	25490	1469494	123271
吉　林	2421395	1840414	1020	61400	1474174	136490
吉林集团	381253	120285	—	14687	29061	65439
长白山集团	376201	105345	—	16340	22427	19652
黑龙江	3792452	2021304	48333	40314	1529016	95536
龙江集团	2392858	784119	3510	3550	707757	15411
上　海	217008	217008	—	—	131769	82759
江　苏	6859617	6737667	402882	614279	4561507	670087
浙　江	12415384	12336624	141615	87910	11133093	317237
安　徽	10062766	9673882	156958	409527	7204067	1204155
福　建	9901540	9837389	2245	112166	9479100	101225
江　西	11868288	11676425	112820	456375	9371894	1376837
山　东	5219271	4867101	293103	249105	3669274	441061
河　南	3131615	3093281	23464	80644	2265895	546636
湖　北	13280639	12895851	92101	1200575	9105052	1797866
湖　南	15532372	14404123	838690	769523	11000026	1348015
广　东	18429371	18328069	644400	19608	18029610	243859
广　西	7175893	5633394	342255	595149	4421355	193823
海　南	430209	428279	156	2661	339479	23166
重　庆	3716649	3580013	208636	59099	3074192	288729
四　川	12992518	11567220	46421	165816	11039914	217517
贵　州	17283235	15687594	627935	533784	14609609	339812
云　南	2853021	2227323	31049	205356	1508562	196033
西　藏	60660	60660	—	—	60660	—
陕　西	1511862	1426984	5500	45328	1097889	160446
甘　肃	822786	770983	200	43771	513179	21935
青　海	85064	85064	872	—	84080	984
宁　夏	300290	295247	—	44951	249596	469
新　疆	928175	920104	—	23135	726564	12586
新疆兵团	51784	51064	—	20	50914	—
大兴安岭	395828	277896	2647	20959	197381	4713

产业总产值（四）

价格计算）
单位：万元

产　业			补充资料		
林业专业技术服务	林业公共管理及其他组织服务	林业系统非林产业	竹产业产值	油茶产业产值	林下经济产值
2667809	6184560	11268784	24557523	10240911	81550897
6424	71017	26601	—	—	16316
—	—	—	—	—	—
25687	98381	61075	—	—	285140
5793	126286	27588	—	—	11530
26593	102185	263461	—	—	477165
9369	8115	253356	—	—	32619
7440	33012	92050	—	—	137025
28358	139992	580981	—	—	684929
1140	9958	260968	—	—	117843
1810	45116	270856	—	—	121125
17265	339173	1771148	—	—	4004101
4068	53333	1608739	—	—	1848227
—	2480	—	—	—	289
232286	659508	121950	10936	988	355902
131336	667048	78760	4015175	344956	18088725
238677	617456	388884	1727864	281219	3018693
34428	110470	64151	6661988	338520	3916446
151337	319982	191863	2993513	3209163	15339911
289804	217857	352170	—	—	2345279
64528	135578	38334	7288	65820	2070997
247979	544379	384788	629162	1042197	3854882
606225	680334	1128249	2845396	3727329	3776855
3945	31047	101302	115621	251862	1975960
155230	267837	1542499	304328	670757	10265781
2688	60285	1930	1831	24966	185025
60208	97785	136636	219006	27640	884350
95694	48279	1425298	4623568	34880	6267147
54022	150367	1595641	310570	164580	914601
94596	222776	625698	88701	36665	1331760
—	—	—	—	—	1000
28839	94482	84878	2484	19369	717541
23781	168317	51803	92	—	407123
120	111	5043	—	—	6448
33107	124712	8071	—	—	15260
—	130	720	—	—	2100
1419	53424	117932	—	—	194716

全国主要林产工业产品产量2018年与2017年比较

主要指标	单 位	2018年	2017年	2018年比2017年增减(%)
木材产量	万立方米	8810.86	8398.17	4.91
1.原木	万立方米	8088.70	7670.40	5.45
2.薪材	万立方米	722.17	727.76	-0.77
竹材产量	万根	315517.18	272012.90	15.99
锯材产量	万立方米	8361.83	8602.37	-2.80
人造板产量	万立方米	29909.29	29485.87	1.44
1.胶合板	万立方米	17898.33	17195.21	4.09
2.纤维板	万立方米	6168.05	6297.00	-2.05
3.刨花板	万立方米	2731.53	2777.77	-1.66
4.其他人造板	万立方米	3111.37	3215.89	-3.25
木竹地板产量	万平方米	78897.76	82568.31	-4.45
松香类产品产量	吨	1421382	1664982	-14.63
栲胶类产品产量	吨	3165	4667	-32.18
紫胶类产品产量	吨	6570	7098	-7.44

全国主要木材、竹材产品产量

产品名称	单 位	全部产量
木材及竹材采伐产品		
一、商品材	万立方米	**8810.86**
其中:热带木材	万立方米	1403.45
其中:针叶木材	万立方米	1589.83
1.原木	万立方米	8088.70
2.薪材	万立方米	722.17
按来源分:		
1.天然林	万立方米	156.70
2.人工林	万立方米	8654.17
按生产单位分:		
1.系统内国有企业单位生产的木材	万立方米	266.03
2.系统内国有林场、事业单位生产的木材	万立方米	1037.77
3.系统外企、事业单位采伐自营林地的木材	万立方米	375.14
4.乡(镇)集体企业及单位生产的木材	万立方米	717.43
5.村及村以下各级组织和农民个人生产的木材	万立方米	6414.50
二、非商品材	万立方米	**2087.64**
1.农民自用材	万立方米	446.04
2.农民烧材	万立方米	1641.59
三、竹材		
(一)大径竹[①]	万根	315517.18
其中:村及村以下各级组织和农民个人生产的大径竹	万根	163908.87
1.毛竹	万根	169512.52
2.其他	万根	146004.66
(二)小杂竹	万吨	2185.65

注:①大径竹一般指直径在5厘米以上、以根为计量单位的竹材。

各地区主要木材、

地　区	木材及竹材商品						
	合计	其中		原木	薪材	按来源分	
		热带木材	针叶木材			天然林	人工林
全国合计	8810.86	1403.45	1589.83	8088.70	722.17	156.70	8654.17
北　京	13.79	—	0.03	13.46	0.33	—	13.79
天　津	19.75	—	—	19.75	—	—	19.75
河　北	87.42	—	6.50	70.78	16.64	0.01	87.41
山　西	25.97	—	3.57	20.58	5.39	4.48	21.49
内蒙古	74.55	—	1.11	65.86	8.68	1.16	73.39
内蒙古集团	0.92	—	0.87	0.88	0.04	0.31	0.61
辽　宁	170.96	—	56.71	149.74	21.22	8.71	162.25
吉　林	165.46	—	30.78	162.75	2.72	15.57	149.89
吉林集团	22.27	—	5.37	21.82	0.46	2.38	19.89
长白山集团	12.55	—	4.54	12.41	0.14	3.35	9.20
黑龙江	70.58	—	13.16	63.35	7.23	1.46	69.12
龙江集团	1.42	—	1.17	1.33	0.09	0.16	1.26
上　海	—	—	—	—	—	—	—
江　苏	133.85	—	1.62	124.60	9.26	3.03	130.82
浙　江	123.42	—	78.14	119.37	4.05	10.31	113.11
安　徽	450.50	—	69.22	394.72	55.78	0.71	449.79
福　建	580.22	—	257.03	527.15	53.07	11.83	568.38
江　西	257.00	—	228.82	251.84	5.17	16.15	240.85
山　东	474.26	—	0.29	407.44	66.82	—	474.26
河　南	258.36	—	0.13	236.48	21.88	1.04	257.32
湖　北	209.76	—	27.28	180.70	29.06	29.30	180.45
湖　南	286.07	—	100.17	265.51	20.56	0.12	285.96
广　东	859.91	150.59	123.00	782.26	77.65	0.07	859.84
广　西	3174.82	1028.50	373.76	2946.07	228.75	9.41	3165.41
海　南	198.41	146.89	1.50	193.68	4.72	0.02	198.38
重　庆	59.53	—	5.78	47.79	11.74	8.42	51.10
四　川	230.70	—	15.36	210.95	19.74	1.51	229.19
贵　州	278.25	—	109.17	260.59	17.66	0.80	277.45
云　南	550.71	77.47	86.36	518.35	32.36	31.79	518.92
西　藏	—	—	—	—	—	—	—
陕　西	8.00	—	0.10	7.35	0.65	—	8.00
甘　肃	4.45	—	—	4.20	0.25	0.55	3.90
青　海	0.06	—	—	0.06	—	—	0.06
宁　夏	—	—	—	—	—	—	—
新　疆	44.11	—	0.24	43.31	0.80	0.23	43.88
新疆兵团	8.24	—	0.24	8.24	—	—	8.24
大兴安岭	—	—	—	—	—	—	—

竹材产品产量(一)

单位:万立方米

采伐产品 材					非商品材		
		按生产单位分					
系统内国有企业单位生产的木材	系统内国有林场、事业单位生产的木材	系统外企、事业单位采伐自营林地的木材	乡(镇)集体企业及单位生产的木材	村及村以下各级组织和农民个人生产的木材	合计	农民自用材采伐量	农民烧材采伐量
266.03	**1037.77**	**375.14**	**717.43**	**6414.50**	**2087.64**	**446.04**	**1641.59**
—	0.30	0.41	2.87	10.22	16.92	16.75	0.16
—	—	—	—	19.75	—	—	—
—	16.04	0.06	2.79	68.53	3.60	3.24	0.36
0.06	8.10	0.04	3.86	13.90	1.41	1.40	0.01
1.27	1.36	2.97	4.42	64.54	0.75	0.75	—
0.92	—	—	—	—	—	—	—
7.15	42.56	0.60	49.24	71.42	3.55	1.79	1.76
37.88	27.20	0.29	23.40	76.69	—	—	—
22.27	—	—	—	—	—	—	—
12.55	—	—	—	—	—	—	—
2.05	20.20	0.21	13.38	34.74	4.85	4.84	—
1.42	—	—	—	—	—	—	—
—	—	—	—	—	—	—	—
0.73	7.93	11.14	25.91	88.13	9.78	7.50	2.28
0.17	12.72	0.48	21.04	89.01	6.55	4.49	2.05
1.98	19.27	9.70	54.32	365.23	99.89	49.39	50.51
44.71	86.66	14.26	53.76	380.82	850.24	62.20	788.04
15.79	78.91	20.88	31.09	110.34	66.29	14.23	52.06
1.47	2.66	1.64	35.47	433.03	12.90	10.59	2.30
—	4.92	3.08	15.48	234.88	44.88	29.11	15.77
11.14	8.69	6.00	14.36	169.58	71.67	42.13	29.54
18.42	29.55	21.35	56.98	159.77	63.79	31.86	31.93
23.08	66.56	85.33	45.93	639.01	5.12	0.80	4.33
16.46	524.62	112.48	131.89	2389.37	253.72	34.09	219.64
25.58	15.24	34.62	4.58	118.39	0.75	0.52	0.23
0.27	11.90	11.16	12.89	23.30	25.03	8.89	16.14
0.23	6.66	2.01	6.33	215.46	30.44	14.87	15.57
0.61	11.99	4.19	39.55	221.92	83.45	27.04	56.41
47.84	32.05	30.49	63.63	376.71	382.66	55.83	326.83
—	—	—	—	—	6.07	0.75	5.32
0.24	0.45	0.45	1.24	5.62	38.51	19.49	19.02
—	1.23	0.27	0.89	2.07	3.51	2.22	1.29
—	—	—	—	0.06	0.06	0.06	—
8.88	0.02	1.05	2.14	32.02	1.25	1.23	0.03
8.24	—	—	—	—	—	—	—
—	—	—	—	—	—	—	—

各地区主要木材、竹材产品产量(二)

单位:万根

地区	木材及竹材采伐产品				小杂竹 (万吨)
	竹材				
	大径竹				
	合计	其中:村及村以下各级组织和农民个人生产的大径竹	毛竹	其他	
全国合计	315517.18	163908.87	169512.52	146004.66	2185.65
北　京	—	—	—	—	—
天　津	—	—	—	—	—
河　北	—	—	—	—	—
山　西	—	—	—	—	—
内蒙古	—	—	—	—	—
内蒙古集团	—	—	—	—	—
辽　宁	—	—	—	—	—
吉　林	—	—	—	—	—
吉林集团	—	—	—	—	—
长白山集团	—	—	—	—	—
黑龙江	—	—	—	—	—
龙江集团	—	—	—	—	—
上　海	—	—	—	—	—
江　苏	445.38	41.13	444.99	0.39	2.98
浙　江	20246.48	13462.81	19588.60	657.87	53.70
安　徽	15631.74	4657.09	12865.12	2766.62	200.51
福　建	91928.00	88932.00	60131.00	31797.00	105.34
江　西	21365.64	4506.96	18213.55	3152.10	39.47
山　东	—	—	—	—	—
河　南	118.24	80.94	118.24	—	8.05
湖　北	3744.01	3096.92	2834.23	909.78	10.74
湖　南	19802.07	10702.86	17852.96	1949.11	26.38
广　东	22264.36	11218.22	6063.43	16200.93	364.55
广　西	63609.76	17942.02	16767.47	46842.29	81.11
海　南	860.94	—	0.40	860.54	0.03
重　庆	18425.77	160.69	1765.90	16659.87	218.28
四　川	17750.10	3426.93	4633.83	13116.27	665.01
贵　州	1907.80	174.60	1448.35	459.45	60.89
云　南	16771.61	5429.70	6163.42	10608.19	347.94
西　藏	—	—	—	—	—
陕　西	645.27	76.00	621.02	24.25	0.63
甘　肃	—	—	—	—	0.05
青　海	—	—	—	—	—
宁　夏	—	—	—	—	—
新　疆	—	—	—	—	—
新疆兵团	—	—	—	—	—
大兴安岭	—	—	—	—	—

全国主要经济林产品生产情况

单位：吨

指　　　标	产　　量
各类经济林产品总量	**180784145**
一、水果	**149145256**
1. 苹果	33883143
2. 柑橘	36908776
3. 梨	16214160
4. 葡萄	13999852
5. 桃	14205662
6. 杏	2079998
7. 荔枝	2475813
8. 龙眼	1829079
9. 猕猴桃	1582249
10. 其他水果	25966524
二、干果	**11629076**
1. 板栗	2272867
2. 枣（干重）	5473056
3. 柿子（干重）	869430
4. 仁用杏（大扁杏等甜杏仁）	75347
5. 榛子	124972
6. 松子	97277
7. 其他干果	2716127
三、林产饮料产品（干重）	**2468514**
1. 毛茶	2239439
2. 其他林产饮料产品	229075
四、林产调料产品（干重）	**830671**
1. 花椒	449669
2. 八角	217057
3. 桂皮	87620
4. 其他林产调料产品	76325
五、森林食品	**3826928**
1. 竹笋干	805691
2. 食用菌（干重）	2095646
3. 山野菜（干重）	360272
4. 其他森林食品（干重）	565319
六、森林药材	**3639167**
1. 银杏（白果）	188701
2. 山杏仁（苦杏仁）	42195
3. 杜仲	202478
4. 黄柏	71066
5. 厚朴	201048
6. 山茱萸	62100
7. 枸杞	362005
8. 沙棘	98352
9. 五味子	24072
10. 其他森林药材	2387150
七、木本油料	**6766220**
1. 油茶籽	2629796
2. 核桃	3820720
3. 油橄榄	49089
4. 油用牡丹籽	32027
5. 其他木本油料	234588
八、林产工业原料	**2478313**
1. 生漆	18882
2. 油桐籽	348173
3. 乌桕籽	23237
4. 五倍子	21263
5. 棕片	59051
6. 松脂	1375367
7. 紫胶（原胶）	6160

各地区主要经济林

地　区	各类经济林产品总量	水果产品								
		合　计	苹果	柑橘	梨	葡萄	桃	杏	荔枝	龙眼
全国合计	**180784145**	**149145256**	**33883143**	**36908776**	**16214160**	**13999852**	**14205662**	**2079998**	**2475813**	**1829079**
北　京	592327	540624	67540	—	111243	28967	276126	15663	—	—
天　津	347208	343424	56912	—	77667	83517	69071	4307	—	—
河　北	9545656	8462513	2200950	—	3296769	1134114	1269788	196103	—	—
山　西	4841850	3838144	2142098	—	613965	281314	424213	120639	—	—
内蒙古	585496	521425	173976	18	84647	80523	2770	27876	—	—
内蒙古集团	3308	2501	—	—	—	—	—	—	—	—
辽　宁	7114855	6474456	2832058	—	1480928	468846	686771	120651	—	—
吉　林	651478	392478	91539	—	88498	133110	673	1819	—	—
吉林集团	14029	67	—	—	—	—	—	—	—	—
长白山集团	17108	383	—	—	375	8	—	—	—	—
黑龙江	960139	314630	133002	—	28919	68024	65	976	—	—
龙江集团	316209	4443	2	—	160	1242	—	—	—	—
上　海	291233	291060	—	103628	37925	65803	74301	29	—	—
江　苏	3373638	3129628	407695	32791	699499	1073246	693267	9241	—	—
浙　江	5133376	4521680	—	1644216	458212	841710	509169	—	—	—
安　徽	4622393	3927270	417866	22349	1288694	608571	1173799	32084	—	—
福　建	7013729	5340175	165713	3396067	203390	202702	137085	292	140221	214645
江　西	5692293	4761552	—	3934716	165859	131484	72979	—	—	—
山　东	18126505	17044190	8756979	—	1201320	1278902	4019592	322650	—	—
河　南	7849193	6685946	3316030	104755	1160257	646002	936094	120178	—	—
湖　北	9660619	7920556	15525	5450812	618501	453865	1174295	7512	—	—
湖　南	7730621	5898268	—	4582425	263481	356895	213269	1275	—	—
广　东	10991510	10160555	—	2510818	98811	5800	86858	—	1290298	852186
广　西	16617466	14777812	6548	6997787	393257	558656	313227	—	802974	611674
海　南	4594892	2048725	—	41399	—	—	1804	—	189018	55671
重　庆	4091874	3587277	4412	2474683	282522	128160	129666	12054	1468	26785
四　川	8803006	7346484	727220	3791444	765052	380867	510825	6438	22027	53398
贵　州	3794041	2805544	87807	581528	376915	346422	403392	2119	1208	798
云　南	9627773	6583411	327583	887493	484966	934992	296221	2261	28599	13682
西　藏	23086	15840	9660	1951	333	11	1353	—	—	—
陕　西	11446253	9504186	6402753	342096	390134	412086	407953	86406	—	240
甘　肃	5508084	5089757	3883297	7800	490551	423781	171738	69332	—	—
青　海	135708	21599	2112	—	2780	49	35	216	—	—
宁　夏	339254	170177	75042	—	2359	84024	6632	1072	—	—
新　疆	10664613	6625870	1578826	—	1046706	2787409	142631	918805	—	—
新疆兵团	2939595	1706255	578285	—	346470	681750	47608	31927	—	—
大兴安岭	13976	—	—	—	—	—	—	—	—	—

产品生产情况(一)

单位:吨

猕猴桃	其他水果	干果产品							
		合 计	板栗	枣（干重）	柿子（干重）	仁用杏（大扁杏等甜杏仁）	榛子	松子	其他干果
1582249	25966524	11629076	2272867	5473056	869430	75347	124972	97277	2716127
14	41071	40031	26957	2037	7563	2605	—	—	869
—	51950	1833	1833	—	—	—	—	—	—
1067	363722	827915	374954	308500	101217	12430	12349	35	18430
42	255873	818597	12862	694273	98289	5606	135	188	7244
—	151615	32988	—	568	—	8830	12133	169	11288
—	2501	165	—	—	—	—	8	157	—
600	884602	428811	143563	141277	—	30526	81237	21282	10926
—	76839	30363	503	—	—	90	4166	20693	4911
—	67	3069	—	—	—	—	—	3069	—
—	—	5143	—	—	—	—	—	5143	—
—	83644	31777	—	—	—	8	10833	18152	2784
—	3039	9949	—	—	—	—	1670	7133	1146
1487	7887	—	—	—	—	—	—	—	—
14765	199124	50634	17906	5728	26017	—	—	—	983
86105	982268	82186	66673	1375	6097	—	—	—	8041
24470	359437	130128	88895	15653	20169	—	25	—	5386
33728	846332	128446	80415	8428	39089	—	—	—	514
63943	392571	26641	22533	770	1367	—	—	—	1971
20422	1444325	713283	267369	189034	76993	51	3111	—	176725
76174	326456	328532	106776	99707	115742	902	—	—	5405
52311	147735	462718	405495	17134	32038	230	—	—	7821
99588	381335	155709	112941	23781	14341	—	—	185	4461
6180	5309604	70578	25505	2700	37363	—	—	—	5010
12897	5080792	197309	109759	7008	66828	4	—	—	13710
—	1760833	2221275	—	—	—	—	—	—	2221275
43234	484293	35606	23358	3798	3142	1	—	929	4378
268603	820610	82724	52385	13056	3032	620	—	8465	5166
130928	874427	109075	87668	2549	3805	—	—	2995	12058
21044	3586570	242185	165913	1307	29955	—	—	16700	28310
—	2532	1096	20	—	2	—	—	—	1074
624555	837963	1141435	76998	841596	179388	8097	—	5036	30320
90	43168	119803	1586	107725	6993	233	15	1677	1574
2	16405	86	—	—	—	—	—	—	86
—	1048	77046	—	74106	—	—	—	—	2940
—	151493	3038558	—	2910946	—	5114	31	—	122467
—	20215	1181337	—	1181017	—	300	—	—	20
—	—	1708	—	—	—	—	937	771	—

各地区主要经济林

地 区	林产饮料产品（干重）			林产调料产品（干重）				
	合 计	毛茶	其他林产饮料产品	合 计	花椒	八角	桂皮	其他林产调料产品
全国合计	2468514	2239439	229075	830671	449669	217057	87620	76325
北 京	—	—	—	25	25	—	—	—
天 津	—	—	—	6	6	—	—	—
河 北	10	4	6	8257	8257	—	—	—
山 西	4	4	—	11960	11960	—	—	—
内蒙古	1000	—	1000	—	—	—	—	—
内蒙古集团	—	—	—	—	—	—	—	—
辽 宁	9000	—	9000	—	—	—	—	—
吉 林	—	—	—	—	—	—	—	—
吉林集团	—	—	—	—	—	—	—	—
长白山集团	—	—	—	—	—	—	—	—
黑龙江	8110	—	8110	1	—	—	—	1
龙江集团	—	—	—	—	—	—	—	—
上 海	4	4	—	—	—	—	—	—
江 苏	12498	12498	—	38	38	—	—	—
浙 江	173279	169008	4271	—	—	—	—	—
安 徽	132055	124046	8009	930	327	—	192	411
福 建	321967	317955	4012	—	—	—	—	—
江 西	46402	45504	898	385	6	37	143	199
山 东	50376	25694	24682	46028	37304	—	—	8724
河 南	22404	19376	3028	27824	27789	—	—	35
湖 北	312882	310101	2781	2554	1940	124	11	479
湖 南	134719	132283	2436	1512	442	69	120	881
广 东	85153	66762	18391	62487	—	5503	56565	419
广 西	68852	67151	1701	193005	14	163464	28841	686
海 南	719	31	688	22842	—	—	—	22842
重 庆	34018	33769	249	72114	70394	463	188	1069
四 川	155384	154266	1118	104458	104230	135	48	45
贵 州	266977	262028	4949	9815	8223	290	824	478
云 南	539148	415057	124091	157699	70104	46945	661	39989
西 藏	51	51	—	10	10	—	—	—
陕 西	88251	82086	6165	77705	77584	27	27	67
甘 肃	1761	1761	—	31010	31010	—	—	—
青 海	—	—	—	6	6	—	—	—
宁 夏	3490	—	3490	—	—	—	—	—
新 疆	—	—	—	—	—	—	—	—
新疆兵团	—	—	—	—	—	—	—	—
大兴安岭	—	—	—	—	—	—	—	—

产品生产情况（二）

单位：吨

森林食品					森林药材								
合 计	竹笋干	食用菌（干重）	山野菜（干重）	其他森林食品（干重）	合 计	银杏（白果）	山杏仁（苦杏仁）	杜仲	黄柏	厚朴	山茱萸	枸杞	沙棘
3826928	805691	2095646	360272	565319	3639167	188701	42195	202478	71066	201048	62100	362005	98352
16	—	16	—	—	—	—	—	—	—	—	—	—	—
—	—	—	—	—	—	—	—	—	—	—	—	—	—
11174	—	5590	3670	1914	77229	—	20552	—	—	—	—	29902	3500
59903	—	49843	25	10035	40251	—	500	—	—	—	1438	178	9232
13222	—	11305	1769	148	16765	—	—	—	—	—	—	10454	416
400	—	213	187	—	242	—	—	—	—	—	—	—	—
126894	—	37691	48104	41099	35111	1506	7469	—	—	—	—	186	11
87881	—	64108	23129	644	129326	—	—	—	—	—	—	—	8
4144	—	3383	729	32	3111	—	—	—	—	—	—	—	—
10513	—	8996	1194	323	679	—	—	—	—	—	—	—	—
431094	—	325413	74085	31596	174253	—	300	—	—	—	—	66	2784
210601	—	139424	64391	6786	91116	—	—	—	—	—	—	—	—
169	169	—	—	—	—	—	—	—	—	—	—	—	—
61245	805	57722	1376	1342	116848	87391	130	—	—	—	—	—	—
245213	197434	45400	2359	20	17493	1764	—	444	—	1716	4217	—	—
161616	33107	100422	13710	14377	117990	2605	3	1469	118	811	463	1	—
728673	204101	453531	45627	25414	80404	452	—	890	—	5247	—	—	—
166356	49482	53623	7706	55545	98192	280	—	6915	105	2527	29	—	—
82234	—	26141	2093	54000	15807	8171	69	30	—	—	20	100	—
292751	1593	241466	38703	10989	204167	3291	150	21738	—	—	32090	1910	—
312938	16547	193714	22619	80058	274477	30086	16	23653	5245	13212	504	1886	—
144703	71911	38209	15971	18612	294934	3272	95	89850	4716	117340	110	1	—
79916	54779	23599	282	1256	100604	978	—	—	—	—	—	—	—
91605	33804	50763	145	6893	215847	8804	—	3160	—	5693	45	—	—
19322	622	100	—	18600	12523	—	—	—	—	—	—	—	—
145295	29499	8705	2893	104198	160642	2161	—	11496	10255	6572	180	30	26
204754	72900	90188	12604	29062	269696	16630	295	20945	41470	39245	114	—	—
133882	17143	95298	10909	10532	125129	6729	12	10299	7899	2166	309	78	—
132948	17344	58745	19783	37076	376703	175	—	548	914	3	—	—	—
70	—	58	—	12	475	—	—	—	—	—	—	400	—
78839	4446	57829	10723	5841	256510	13330	12604	10549	322	6502	22378	182	12510
2696	5	1806	330	555	151879	1076	—	492	22	14	203	91918	52020
7	—	7	—	—	85800	—	—	—	—	—	—	84600	1200
—	—	—	—	—	86858	—	—	—	—	—	—	86857	—
33	—	33	—	—	102465	—	—	—	—	—	—	53256	16645
33	—	33	—	—	23486	—	—	—	—	—	—	20136	3350
11479	—	4321	1657	5501	789	—	—	—	—	—	—	—	—

各地区主要经济林

地区	森林药材		木本油料					
	五味子	其他森林药材	合 计	油茶籽	核桃	油橄榄	油用牡丹籽	其他木本油料
全国合计	24072	2387150	6766220	2629796	3820720	49089	32027	234588
北 京	—	—	11631	—	11584	—	47	—
天 津	—	—	1945	—	1945	—	—	—
河 北	—	23275	158558	—	158422	—	136	—
山 西	2	28901	72991	—	71481	—	629	881
内蒙古	—	5895	96	—	—	—	—	96
内蒙古集团	—	242	—	—	—	—	—	—
辽 宁	3426	22513	40583	—	1107	—	—	39476
吉 林	4421	124897	11430	—	11430	—	—	—
吉林集团	132	2979	3638	—	3638	—	—	—
长白山集团	342	337	390	—	390	—	—	—
黑龙江	9107	161996	274	—	174	—	—	100
龙江集团	7292	83824	100	—	—	—	—	100
上 海	—	—	—	—	—	—	—	—
江 苏	—	29327	2747	260	2183	—	279	25
浙 江	—	9352	92473	68523	23950	—	—	—
安 徽	18	112502	131913	97267	23385	—	9281	1980
福 建	—	73815	259469	174154	146	—	—	85169
江 西	—	88336	455676	455454	5	—	—	217
山 东	—	7417	174587	—	166006	—	7551	1030
河 南	1500	143488	207425	49134	151990	—	4784	1517
湖 北	297	199578	321135	194836	123487	160	2652	—
湖 南	58	79492	1020260	1010844	7655	—	76	1685
广 东	—	99626	154008	149194	—	—	—	4814
广 西	—	198145	280240	273000	2560	—	—	4680
海 南	—	12523	3844	3844	—	—	—	—
重 庆	68	129854	48059	10518	29226	1118	267	6930
四 川	50	150947	631757	23119	573685	20026	61	14866
贵 州	656	96981	257688	83090	142398	37	170	31993
云 南	139	374924	1121955	20043	1071092	804	11	30005
西 藏	—	75	4647	2	4645	—	—	—
陕 西	4282	173851	262251	16514	238329	42	5380	1986
甘 肃	15	6119	110998	—	76302	26902	664	7130
青 海	—	—	28210	—	28200	—	10	—
宁 夏	—	1	1683	—	1654	—	29	—
新 疆	—	32564	897687	—	897679	—	—	8
新疆兵团	—	—	28484	—	28476	—	—	8
大兴安岭	33	756	—	—	—	—	—	—

产品生产情况(三)

单位:吨

林产工业原料							
合 计	生漆	油桐籽	乌桕籽	五倍子	棕片	松脂	紫胶 (原胶)
2478313	18882	348173	23237	21263	59051	1375367	6160
—	—	—	—	—	—	—	—
—	—	—	—	—	—	—	—
—	—	—	—	—	—	—	—
—	—	—	—	—	—	—	—
—	—	—	—	—	—	—	—
—	—	—	—	—	—	—	—
—	—	—	—	—	—	—	—
—	—	—	—	—	—	—	—
—	—	—	—	—	—	—	—
—	—	—	—	—	—	—	—
—	—	—	—	—	—	—	—
—	—	—	—	—	—	—	—
1052	20	178	—	—	582	272	—
20491	110	1729	101	59	3612	14880	—
154595	85	26329	419	59	16503	107635	3565
137089	195	13563	118	20	3433	119760	—
—	—	—	—	—	—	—	—
80144	1998	66397	7845	3897	—	7	—
53359	2664	21400	10234	2767	3014	13280	—
80516	1120	26663	518	436	4345	47434	—
278209	—	8701	1047	—	4433	248015	573
792796	55	85617	383	169	3355	690217	—
265642	—	—	—	—	—	7712	—
8863	1458	4318	443	1918	646	80	—
7749	293	5238	628	209	1141	240	—
85931	7392	44470	1248	9536	6577	16708	—
473724	130	15766	27	34	7445	108490	2022
897	—	897	—	—	—	—	—
37076	3361	26905	226	1982	3965	637	—
180	1	2	—	177	—	—	—
—	—	—	—	—	—	—	—
—	—	—	—	—	—	—	—
—	—	—	—	—	—	—	—
—	—	—	—	—	—	—	—
—	—	—	—	—	—	—	—

全国油茶与核桃产业发展情况

指　　标	单位	产量
一、油茶产业发展情况		
1. 年末实有油茶林面积	公顷	4266648
当年新造面积	公顷	144566
当年低改面积	公顷	136004
2. 定点苗圃个数	个	389
定点苗圃面积	公顷	3055
3. 苗木产量	万株	79087
其中：一年生苗木产量	万株	47294
二年留床苗木产量	万株	28866
4. 油茶籽产量	万吨	263
5. 油茶企业	个	2528
二、核桃产业发展情况		
1. 年末实有核桃种植面积	公顷	8165689
2. 苗圃个数	个	8202
苗圃面积	公顷	24826
3. 苗木产量	万株	53095
4. 核桃产量（干重）	万吨	382

全国花卉产业发展情况

指　标	单位	产量
花卉产业发展情况		
1. 年末实有花卉种植面积	公顷	1632754
2. 切花切叶产量	万支	1766386
3. 盆栽植物产量	万盆	564994
4. 观赏苗木产量	万株	1166672
5. 草坪产量	万平方米	61702
6. 花卉市场	个	4162
7. 花卉企业	个	53926
其中：大中型企业	个	9514
8. 花农	万户	143.24
9. 花卉从业人员	万人	523.45
其中：专业技术人员	万人	33.11
10. 控温温室面积	万平方米	7651
11. 日光温室面积	万平方米	17086

各地区油茶与核桃

油茶产业发展情况

地 区	年末实有油茶林面积（公顷）			定点苗圃		苗木产量
	合计	当年新造面积	当年低改面积	个数（个）	面积（公顷）	合计
全国合计	4266648	144566	136004	389	3055	79087
北　京	—	—	—	—	—	—
天　津	—	—	—	—	—	—
河　北	—	—	—	—	—	—
山　西	—	—	—	—	—	—
内蒙古	—	—	—	—	—	—
内蒙古集团	—	—	—	—	—	—
辽　宁	—	—	—	—	—	—
吉　林	—	—	—	—	—	—
吉林集团	—	—	—	—	—	—
长白山集团	—	—	—	—	—	—
黑龙江	—	—	—	—	—	—
龙江集团	—	—	—	—	—	—
上　海	—	—	—	—	—	—
江　苏	52	—	—	—	—	—
浙　江	171951	2497	3325	14	84	1058
安　徽	141142	9373	1760	16	175	3161
福　建	218843	3994	7929	9	73	2130
江　西	916004	23274	15087	51	808	21965
山　东	—	—	—	—	—	—
河　南	52208	2350	80	11	48	1261
湖　北	279557	11704	2797	44	427	4818
湖　南	1385686	46665	60299	63	496	18790
广　东	177193	1228	57	7	70	1069
广　西	481200	27867	26600	78	374	11897
海　南	4395	500	—	22	42	617
重　庆	50498	5320	31	9	192	1542
四　川	34112	1629	368	6	15	1648
贵　州	154263	6434	16808	44	196	4560
云　南	173708	1242	723	7	18	3510
西　藏	110	110	—	—	—	—
陕　西	25726	379	140	8	37	1062
甘　肃	—	—	—	—	—	—
青　海	—	—	—	—	—	—
宁　夏	—	—	—	—	—	—
新　疆	—	—	—	—	—	—
新疆兵团	—	—	—	—	—	—
大兴安岭	—	—	—	—	—	—

产业发展情况

(万株)		油茶籽产量（万吨）	油茶企业（个）	核桃产业发展情况				
	其　中			年末实有核桃种植面积（公顷）	苗圃		苗木产量（万株）	核桃产量（干重）（万吨）
一年生苗木产量	二年留床苗木产量				个数（个）	面积（公顷）		
47294	28866	263	2528	8165689	8202	24826	53095	382
—	—	—	—	13414	—	—	—	1
—	—	—	—	1750	—	—	—	—
—	—	—	—	55694	66	952	1899	16
—	—	—	—	565180	35	198	1769	7
—	—	—	—	—	—	—	—	—
—	—	—	—	—	—	—	—	—
—	—	—	—	12421	1	24	40	—
—	—	—	—	30383	1	1	15	1
—	—	—	—	1642	—	—	—	—
—	—	—	—	—	—	—	—	—
—	—	—	—	992	2	1	8	—
—	—	—	—	—	—	—	—	—
—	—	—	—	—	—	—	—	—
—	—	—	—	2295	31	2395	11682	—
463	585	7	234	78046	9	33	60	2
1553	1618	10	202	72422	62	1951	2101	2
574	1556	17	133	1024	40	—	—	—
12456	8418	46	292	343	2	5	18	—
—	—	—	—	151326	19	900	11551	17
1142	195	5	13	217764	120	2617	1731	15
2710	2020	19	213	184770	21	138	652	12
12248	6501	101	964	6134	1	4	4	1
595	219	15	98	—	—	—	—	—
7636	2751	27	65	115217	2	6	33	—
221	371	—	18	—	—	—	—	—
835	707	1	89	69239	18	220	1189	3
1103	544	2	9	1144283	50	1896	9777	57
3141	1428	8	138	436807	320	896	1687	14
1970	1540	2	55	3509206	4604	10249	2471	107
—	—	—	—	5275	17	145	2	—
648	414	2	5	781122	2050	1579	4959	24
—	—	—	—	309273	586	296	687	8
—	—	—	—	33	—	—	—	3
—	—	—	—	2734	3	133	—	—
—	—	—	—	398542	142	187	759	90
—	—	—	—	11950	—	—	—	3

各地区花卉产业

地 区	年末实有花卉种植面积（公顷）	切花切叶产量（万支）	盆栽植物产量（万盆）	观赏苗木产量（万株）	草坪产量（万平方米）
全国合计	**1632754**	**1766386**	**564994**	**1166672**	**61702**
北　京	4497	3300	15529	1729	431
天　津	370	36	2710	336	40
河　北	41344	12003	7033	117018	140
山　西	1598	285	6947	363	91
内蒙古	5206	2930	596	2850	8
内蒙古集团	—	—	—	—	—
辽　宁	32107	9504	9383	2237	7
吉　林	2222	2065	394	2886	101
吉林集团	—	—	—	—	—
长白山集团	—	—	—	—	—
黑龙江	886	2843	302	901	7
龙江集团	—	—	—	—	—
上　海	921	8267	18816	83	713
江　苏	310766	142947	34250	400559	20840
浙　江	67857	61145	39907	183910	4517
安　徽	46721	10393	17722	34297	12126
福　建	64909	162330	139059	25318	2474
江　西	57343	35238	11492	22729	1729
山　东	163535	165985	101578	91159	161
河　南	135693	65506	11884	50130	323
湖　北	107402	15784	19610	24208	1343
湖　南	67897	7695	4511	24842	5262
广　东	76125	278532	30656	16599	2572
广　西	32324	14100	7460	16768	5946
海　南	10222	68862	13135	2570	502
重　庆	35692	2060	2421	12151	725
四　川	52723	43585	24543	23006	476
贵　州	37904	8177	2659	32202	346
云　南	204395	622216	10635	15957	42
西　藏	136	62	1	19	—
陕　西	67020	6149	17841	38583	693
甘　肃	3007	7701	5214	2730	11
青　海	100	100	450	4	—
宁　夏	1385	6502	7568	7382	53
新　疆	444	50	688	13105	21
新疆兵团	51	—	88	367	—
大兴安岭	3	29	—	42	—

发展情况

发展情况	花卉企业（个）		花卉从业人员（万人）			
花卉市场（个）	合计	其中：大中型企业	花农（万户）	合计	其中：专业技术人员	控温温室面积（万平方米）	日光温室面积（万平方米）
4162	53926	9514	143.24	523.45	33.11	7651	17086
15	226	81	0.07	0.87	0.08	88	353
10	23	5	0.07	0.33	0.03	52	87
289	1042	66	2.79	10.83	0.99	42	521
115	128	21	0.19	1.01	0.28	29	260
104	53	1	0.02	0.45	0.03	7	55
—	—	—	—	—	—	—	—
23	150	23	2.69	3.42	0.17	182	2319
41	137	7	0.22	0.49	0.05	17	10
—	—	—	—	—	—	—	—
16	28	1	0.02	0.25	0.02	1	8
—	—	—	—	—	—	—	—
15	145	64	0.05	0.45	0.07	155	439
233	6478	979	20.05	69.07	2.36	625	1049
112	9823	2829	15.58	66.36	4.52	677	975
417	1787	246	4.79	18.62	1.25	173	304
217	3506	961	6.29	30.39	1.96	1009	1783
298	1975	113	3.66	14.75	6.44	32	60
391	3684	940	18.46	57.64	3.72	2859	1355
228	3271	603	11.96	62.23	2.01	140	308
243	2410	258	5.74	26.70	1.67	136	200
318	2365	243	12.83	31.34	1.02	64	89
129	5593	1011	4.25	12.18	1.02	272	1187
61	1083	163	9.59	47.88	0.83	10	24
24	777	214	0.70	5.63	0.28	21	451
108	3016	261	4.42	14.06	0.67	28	57
380	3055	126	9.22	23.38	1.94	96	329
84	1150	80	0.45	2.34	0.20	51	60
47	905	56	5.30	10.93	0.92	492	2880
3	16	—	—	0.01	—	180	1220
83	686	82	2.61	9.54	0.34	49	91
88	282	44	0.97	1.46	0.17	120	165
12	41	10	0.02	0.08	—	2	4
12	52	16	0.18	0.48	0.04	17	361
46	39	10	0.09	0.30	0.04	25	85
4	3	1	0.01	0.03	—	11	62
—	—	—	—	0.01	—	1	1

全国主要林产工业产品产量(一)

产 品 名 称	单位	产量
木竹加工产品		
一、锯材	万立方米	**8361.83**
1.普通锯材	万立方米	8179.10
2.特种锯材	万立方米	182.74
二、木片、木粒加工产品	万实积立方米	**4088.95**
三、人造板	万立方米	**29909.29**
(一)胶合板	万立方米	17898.33
1.木胶合板	万立方米	15988.06
2.竹胶合板	万立方米	542.07
3.其他胶合板	万立方米	1368.21
(二)纤维板	万立方米	6168.05
1.木质纤维板	万立方米	5870.36
(1)硬质纤维板	万立方米	244.18
(2)中密度纤维板	万立方米	5607.02
(3)软质纤维板	万立方米	19.15
2.非木质纤维板	万立方米	297.70
(三)刨花板	万立方米	2731.53
1.木质刨花板	万立方米	2719.64
其中:定向刨花板(OSB)	万立方米	106.66
2.非木质刨花板	万立方米	11.89
(四)其他人造板	万立方米	3111.37
其中:细木工板	万立方米	1636.03
四、其他加工材	万立方米	**1343.73**
其中:改性木材	万立方米	140.05
指接材	万立方米	364.54

全国主要林产工业产品产量（二）

产 品 名 称	单位	产量
木竹加工产品		
五、木竹地板	万平方米	78897.76
1.实木地板	万平方米	11661.98
2.实木复合木地板	万平方米	20318.18
3.浸渍纸层压木质地板(强化木地板)	万平方米	39424.74
4.竹地板(含竹木复合地板)	万平方米	6944.49
5.其他木地板(含软木地板、集成材地板等)	万平方米	548.36
林产化工产品		
一、松香类产品	吨	1421382
1.松香	吨	1167846
2.松香深加工产品	吨	253536
二、松节油类产品	吨	242435
1.松节油	吨	185973
2.松节油深加工产品	吨	56462
三、樟脑	吨	19442
其中:合成樟脑	吨	13341
四、冰片	吨	1244
其中:合成冰片	吨	1063
五、栲胶类产品	吨	3165
1.栲胶	吨	3165
2.栲胶深加工产品	吨	—
六、紫胶类产品	吨	6570
1.紫胶	吨	5658
2.紫胶深加工产品	吨	912
七、林产天然香料	吨	16063
八、木竹热解产品	吨	1457014
九、木质生物质成型燃料	吨	944389

各地区主要木竹

地区	锯材 合计	锯材 普通锯材	锯材 特种锯材	木片、木粒加工产品（万实积立方米）	总计	胶合板 合计	胶合板 木胶合板	胶合板 竹胶合板	胶合板 其他胶合板
全国合计	8361.83	8179.10	182.74	4088.95	29909.29	17898.33	15988.06	542.07	1368.21
北　京	—	—	—	—	—	—	—	—	—
天　津	—	—	—	—	—	—	—	—	—
河　北	96.68	96.68	—	10.53	1588.13	657.52	657.52	—	—
山　西	16.30	16.30	—	11.63	31.35	1.96	1.96	—	—
内蒙古	1260.18	1260.18	—	0.83	35.34	32.43	31.26	—	1.17
内蒙古集团									
辽　宁	264.25	255.06	9.19	66.34	174.88	71.07	71.07	—	—
吉　林	98.46	98.46	—	23.15	320.69	142.34	80.58	—	61.77
吉林集团	0.11	0.11	—	0.16	115.05	—	—	—	—
长白山集团	0.25	0.25	—	—	1.12	1.12	1.11	—	0.01
黑龙江	434.64	431.22	3.43	43.16	68.12	42.60	38.68	—	3.92
龙江集团	8.96	8.96	—	0.90	7.36	0.56	0.54	—	0.02
上　海	—	—	—	—	—	—	—	—	—
江　苏	350.96	350.26	0.70	146.59	5743.47	3892.37	3875.83	11.19	5.35
浙　江	363.29	328.08	35.21	36.02	510.24	182.18	89.49	91.59	1.10
安　徽	553.39	549.45	3.94	189.70	2513.07	1790.88	1661.78	74.74	54.36
福　建	333.48	333.48	—	271.60	995.97	527.86	387.24	132.16	8.47
江　西	270.04	264.10	5.94	153.34	435.03	164.34	83.43	64.37	16.54
山　东	1197.75	1147.42	50.33	1440.19	7488.85	5039.04	4714.56	—	324.48
河　南	271.10	271.10	—	315.72	1642.20	721.44	617.57	—	103.86
湖　北	243.59	225.42	18.17	110.46	830.04	311.44	287.19	7.77	16.47
湖　南	471.61	442.84	28.77	36.49	714.39	449.08	203.11	87.91	158.06
广　东	178.99	172.21	6.77	244.95	1011.39	330.74	308.03	7.86	14.85
广　西	1242.04	1231.20	10.84	722.61	4458.69	2988.43	2395.86	13.42	579.16
海　南	103.01	102.25	0.76	13.83	42.73	32.24	32.24	—	—
重　庆	100.47	99.55	0.92	53.85	159.84	56.82	44.41	11.52	0.88
四　川	170.16	166.55	3.60	65.82	565.32	177.20	133.65	33.37	10.17
贵　州	170.02	167.41	2.60	15.78	145.97	67.79	57.56	6.16	4.07
云　南	150.35	149.36	0.99	108.13	384.19	195.82	192.72	—	3.10
西　藏	—	—	—	—	0.40	0.40	0.40	—	—
陕　西	7.40	7.40	—	6.59	26.89	10.48	10.09	—	0.39
甘　肃	1.25	1.25	—	—	4.61	0.71	0.71	—	—
青　海	—	—	—	—	—	—	—	—	—
宁　夏	—	—	—	—	—	—	—	—	—
新　疆	12.43	11.85	0.58	1.29	17.47	11.14	11.10	—	0.04
新疆兵团	1.41	1.41	—	0.61	—	—	—	—	—
大兴安岭	—	—	—	0.38	—	—	—	—	—

加工产品产量(一)

单位:万立方米

人造板		纤维板					刨花板			
			木质纤维板					木质刨花板		
合计	小计	硬质纤维板	中密度纤维板	软质纤维板	非木质纤维板	合计	小计	其中:定向刨花板(OSB)	非木质刨花板
6168.05	5870.36	244.18	5607.02	19.15	297.70	2731.53	2719.64	106.66	11.89
—	—	—	—	—	—	—	—	—	—
464.68	464.68	3.92	460.76	—	—	256.49	256.49	—	—
18.19	18.19	—	18.19	—	—	0.98	0.98	—	—
—	—	—	—	—	—	0.06	0.06	—	—
45.33	45.33	14.21	29.62	1.50	—	13.47	13.47	—	—
89.72	89.72	—	89.72	—	—	26.00	25.34	—	0.66
89.72	89.72	—	89.72	—	—	25.32	24.65	—	0.66
4.63	4.63	0.95	3.67	—	—	2.20	1.90	—	0.30
						1.09	1.09		
—	—	—	—	—	—	—	—	—	—
785.64	784.86	20.49	761.46	2.91	0.78	769.83	769.65	1.69	0.18
81.02	80.91	2.27	78.43	0.22	0.11	8.72	8.44	3.74	0.29
368.03	368.03	28.61	339.43	—	—	185.31	185.13	—	0.18
212.59	212.59	0.44	212.16	—	—	37.55	37.55	—	—
108.99	108.27	5.63	102.04	0.60	0.72	39.36	39.36	0.44	—
1382.77	1108.35	56.95	1041.21	10.19	274.42	640.39	640.39	—	—
432.87	432.87	9.78	419.73	3.35	—	90.45	90.45	—	—
383.83	376.07	52.82	322.98	0.27	7.76	73.31	71.39	65.13	1.92
70.47	60.97	0.35	60.56	0.06	9.50	34.90	33.98	2.15	0.92
479.66	479.14	35.67	443.47	—	0.52	174.91	174.91	8.02	—
757.11	757.11	6.00	751.11	—	—	279.59	279.59	25.26	—
2.80	2.80	—	2.80	—	—	7.69	7.69	0.24	—
53.43	51.63	0.69	50.94	—	1.80	33.49	26.49	—	7.00
275.26	273.18	0.93	272.20	0.05	2.08	9.64	9.40	—	0.24
10.47	10.47	0.80	9.67	—	—	9.54	9.54	—	—
118.01	118.01	0.10	117.91	—	—	37.26	37.26	—	—
13.85	13.85	1.09	12.76	—	—	0.43	0.23	—	0.20
2.50	2.50	2.50	—	—	—	—	—	—	—
6.20	6.20		6.20						

各地区主要木竹

地　区	人造板			其他加工材	
	其他人造板		合计	其　中	
	合计	其中:细木工板		改性木材	指接材
全国合计	3111.37	1636.03	1343.73	140.05	364.54
北　京	—	—	—	—	—
天　津	—	—	—	—	—
河　北	209.44	204.93	7.46	0.04	—
山　西	10.21	0.82	2.55	0.27	—
内蒙古	2.86	2.42	—	—	—
内蒙古集团	—	—	—	—	—
辽　宁	45.02	1.68	12.95	—	12.47
吉　林	62.62	46.68	5.03	1.81	2.72
吉林集团	0.01	0.01	—	—	—
长白山集团	—	—	—	—	—
黑龙江	18.70	15.36	5.34	0.12	3.20
龙江集团	5.71	4.48	1.36	—	1.36
上　海	—	—	—	—	—
江　苏	295.63	86.71	4.03	3.00	—
浙　江	238.31	238.31	221.87	14.68	98.35
安　徽	168.84	92.28	38.12	0.80	2.82
福　建	217.97	153.33	147.26	26.61	120.04
江　西	122.35	86.52	74.54	21.84	51.70
山　东	426.66	195.12	350.62	42.43	16.97
河　南	397.44	93.37	0.10	—	—
湖　北	61.46	20.30	9.58	3.32	3.35
湖　南	159.95	135.97	14.54	0.41	13.22
广　东	26.08	12.00	13.63	—	4.95
广　西	433.57	202.74	410.40	20.94	22.21
海　南	—	—	—	—	—
重　庆	16.11	0.08	15.38	2.64	6.12
四　川	103.23	19.12	4.24	0.45	3.58
贵　州	58.18	19.36	4.18	0.51	1.40
云　南	33.10	7.74	1.95	0.20	1.46
西　藏	—	—	—	—	—
陕　西	2.13	0.33	—	—	—
甘　肃	1.40	0.72	—	—	—
青　海	—	—	—	—	—
宁　夏	—	—	—	—	—
新　疆	0.13	0.13	—	—	—
新疆兵团	—	—	—	—	—
大兴安岭	—	—	—	—	—

加工产品产量(二)

单位:万立方米

	木竹地板					
	合计	实木地板	实木复合木地板	浸渍纸层压木质地板（强化木地板）	竹地板（含竹木复合地板）	其他木地板（含软木地板、集成材地板等）
	78897.76	11661.98	20318.18	39424.74	6944.49	548.36
	—	—	—	—	—	—
	—	—	—	—	—	—
	—	—	—	—	—	—
	19.90	14.40	5.50	—	—	—
	—	—	—	—	—	—
	2270.63	646.77	1223.56	400.00	—	0.30
	3387.84	1092.65	2293.35	—	—	1.85
	393.48	—	393.48	—	—	—
	183.30	0.42	182.89	—	—	—
	262.78	179.41	78.39	—	—	4.98
	34.72	31.99	—	—	—	2.73
	—	—	—	—	—	—
	34724.80	2709.29	5560.48	25136.95	1302.98	15.11
	10584.90	3603.02	5801.41	462.97	699.49	18.00
	8809.43	255.20	1045.16	6387.04	940.70	181.33
	2284.93	148.43	640.08	—	1495.76	0.65
	3722.55	782.63	265.83	921.67	1631.85	120.57
	4284.67	431.04	1001.60	2796.13	—	55.91
	557.87	441.25	66.62	50.00	—	—
	3326.27	92.51	549.76	2597.88	45.62	40.50
	1410.38	348.08	171.06	91.88	747.13	52.23
	1347.85	606.48	734.07	—	2.59	4.72
	1265.29	147.18	598.11	520.00	—	—
	16.49	3.00	10.00	—	3.49	—
	26.55	17.72	1.65	4.17	3.02	—
	307.11	63.04	179.32	55.25	9.50	—
	162.60	41.87	12.65	0.80	62.16	45.12
	120.31	37.91	79.29	—	0.01	3.10
	0.30	—	0.30	—	—	—
	4.31	0.11	—	—	0.20	4.00
	—	—	—	—	—	—
	—	—	—	—	—	—
	—	—	—	—	—	—
	—	—	—	—	—	—

各地区主要林产化工

地　区	松香类产品			松节油类产品		
	合计	松香	松香深加工产品	合计	松节油	松节油深加工产品
全国合计	1421382	1167846	253536	242435	185973	56462
北　京	—	—	—	—	—	—
天　津	—	—	—	—	—	—
河　北	—	—	—	—	—	—
山　西	—	—	—	—	—	—
内蒙古	—	—	—	—	—	—
内蒙古集团	—	—	—	—	—	—
辽　宁	—	—	—	—	—	—
吉　林	—	—	—	—	—	—
吉林集团	—	—	—	—	—	—
长白山集团	—	—	—	—	—	—
黑龙江	—	—	—	—	—	—
龙江集团	—	—	—	—	—	—
上　海	—	—	—	—	—	—
江　苏	9000	9000	—	—	—	—
浙　江	18000	1500	16500	5500	—	5500
安　徽	5411	5411	—	1493	1493	—
福　建	119944	95992	23952	16088	16088	—
江　西	140190	118408	21782	57783	27048	30735
山　东	—	—	—	—	—	—
河　南	—	—	—	—	—	—
湖　北	16219	16219	—	1430	1430	—
湖　南	89326	41109	48217	9051	5556	3495
广　东	150573	94407	56166	33827	32377	1450
广　西	712576	655988	56588	89501	80995	8506
海　南	539	539	—	80	80	—
重　庆	1185	1185	—	—	—	—
四　川	125	58	67	—	—	—
贵　州	15863	12363	3500	2831	2331	500
云　南	142231	115467	26764	24851	18575	6276
西　藏	—	—	—	—	—	—
陕　西	200	200	—	—	—	—
甘　肃	—	—	—	—	—	—
青　海	—	—	—	—	—	—
宁　夏	—	—	—	—	—	—
新　疆	—	—	—	—	—	—
新疆兵团	—	—	—	—	—	—
大兴安岭	—	—	—	—	—	—

产品产量(一)

单位:吨

樟脑		冰片		栲胶类产品			紫胶类产品		
合计	其中:合成樟脑	合计	其中:合成冰片	合计	栲胶	栲胶深加工产品	合计	紫胶	紫胶深加工产品
19442	13341	1244	1063	3165	3165	—	6570	5658	912
—	—	—	—	—	—	—	—	—	—
—	—	—	—	835	835	—	—	—	—
—	—	—	—	—	—	—	—	—	—
—	—	—	—	—	—	—	—	—	—
—	—	—	—	—	—	—	—	—	—
—	—	—	—	—	—	—	—	—	—
—	—	—	—	—	—	—	—	—	—
—	—	—	—	—	—	—	—	—	—
—	—	—	—	—	—	—	—	—	—
—	—	—	—	—	—	—	—	—	—
—	—	—	—	—	—	—	—	—	—
10250	10250	—	—	—	—	—	—	—	—
471	6	46	—	—	—	—	—	—	—
—	—	—	—	—	—	—	—	—	—
—	—	—	—	1200	1200	—	—	—	—
—	—	—	—	—	—	—	—	—	—
5706	70	120	—	—	—	—	23	23	—
—	—	—	—	—	—	—	550	550	—
2000	2000	150	150	1130	1130	—	3667	3667	—
—	—	—	—	—	—	—	—	—	—
—	—	—	—	—	—	—	—	—	—
1015	1015	170	170	—	—	—	—	—	—
—	—	15	—	—	—	—	—	—	—
—	—	743	743	—	—	—	2330	1418	912
—	—	—	—	—	—	—	—	—	—
—	—	—	—	—	—	—	—	—	—
—	—	—	—	—	—	—	—	—	—
—	—	—	—	—	—	—	—	—	—
—	—	—	—	—	—	—	—	—	—

各地区主要林产化工产品产量(二)

地　　区	林产天然香料	木竹热解产品					木质生物质成型燃料
		合计	木炭	竹炭	木质活性炭	其他	
全国合计	16063	1457014	444579	424063	467143	121229	944389
北　京	—	—	—	—	—	—	—
天　津	—	—	—	—	—	—	—
河　北	—	45022	—	—	45022	—	5455
山　西	—	600	—	—	600	—	—
内蒙古	—	3000	—	—	3000	—	160251
内蒙古集团	—	—	—	—	—	—	—
辽　宁	—	—	—	—	—	—	—
吉　林	—	4859	—	—	4859	—	—
吉林集团	—	—	—	—	—	—	—
长白山集团	—	—	—	—	—	—	—
黑龙江	—	1455	1455	—	—	—	—
龙江集团	—	—	—	—	—	—	—
上　海	—	—	—	—	—	—	—
江　苏	—	—	—	—	—	—	—
浙　江	—	183932	30786	45019	51747	56380	319863
安　徽	190	98830	72297	8014	11886	6633	24586
福　建	—	453398	23097	173659	223642	33000	59560
江　西	2100	240830	22659	156062	60809	1300	39190
山　东	—	22330	8010	—	14320	—	—
河　南	—	4080	4080	—	—	—	—
湖　北	6	1837	1050	225	533	29	208574
湖　南	872	148707	84402	37094	14184	13027	66829
广　东	920	9969	8911	—	1058	—	95
广　西	—	29420	19934	—	9451	35	8011
海　南	—	195	195	—	—	—	—
重　庆	—	3851	2504	1347	—	—	—
四　川	3900	2962	662	2100	—	200	—
贵　州	800	78563	56066	263	19234	3000	4200
云　南	7275	118253	108271	280	2300	7402	33775
西　藏	—	—	—	—	—	—	—
陕　西	—	—	—	—	—	—	10700
甘　肃	—	—	—	—	—	—	—
青　海	—	—	—	—	—	—	—
宁　夏	—	—	—	—	—	—	—
新　疆	—	200	200	—	—	—	—
新疆兵团	—	200	200	—	—	—	—
大兴安岭	—	4721	—	—	4498	223	3300

全国主要林产品销售实际平均价格

指　　标	单　　位	本年实际		
		产品销售实际平均价格	产品销售收入（元）	产品销售量（立方米、根、实积立方米、平方米、吨）
一、木材	元/立方米	739	59565461681	80605165
二、竹材	元/根	10	25808681906	2647197370
三、锯材	元/立方米	1355	93350858800	68906130
四、木片	元/实积立方米	1081	27895515345	25815016
五、木地板	元/平方米	169	104000207365	615608267
六、胶合板	元/立方米	2188	277517008158	126821846
七、硬质纤维板	元/立方米	1807	7021304124	3886095
八、中密度纤维板	元/立方米	1630	74378835790	45623635
九、刨花板	元/立方米	1507	28594785261	18976455
十、松香	元/吨	12839	11153771939	868734
十一、栲胶	元/吨	19965	120431500	6032
十二、紫胶	元/吨	53675	107940000	2011

各地区主要林产品

地 区	木材			竹材			锯材		
	产品销售实际平均价格	产品销售收入	产品销售量	产品销售实际平均价格	产品销售收入	产品销售量	产品销售实际平均价格	产品销售收入	产品销售量
全国合计	**739**	**59565461681**	**80605165**	**10**	**25808681906**	**2647197370**	**1355**	**93350858800**	**68906130**
北 京	543	23309100	42960	—	—	—	—	—	—
天 津	610	120453000	197488	—	—	—	—	—	—
河 北	653	416339638	637415	—	—	—	810	721442909	890545
山 西	443	82122420	185291	—	—	—	689	92335560	134007
内蒙古	485	294448061	607582	—	—	—	1102	13888846846	12599564
内蒙古集团	528	12708202	24072	—	—	—	—	—	—
辽 宁	641	975658864	1521205	—	—	—	1027	2361268843	2298450
吉 林	670	1088359339	1624732	—	—	—	3088	2930845375	949067
吉林集团	887	236208758	266309	—	—	—	3000	3483000	1161
长白山集团	852	103440490	121390	—	—	—	2553	6820000	2671
黑龙江	557	345985851	621389	—	—	—	1289	4769461191	3700457
龙江集团	555	6687393	12047	—	—	—	2383	200658670	84193
上 海	—	—	—	—	—	—	—	—	—
江 苏	630	875542772	1388713	8	9834000	1193850	1580	2456516620	1554706
浙 江	895	1082134655	1209089	11	2728271700	248024700	1453	5223569872	3595024
安 徽	871	2679707738	3075805	14	2323227330	161195049	1534	6290847309	4100098
福 建	834	3788914495	4540637	11	8686748067	807266703	2839	5294988841	1865215
江 西	1183	2939416340	2484579	14	2578359086	178897463	1769	4640839080	2623168
山 东	765	1650277978	2157360	—	—	—	1334	12479189460	9352444
河 南	684	1342808064	1963648	11	16098960	1449440	1002	1147840502	1145790
湖 北	647	2394340559	3702495	15	563185464	38698303	838	1045831570	1247533
湖 南	1101	2099915707	1908140	15	851168983	56197279	1417	2059751990	1453461
广 东	674	4669542732	6928826	8	812644377	97897447	1326	1773183675	1337069
广 西	707	22673628766	32061782	9	3884072309	449088639	1375	17707172233	12877590
海 南	554	753152330	1360064	6	45405175	8149000	2764	1457465278	527352
重 庆	815	388591915	476828	7	1052218527	144418736	850	1526070575	1795940
四 川	716	2527230219	3529783	6	1061847301	169925376	1301	2214274427	1701589
贵 州	1016	2789747249	2744554	9	145026552	16087312	967	1919456361	1985421
云 南	651	3306635540	5076099	4	1030236045	263820870	1201	1265924007	1054259
西 藏	—	—	—	—	—	—	—	—	—
陕 西	569	77371458	136093	4	20338030	4887203	1248	43867376	35155
甘 肃	450	7618442	16927	—	—	—	559	530400	949
青 海	550	302500	550	—	—	—	—	—	—
宁 夏	—	—	—	—	—	—	—	—	—
新 疆	424	171905949	405131	—	—	—	483	39178500	81153
新疆兵团	355	17479354	49174	—	—	—	437	32800	75
大兴安岭	—	—	—	—	—	—	1290	160000	124

销售实际平均价格(一)

单位:元/(立方米、根、实积立方米、平方米、吨),元,立方米,根,实积立方米,平方米,吨

木 片			木 地 板			胶 合 板		
产品销售实际平均价格	产品销售收入	产品销售量	产品销售实际平均价格	产品销售收入	产品销售量	产品销售实际平均价格	产品销售收入	产品销售量
1081	27895515345	25815016	169	104000207365	615608267	2188	277517008158	126821846
—	—	—	—	—	—	—	—	—
—	—	—	—	—	—	—	—	—
683	40227500	58918	—	—	—	1963	12906569049	6574089
987	85678336	86810	—	—	—	3001	58910000	19629
961	5097580	5303	190	13160000	69400	1444	418001411	289504
308	160619900	522093	100	2194613910	21925197	1725	770004820	446410
1910	347344166	181884	204	6631038801	32575898	3384	5083770660	1502218
2106	4098276	1946	157	623024146	3960028	—	—	—
—	—	—	149	269224065	1805935	6804	77923510	11452
588	247202700	420712	224	301903970	1347622	1674	440297160	263005
3034	27449000	9047	244	83812500	342912	3650	21296000	5834
—	—	—	—	—	—	—	—	—
1511	2142863380	1418179	152	49483797180	325256010	2215	63187246420	28523393
1268	333579100	263075	229	22566112275	98541975	3388	6287524936	1855822
1285	2038034325	1585654	124	3729582019	30027532	2544	38882499337	15283771
804	453643354	564011	293	1970633180	6717036	1990	8334764111	4188410
1404	1837715560	1308777	236	3640093320	15415187	2095	3613371128	1725057
1023	4716527463	4611004	200	8440618091	42266265	2270	48445561638	21337860
804	943836341	1173372	132	184800000	1397589	1139	5790315034	5081959
545	680940658	1248506	96	2093852261	21721898	1925	4211032909	2187586
855	109581350	128149	146	460540200	3149439	2512	4377899723	1742828
971	1978904834	2038388	218	40563000	185750	2170	1402039398	646036
1174	8968132253	7636509	107	797535040	7433639	2133	64792966577	30379632
801	122746200	153205	360	32400000	90000	1370	421230796	307405
1274	353654500	277487	141	19482950	138647	2231	934925987	419153
1181	777541583	658191	108	613154025	5653244	2248	2961297022	1317515
1128	239372180	212173	407	182544100	447987	1366	774946262	567403
1058	1266265932	1197297	445	533515563	1197712	1599	3200482410	2002138
—	—	—	—	—	—	—	—	—
787	35794150	45477	1417	70056480	49440	2152	83174970	38653
—	—	—	—	—	—	2062	14576400	7070
—	—	—	—	—	—	—	—	—
530	7842000	14800	264	211000	800	1072	123600000	115300
470	2370000	5042	—	—	—	—	—	—

各地区主要林产品

地　区	硬质纤维板			中密度纤维板			刨花板		
	产品销售实际平均价格	产品销售收入	产品销售量	产品销售实际平均价格	产品销售收入	产品销售量	产品销售实际平均价格	产品销售收入	产品销售量
全国合计	**1807**	**7021304124**	**3886095**	**1630**	**74378835790**	**45623635**	**1507**	**28594785261**	**18976455**
北　京	—	—	—	—	—	—	—	—	—
天　津	—	—	—	—	—	—	—	—	—
河　北	1057	41486230	39234	1656	7660728788	4625862	1393	3421827120	2456833
山　西	—	—	—	1379	250940000	181941	749	6488000	8668
内蒙古	—	—	—	—	—	—	1393	840000	603
内蒙古集团	—	—	—	—	—	—	—	—	—
辽　宁	2101	486021970	231324	981	295283200	301110	845	113723000	134660
吉　林	—	—	—	1622	1399780000	862857	1443	492426980	341335
吉林集团	—	—	—	1622	1399780000	862857	1435	479980000	334496
长白山集团	—	—	—	—	—	—	—	—	—
黑龙江	3042	96987800	31880	922	830000	900	1007	16429244	16307
龙江集团	3488	7500000	2150	—	—	—	1199	13099244	10927
上　海	—	—	—	—	—	—	—	—	—
江　苏	2350	47000000	20000	1874	10303596100	5499650	1407	8601456200	6112710
浙　江	1518	34390290	22655	1139	880777310	773290	1299	111797136	86064
安　徽	2385	959963675	402455	2031	5740626775	2827163	1543	1879102580	1217627
福　建	—	1	—	1437	2329257312	1620976	1420	287135590	202254
江　西	1510	2535526000	1679260	1587	1619768000	1020606	1378	528313400	383311
山　东	1825	794061124	435060	1502	17441406963	11610680	1877	4268270315	2273951
河　南	1500	5002500	3335	1331	1741756331	1308797	1345	680149982	505623
湖　北	1597	147227252	92184	1738	3205114891	1843887	1565	797763333	509608
湖　南	2323	81685000	35160	1629	620682940	381012	1308	400976620	306628
广　东	2289	1419325462	620160	1746	3689556868	2113007	1276	1638783642	1284417
广　西	1367	164106000	120090	1739	10982437631	6316908	1602	3968316823	2477243
海　南	—	—	—	800	8000000	10000	856	48568000	56750
重　庆	1100	47300000	43000	1861	921124000	494996	3116	953268700	305907
四　川	1473	160980820	109298	1360	3535559840	2600043	1150	53871854	46842
贵　州	—	—	—	1148	110973240	96676	1600	16000000	10000
云　南	—	—	—	1450	1339460712	923621	1299	308830742	237814
西　藏	—	—	—	—	—	—	—	—	—
陕　西	—	—	—	1604	192674889	120153	—	—	—
甘　肃	—	—	—	900	22500000	25000	—	—	—
青　海	—	—	—	—	—	—	—	—	—
宁　夏	—	—	—	—	—	—	—	—	—
新　疆	240	240000	1000	1333	86000000	64500	343	446000	1300
新疆兵团	—	—	—	—	—	—	—	—	—
大兴安岭	—	—	—	—	—	—	—	—	—

销售实际平均价格(二)

单位:元/(立方米、根、实积立方米、平方米、吨),元,立方米,根,实积立方米,平方米,吨

松 香			栲 胶			紫 胶		
产品销售实际平均价格	产品销售收入	产品销售量	产品销售实际平均价格	产品销售收入	产品销售量	产品销售实际平均价格	产品销售收入	产品销售量
12839	**11153771939**	**868734**	**19965**	**120431500**	**6032**	**53675**	**107940000**	**2011**
—	—	—	—	—	—	—	—	—
—	—	—	20000	16700000	835	—	—	—
—	—	—	—	—	—	—	—	—
—	—	—	—	—	—	—	—	—
—	—	—	—	—	—	—	—	—
—	—	—	—	—	—	—	—	—
—	—	—	—	—	—	—	—	—
—	—	—	—	—	—	—	—	—
—	—	—	—	—	—	—	—	—
—	—	—	—	—	—	—	—	—
—	—	—	—	—	—	—	—	—
—	—	—	—	—	—	—	—	—
12333	18500000	1500	—	—	—	—	—	—
11240	48400500	4306	9000	225000	25	—	—	—
12484	984952095	78897	—	—	—	—	—	—
10688	1189769440	111316	—	—	—	—	—	—
—	—	—	—	—	—	—	—	—
—	—	—	15000	18000000	1200	—	—	—
9163	146064260	15940	—	—	—	—	—	—
11735	162484800	13846	—	—	—	—	—	—
10816	608192504	56231	—	—	—	12000	6600000	550
14029	6856638712	488747	10280	11616500	1130	—	—	—
10004	5392384	539	—	—	—	—	—	—
—	—	—	—	—	—	—	—	—
11057	97967300	8860	—	—	—	—	—	—
11538	1019409944	88352	25999	73890000	2842	69363	101340000	1461
—	—	—	—	—	—	—	—	—
80000	16000000	200	—	—	—	—	—	—
—	—	—	—	—	—	—	—	—
—	—	—	—	—	—	—	—	—
—	—	—	—	—	—	—	—	—
—	—	—	—	—	—	—	—	—

各地区林业旅游与休闲产业发展情况

地　　区	旅游人次(人次)	旅游收入(万元)	人均花费(元)	直接带动的其他产业产值(万元)
全国合计	3664906252	130437115	356	107004212
北　京	218992400	233314	11	112735
天　津	734000	2107	29	904
河　北	42616414	779163	183	774667
山　西	22515520	313774	139	218720
内蒙古	32724831	762326	233	1004732
内蒙古集团	362700	7921	218	2949
辽　宁	48778939	1469494	301	1152922
吉　林	31687672	1474174	465	316293
吉林集团	424911	29061	684	27707
长白山集团	427381	22427	525	45988
黑龙江	32223395	1529016	475	740585
龙江集团	13137324	707757	539	358726
上　海	13775513	131769	96	502
江　苏	148577338	4561507	307	3906750
浙　江	412918645	11133093	270	9705779
安　徽	166014224	7204067	434	8580509
福　建	206082916	9479100	460	8125200
江　西	164174164	9371894	571	19037355
山　东	132040681	3669274	278	5066884
河　南	114766063	2265895	197	1427158
湖　北	178735993	9105052	509	13001742
湖　南	173602003	11000026	634	6608316
广　东	295054869	18029610	611	2533736
广　西	113123043	4421355	391	3405560
海　南	16626416	339479	204	624428
重　庆	109631686	3074192	280	1260239
四　川	402434622	11039914	274	8280915
贵　州	414324926	14609609	353	8377194
云　南	50372613	1508562	299	651939
西　藏	2425592	60660	250	110178
陕　西	63007928	1097889	174	920420
甘　肃	17478940	513179	294	43544
青　海	10384244	84080	81	1154
宁　夏	7967435	249596	313	412812
新　疆	18793753	726564	387	472032
新疆兵团	2476712	50914	206	257653
大兴安岭	2319474	197381	851	128308

各地区森林公园建设与经营情况主要指标(一)

地 区	森林公园总数(处)	森林公园总面积(公顷)	国家森林公园数量(处)	国家森林公园面积(公顷)	省级森林公园数量(处)	省级森林公园面积(公顷)	县级森林公园数量(处)	县级森林公园面积(公顷)
全国合计	3548	18640888	897	12819329	1448	4402772	1203	1418786
北 京	31	96260	15	68438	16	27822	—	—
天 津	1	2126	1	2126	—	—	—	—
河 北	101	514533	29	308819	72	205715	—	—
山 西	140	594529	24	417565	55	131744	61	45221
内蒙古	58	1307975	36	1096484	21	206120	1	5370
内蒙古集团	9	422119	9	422119	—	—	—	—
辽 宁	74	225742	32	145256	42	80486	—	—
吉 林	63	855283	35	392027	28	463256	—	—
吉林集团	—	—	—	—	—	—	—	—
黑龙江	107	2320972	66	2171838	41	149134	—	—
龙江集团	41	1746450	25	1686619	16	59832	—	—
上 海	4	1964	4	1964	—	—	—	—
江 苏	106	180514	22	53526	43	39199	41	87790
浙 江	262	456962	42	225783	81	134651	139	96528
安 徽	81	164218	35	117807	46	46411	—	—
福 建	176	238317	30	128468	125	86594	21	23256
江 西	179	531433	50	392645	117	110997	12	27791
山 东	248	407569	49	210881	69	84496	130	112192
河 南	176	401099	32	136398	87	168891	57	95810
湖 北	94	423911	37	316748	57	107162	—	—
湖 南	144	544607	63	347411	57	142936	24	54260
广 东	711	1089318	27	156784	81	112890	603	819644
广 西	67	279811	23	225192	36	53229	8	1390
海 南	28	168454	9	119102	17	47659	2	1693
重 庆	89	186738	26	136303	58	49405	5	1030
四 川	137	2325752	44	1732945	62	581397	31	11409
贵 州	95	278930	28	179161	45	79238	22	20532
云 南	58	181430	32	146056	15	33627	11	1748
西 藏	9	1186760	9	1186760	—	—	—	—
陕 西	92	369228	37	206908	53	161320	2	999
甘 肃	91	902504	22	471751	69	430753	—	—
青 海	22	539025	7	293297	15	245729	—	—
宁 夏	37	48164	4	28587	7	9042	26	10535
新 疆	64	1661128	24	1246669	33	412870	7	1589
大兴安岭	3	155629	3	155629	—	—	—	—

注：国家级森林公园数据不包括白山市国家级森林旅游区。

各地区森林公园建设与

地　　区	森林公园旅游收入情况					
	收入总额	其中旅游收入（万元）				
		合计 （万元）	门票收入 （万元）	食宿收入 （万元）	娱乐收入 （万元）	其他收入 （万元）
全国合计	10222378	9431997	1797345	3670825	906416	3057410
北　京	36600	36600	7015	22420	4117	3047
天　津	3405	3405	2051	—	—	1354
河　北	166819	165468	82075	31892	9501	42000
山　西	110010	110010	33001	52282	6930	17797
内蒙古	34765	34110	21283	2572	3546	6709
内蒙古集团	14038	14038	7927	234	516	5362
辽　宁	95405	95259	23265	33225	16545	22225
吉　林	62049	55901	13805	11740	7574	22782
吉林集团	—	—	—	—	—	—
黑龙江	357600	357600	25932	165854	50857	114957
龙江集团	263670	263670	16740	91116	46613	109201
上　海	7394	7394	4205	685	1532	971
江　苏	382539	198768	93095	50100	13036	42537
浙　江	2853591	2852040	195092	1155950	83002	1417996
安　徽	116001	101884	39911	35871	9759	16343
福　建	103194	103194	16552	44234	14171	28236
江　西	1304214	1303828	235461	668910	233247	166209
山　东	337412	330527	116467	48316	16880	148863
河　南	147452	147521	68290	44338	18338	16555
湖　北	523741	253515	58291	111850	49482	33891
湖　南	710934	450569	207790	131883	34120	76775
广　东	304166	295543	59949	154285	32163	49146
广　西	319350	319431	35724	121176	15097	147435
海　南	101408	101408	43762	16351	10598	30697
重　庆	329287	329287	85024	161940	37254	45070
四　川	918434	918434	86581	383054	162547	286252
贵　州	668407	632607	116599	178146	56706	281156
云　南	38090	37583	15812	7493	1938	12341
西　藏	11298	11298	6498	1933	1361	1507
陕　西	120306	120306	69087	23729	14031	13459
甘　肃	13001	13001	7470	3347	628	1556
青　海	13020	13020	3687	3012	1008	5313
宁　夏	5498	5498	2919	1058	176	1345
新　疆	24980	24980	20604	1662	68	2646
大兴安岭	2008	2008	46	1516	202	245

注：国家级森林公园数据不包括白山市国家级森林旅游区。

经营情况主要指标(二)

旅游接待人数		本年度投入资金				本年度生态建设情况		
旅游总人数 (万人次)	海外旅游者 (万人次)	合 计 (万元)	国家投资 (万元)	自筹资金 (万元)	招商引资 (万元)	生态建设投资 (万元)	植树造林 (公顷)	改造林相 (公顷)
98638	1572	4206720	1016921	1830698	1359101	523756	75292	150466
1059	5	36600	21950	14650	—	12650	55	2941
40	6	2548	372	2176	—	1010	121	—
2496	56	188366	73313	90971	24082	13377	5731	2264
3239	23	69104	16507	38628	13970	8808	1570	1782
1063	3	90259	10751	35867	43640	35883	9919	1232
142	—	7565	2197	5368	—	774	3291	214
1221	13	40857	2494	26273	12090	5341	999	830
693	30	125767	12203	93964	19600	6100	3825	1265
—	—	—	—	—	—	—	—	—
1555	19	66695	7155	42782	16758	13749	4739	49547
618	2	50613	3322	37170	10122	12434	4048	48219
543	—	14970	8152	6818	—	4384	—	2
7235	84	168677	34356	117763	16558	25559	1453	1202
7348	74	176954	99519	26241	51195	26432	718	6640
3048	31	137755	55569	52842	29345	14828	1072	5050
2539	179	64888	9875	14481	40531	8408	889	1840
8990	92	382272	72613	198555	111105	45084	3499	8594
5175	86	203458	24346	142345	36768	55237	6056	7852
4253	67	306199	26661	189675	89863	36121	5161	7920
3195	37	205334	33952	77405	93976	31282	4538	5910
5454	241	382256	82631	118711	180914	26767	3320	6515
15953	246	269159	103194	133857	32108	52550	7908	7800
1137	29	107549	43446	51906	12197	6137	216	341
663	7	10542	848	9334	360	650	49	79
4778	61	278625	41752	51558	185314	15366	1302	5947
3794	14	160583	28367	105416	26800	25155	1530	3486
7527	126	483200	125566	100856	256778	26407	3619	7612
1118	11	25783	3205	18765	3813	3553	509	708
96	3	12348	11648	700	—	1050	41	—
2566	25	123619	34505	39746	49368	8424	832	2104
656	5	16912	5449	10769	695	2570	1810	1811
353	—	8780	1874	1201	5705	1712	2985	8796
262	—	13810	5185	8500	125	6241	191	203
574	1	32036	19209	7383	5444	2921	633	34
16	—	815	255	560	—	—	—	160

各地区森林公园建设与经营情况主要指标（三）

地　　区	从业人员现状		基础设施现状				社会旅游从业人员（人）
	职工总数（人）	导游人数（人）	车船总数（台/艘）	游步道总数（千米）	床位总数（张）	餐位总数（个）	
全国合计	170134	15991	30601	82607	1033871	1856717	836306
北　京	1145	223	276	984	4460	17274	17750
天　津	135	17	44	19	340	618	2601
河　北	6375	384	574	2400	156901	131191	81277
山　西	3760	614	706	2387	62162	85865	23686
内蒙古	3264	300	848	3787	26866	25600	19249
内蒙古集团	1286	65	271	1163	19677	10080	11425
辽　宁	3213	285	1243	993	30760	45719	9528
吉　林	2432	176	808	1435	9793	23791	21768
吉林集团	—	—	—	—	—	—	—
黑龙江	6878	688	2796	5320	65278	113218	32560
龙江集团	4470	457	1607	3158	50177	84705	22778
上　海	476	36	272	143	516	1650	714
江　苏	12304	855	1791	2546	18020	38307	19492
浙　江	14835	1580	3156	3733	92985	175975	66109
安　徽	5033	444	563	2784	11855	30859	34866
福　建	5303	644	703	2950	7586	25569	19085
江　西	7658	1030	1519	8532	106404	195720	46827
山　东	13720	1263	1686	5988	37050	87480	79506
河　南	9506	1418	2006	3421	64025	108846	56301
湖　北	9216	700	719	3695	45442	91282	33777
湖　南	12903	879	1762	4889	51668	103042	53453
广　东	13796	674	2428	6654	38778	129046	38124
广　西	3364	239	659	1260	13736	24880	8153
海　南	4077	472	339	271	1795	11470	4152
重　庆	5709	687	1081	3179	51147	106416	32474
四　川	6757	579	958	3435	64279	140715	34765
贵　州	5073	525	1352	2405	17060	44995	29895
云　南	2264	198	609	822	3502	14699	6870
西　藏	274	43	74	321	2687	3136	2481
陕　西	4467	551	647	2554	21783	37665	48981
甘　肃	3118	169	275	2350	5285	11996	4765
青　海	526	119	163	649	8198	11338	2571
宁　夏	713	34	105	323	662	2595	648
新　疆	1663	154	420	1932	12334	14702	3540
大兴安岭	178	11	18	445	514	1057	338

4 从业人员和劳动报酬

EMPLOYMENT AND WAGES

中国林业和草原统计年鉴 2018

林业系统从业人员和劳动报酬主要指标2018年与2017年比较

主要指标	单位	2018年	2017年	2018年比2017年增减(%)
一、单位个数	个	38846	41285	-5.91
二、年末人数	人	1240494	1400720	-11.44
1.从业人员	人	1118263	1162382	-3.80
①在岗职工	人	1021216	1059881	-3.65
②其他从业人员	人	97047	102501	-5.32
2.离开本单位仍保留劳动关系人员	人	122231	238338	-48.72
三、在岗职工年平均工资	元	58430	53060	10.12

林业系统按行业分全部单位个数、从业人员和劳动报酬情况（一）

指标	单位个数（个）	年末人数(人)			
		总计	单位从业人员 合计	在岗职工 小计	其中：女性
总　计	38846	1240494	1118263	1021216	276016
一、企业	2524	564140	457016	432460	118887
二、事业	31245	566675	551824	493279	137958
三、机关	5077	109679	109423	95477	19171
按行业分：					
一、农林牧渔业	16566	852410	742345	685006	184855
1.林木育种育苗	2190	43267	36723	34061	9885
2.营造林	8523	480206	441120	401208	105176
3.木竹采运	741	258015	196174	190112	52625
4.经济林产品种植与采集	209	4432	3875	3856	1335
5.花卉及其他观赏植物种植	218	2622	2598	2276	683
6.陆生野生动物繁育与利用	157	1572	1542	1220	341
7.其他	4528	62296	60313	52273	14810
二、制造业	567	40181	35721	34497	10265
1.木材加工及木、竹、藤、棕、苇制品业	319	19512	16242	15371	5107
2.木、竹、藤家具制造业	40	5305	5163	5163	1303
3.木、竹、苇浆造纸业	37	4395	4290	4290	1297
4.林产化学产品制造	28	4244	4244	4229	1162
5.其他	143	6725	5782	5444	1396
三、服务业	21424	328174	323594	287748	74627
1.林业生产服务	5095	55919	54702	48606	12172
2.野生动植物保护和自然保护区管理	1304	27246	27055	23994	6942
3.林业工程技术与规划管理	1030	16169	16029	15535	4741
4.林业科技交流和推广服务	2342	31794	31633	26272	9165
5.林业公共管理和社会组织	10143	165264	164269	146020	32911
①林业行政管理、公安及监督检查机构	9230	152234	151304	134280	28733
②林业专业性、行业性团体	913	13030	12965	11740	4178
6.其他	1510	31782	29906	27321	8696
四、其他行业	289	19729	16603	13965	6269

林业系统按行业分全部单位个数、

指　　标	年末人数（人）				
	单位从业人员				
	在岗职工				
	其中：专业技术人员				
	其中：非全日制	计	其中		中专及中专学历以下
			中级技术职称人员	高级技术职称人员	
总　计	47933	294127	127935	48679	530510
一、企业	7440	113224	43044	16598	287693
二、事业	35039	170919	80424	30302	229506
三、机关	5454	9984	4467	1779	13311
按行业分：					
一、农林牧渔业	29933	191426	80431	27275	420972
1.林木育种育苗	3747	9040	4500	1252	17973
2.营造林	19127	105304	43682	13673	254491
3.木竹采运	1807	58320	23357	9031	122296
4.经济林产品种植与采集	319	1007	452	182	2200
5.花卉及其他观赏植物种植	537	457	215	48	1465
6.陆生野生动物繁育与利用	103	487	247	55	379
7.其他	4293	16811	7978	3034	22168
二、制造业	616	3618	1537	548	24580
1.木材加工及木、竹、藤、棕、苇制品业	327	2215	867	315	11001
2.木、竹、藤家具制造业	30	204	104	17	4365
3.木、竹、苇浆造纸业	3	110	40	7	3121
4.林产化学产品制造	3	242	52	18	3657
5.其他	253	847	474	191	2436
三、服务业	17151	92644	43439	18829	79563
1.林业生产服务	2527	17212	8480	2641	21474
2.野生动植物保护和自然保护区管理	2890	8110	3736	1345	8618
3.林业工程技术与规划管理	1110	9660	4387	3120	3145
4.林业科技交流和推广服务	1281	15422	7165	3459	6688
5.林业公共管理和社会组织	7544	31577	14771	5536	29723
①林业行政管理、公安及监督检查机构	7059	26049	12583	4363	26266
②林业专业性、行业性团体	485	5528	2188	1173	3457
6.其他	1799	10663	4900	2728	9915
四、其他行业	233	6439	2528	2027	5395

从业人员和劳动报酬情况(二)

按学历结构		其他从业人员	离开本单位仍保留劳动关系人员	年末实有离退休人员(人)	在岗职工年平均人数(人)	在岗职工年工资总额(千元)	在岗职工年平均工资(元)
大专学历	大学及大学学历以上						
262008	**228698**	**97047**	**122231**	**849016**	**997027**	**58255936**	**58430**
91492	53275	24556	107124	577406	405296	16864766	41611
136133	127640	58545	14851	231515	495030	32378487	65407
34383	47783	13946	256	40095	96701	9012683	93202
160774	103260	57339	110065	693487	656580	32052549	48817
9305	6783	2662	6544	18440	33712	1843113	54672
90735	55982	39912	39086	387479	386953	19549448	50522
44093	23723	6062	61841	253568	176334	6772546	38407
889	767	19	557	1741	3675	185612	50507
501	310	322	24	262	2246	111114	49472
416	425	322	30	201	1191	66297	55665
14835	15270	8040	1983	31796	52469	3524419	67171
5410	4507	1224	4460	19628	34347	1720580	50094
2649	1721	871	3270	11787	15110	631674	41805
426	372	—	142	59	5063	245731	48535
689	480	—	105	1185	3637	217822	59891
215	357	15	—	38	4233	282679	66780
1431	1577	338	943	6559	6304	342673	54358
92735	115450	35846	4580	102090	290536	23551589	81063
14637	12495	6096	1217	15440	48152	3175357	65944
7145	8231	3061	191	5656	23984	1765834	73626
4574	7816	494	140	5435	15489	1615637	104309
8805	10779	5361	161	9319	26298	1922271	73096
51579	64718	18249	995	55483	148000	12908183	87217
48044	59970	17024	930	51147	135884	11847833	87191
3535	4748	1225	65	4336	12116	1060350	87516
5995	11411	2585	1876	10757	28613	2164307	75641
3089	5481	2638	3126	33811	15564	931218	59832

各地区林业系统

地 区	总 计	按性质分			合 计	林木育种育苗
		企 业	事 业	机 关		
全国合计	38846	2524	31245	5077	16566	2190
北 京	293	1	271	21	125	15
天 津	69	—	60	9	55	6
河 北	1318	43	1073	202	802	149
山 西	1910	9	1762	139	680	145
内蒙古	1496	55	1175	266	603	104
内蒙古集团	47	23	24	—	19	—
辽 宁	1154	97	924	133	580	55
吉 林	1335	285	912	138	344	34
吉林集团	79	79	—	—	9	—
长白山集团	19	14	4	1	11	—
黑龙江	1712	152	1377	183	709	78
龙江集团	192	97	63	32	52	—
上 海	32	—	31	1	9	2
江 苏	849	264	557	28	525	101
浙 江	987	14	848	125	162	52
安 徽	1345	40	1079	226	594	80
福 建	1841	440	1236	165	779	114
江 西	1782	128	1442	212	422	45
山 东	1828	29	1618	181	603	170
河 南	1112	19	865	228	494	114
湖 北	1974	72	1729	173	507	88
湖 南	2436	133	2031	272	967	132
广 东	1593	37	1297	259	509	43
广 西	2097	132	1725	240	1024	75
海 南	186	30	109	47	44	3
重 庆	316	9	234	73	88	17
四 川	3024	173	2501	350	1800	102
贵 州	1942	165	1568	209	1177	89
云 南	1650	94	1265	291	785	48
西 藏	125	6	32	87	25	11
陕 西	1288	46	1007	235	494	92
甘 肃	1420	7	1203	210	842	129
青 海	311	1	207	103	124	16
宁 夏	290	5	244	41	183	15
新 疆	991	15	767	209	499	66
新疆兵团	—	—	—	—	—	—
局直属单位	140	23	96	21	12	—
大兴安岭	67	20	27	20	12	—

单位个数(一)

单位:个

按行业分						制造业	
农林牧渔业						合 计	木材加工及木、竹、藤、棕、苇制品业
营造林	木竹采运	经济林产品种植与采集	花卉及其他观赏植物种植	陆生野生动物繁育与利用	其他		
8523	741	209	218	157	4528	567	319
27	—	1	1	—	81	—	—
33	—	4	—	1	11	—	—
245	13	22	6	3	364	4	2
453	9	5	—	4	64	3	1
298	2	4	2	6	187	1	—
19	—	—	—	—	—	—	—
311	42	27	26	16	103	53	29
279	18	1	—	—	12	38	19
—	8	1	—	—	—	33	16
1	10	—	—	—	—	3	3
422	57	—	—	2	150	21	12
10	40	—	—	—	2	18	11
2	—	—	—	—	5	—	—
292	7	32	32	4	57	41	15
75	6	1	—	1	27	—	—
429	27	—	1	2	55	13	9
259	147	6	6	7	240	21	7
206	73	1	4	4	89	10	—
357	25	13	4	6	28	—	—
171	33	16	15	15	130	2	1
317	28	1	2	4	67	15	12
485	49	9	20	35	237	70	45
230	23	1	1	2	209	12	3
486	44	18	6	5	390	111	72
26	—	2	—	1	12	1	1
63	1	—	—	1	6	4	4
650	44	3	11	19	971	52	27
717	36	5	71	—	259	50	47
433	32	5	1	5	261	22	5
2	—	—	1	—	11	—	—
291	15	5	6	5	80	16	6
412	6	15	—	2	278	3	1
96	—	—	1	2	9	—	—
131	—	5	—	—	32	1	—
315	4	7	1	5	101	—	—
—	—	—	—	—	—	—	—
10	—	—	—	—	2	3	1
10	—	—	—	—	2	3	1

各地区林业系统

地区	制造业				按行	
	木、竹、藤家具制造业	木、竹、苇浆造纸业	林产化学产品制造	其他	合计	林业生产服务
全国合计	**40**	**37**	**28**	**143**	**21424**	**5095**
北 京	—	—	—	—	165	28
天 津	—	—	—	—	14	1
河 北	1	—	—	1	510	74
山 西	—	—	—	2	1227	591
内蒙古	1	—	—	—	869	268
内蒙古集团	—	—	—	—	7	—
辽 宁	10	14	—	—	518	14
吉 林	3	—	3	13	949	247
吉林集团	3	—	1	13	37	—
长白山集团	—	—	—	—	5	1
黑龙江	—	1	1	7	944	149
龙江集团	—	1	—	6	95	1
上 海	—	—	—	—	12	—
江 苏	10	—	16	—	269	100
浙 江	—	—	—	—	816	524
安 徽	—	1	—	3	733	171
福 建	—	—	1	13	1029	322
江 西	2	—	1	7	1337	498
山 东	—	—	—	—	1225	222
河 南	—	—	—	1	610	86
湖 北	—	—	—	3	1452	186
湖 南	5	1	—	19	1382	145
广 东	—	—	—	9	1061	137
广 西	4	19	1	15	948	299
海 南	—	—	—	—	140	20
重 庆	—	—	—	—	223	60
四 川	2	—	2	21	1152	259
贵 州	—	1	1	1	714	206
云 南	—	—	1	16	807	145
西 藏	—	—	—	—	100	—
陕 西	2	—	1	7	762	66
甘 肃	—	—	—	2	574	102
青 海	—	—	—	—	187	22
宁 夏	—	—	—	1	104	36
新 疆	—	—	—	—	488	113
新疆兵团	—	—	—	—	—	—
局直属单位	—	—	—	2	103	4
大兴安岭	—	—	—	2	32	4

单位个数(二)

单位:个

业　分	服　务　业						其他行业
野生动植物保护和自然保护区管理	林业工程技术与规划管理	林业科技交流和推广服务	林业公共管理和社会组织			其　他	
			小　计	林业行政管理、公安及监督检查机构	林业专业性、行业性团体		
1304	1030	2342	10143	9230	913	1510	289
4	5	2	104	74	30	22	3
3	—	1	9	9	—	—	—
14	6	123	281	278	3	12	2
52	85	69	352	348	4	78	—
51	45	22	457	452	5	26	23
4	1	—	—	—	—	2	21
37	30	42	366	334	32	29	3
12	15	16	615	611	4	44	4
—	—	—	—	—	—	37	—
—	1	1	2	2	—	—	—
47	10	33	634	608	26	71	38
—	3	5	51	32	19	35	27
2	4	5	1	1	—	—	11
2	1	100	64	56	8	2	14
41	7	87	147	140	7	10	9
40	19	183	298	289	9	22	5
36	76	55	497	360	137	43	12
55	63	80	554	468	86	87	13
102	124	357	312	285	27	108	—
44	30	91	324	314	10	35	6
98	104	107	882	882	—	75	—
96	92	203	714	609	105	132	17
100	14	77	442	364	78	291	11
51	23	63	402	311	91	110	14
21	3	3	79	74	5	14	1
18	13	14	116	93	23	2	1
78	43	129	601	552	49	42	20
44	62	41	306	283	23	55	1
88	43	80	425	361	64	26	36
1	1	1	97	87	10	—	—
55	53	162	367	343	24	59	16
48	26	91	256	240	16	51	1
6	4	48	103	103	—	4	—
5	3	19	41	41	—	—	2
45	20	34	269	239	30	7	4
—	—	—	—	—	—	—	—
8	6	4	28	21	7	53	22
5	—	2	20	20	—	1	20

各地区林业系统

地　　区	总　计	按性质分			合　计	林木育种育苗
		企　业	事　业	机　关		
全国合计	1240494	564140	566675	109679	852410	43267
北　京	9672	23	8499	1150	4873	447
天　津	704	—	604	100	464	96
河　北	20731	1939	15601	3191	13029	2299
山　西	23771	143	21559	2069	10738	1431
内蒙古	93257	49255	37884	6118	72069	2344
内蒙古集团	50085	47235	2850	—	46889	—
辽　宁	26856	7256	17705	1895	11932	416
吉　林	117598	89294	24873	3431	93190	454
吉林集团	33300	33300	—	—	22492	—
长白山集团	34930	34398	114	418	33030	—
黑龙江	312373	253495	51823	7055	286391	6965
龙江集团	255240	244217	6478	4545	239405	—
上　海	1404	—	1256	148	224	59
江　苏	19585	12718	6595	272	11406	3828
浙　江	10414	529	7948	1937	3394	982
安　徽	18309	2314	13792	2203	10628	2539
福　建	22998	7057	12519	3422	12562	556
江　西	46807	9917	30892	5998	26143	1692
山　东	19222	927	16008	2287	9956	2513
河　南	25547	602	20857	4088	14137	2575
湖　北	27303	3120	20887	3296	10667	1468
湖　南	50992	8251	35159	7582	23899	1882
广　东	26890	2103	18467	6320	12524	590
广　西	42604	5566	33346	3692	27301	837
海　南	8418	3794	1951	2673	2767	27
重　庆	5596	233	4132	1231	2691	170
四　川	54105	26804	21216	6085	34530	1322
贵　州	21692	1521	17516	2655	13878	833
云　南	47148	10449	23298	13401	23636	1410
西　藏	3421	1567	718	1136	1970	491
陕　西	32303	5269	23707	3327	18698	1478
甘　肃	39395	7513	25485	6397	23946	1908
青　海	20796	338	18461	1997	13065	503
宁　夏	10241	331	9390	520	5645	499
新　疆	17771	2771	12288	2712	10142	653
新疆兵团	—	—	—	—	—	—
局直属单位	62571	49041	12239	1291	45915	—
大兴安岭	53315	48793	3596	926	45915	—

单位年末人数(一)

单位:人

按行业分						制造业	
农林牧渔业							
营造林	木竹采运	经济林产品种植与采集	花卉及其他观赏植物种植	陆生野生动物繁育与利用	其他	合计	木材加工及木、竹、藤、棕、苇制品业
480206	258015	4432	2622	1572	62296	40181	19512
658	—	9	27	—	3732	—	—
170	—	54	—	26	118	—	—
5063	111	214	32	15	5295	236	8
8268	65	42	—	33	899	9	—
66855	23	27	36	492	2292	49	—
46889	—	—	—	—	—	—	—
6384	2951	305	660	79	1137	6175	2418
37911	54071	212	—	—	542	10047	6645
—	22280	212	—	—	8628	5277	
1239	31791	—	—	—	—	1368	1368
105843	172120	—	—	15	1448	2765	1938
68167	171143	—	—	—	95	2371	1653
60	—	—	—	—	105	—	—
4375	198	739	462	33	1771	5682	649
1923	125	2	—	12	350	—	—
6685	450	—	14	6	934	1184	447
5440	4310	51	53	49	2103	709	667
18299	4100	31	75	63	1883	288	—
6764	165	148	33	49	284	—	—
7935	758	156	346	164	2203	40	5
7856	175	1	23	29	1115	1399	1358
13286	4023	393	348	219	3748	3533	1680
8042	419	27	5	10	3431	131	17
20866	1244	159	30	30	4135	3914	1623
2365	—	193	—	40	142	1	1
2343	12	—	—	10	156	52	52
21881	2766	34	82	58	8387	421	146
8169	752	39	179	—	3906	313	207
12472	5296	23	14	29	4392	775	613
1283	—	—	46	—	150	—	—
10984	3866	105	134	44	2087	887	581
18930	11	184	—	13	2900	18	7
12069	—	—	19	32	442	—	—
4019	—	489	—	—	638	22	—
7512	4	795	4	22	1152	—	—
—	—	—	—	—	—	—	—
45496	—	—	—	—	419	1531	450
45496	—	—	—	—	419	1531	450

各地区林业系统

地区	制造业				按行	
	木、竹、藤家具制造业	木、竹、苇浆造纸业	林产化学产品制造	其他	合计	林业生产服务
全国合计	5305	4395	4244	6725	328174	55919
北京	—	—	—	—	4645	316
天津	—	—	—	—	240	36
河北	220	—	—	8	7436	1202
山西	—	—	—	9	13024	5372
内蒙古	49	—	—	—	18769	6585
内蒙古集团	—	—	—	—	855	—
辽宁	1785	1972	—	—	8692	305
吉林	1024	—	147	2231	14137	1957
吉林集团	1024	—	96	2231	2180	—
长白山集团	—	—	—	—	532	13
黑龙江	—	16	90	721	17905	2474
龙江集团	—	16	—	702	8480	15
上海	—	—	—	—	613	—
江苏	1358	—	3675	—	2323	977
浙江	—	—	—	—	6808	2965
安徽	—	712	—	25	6039	1119
福建	—	—	10	32	9639	1725
江西	110	—	1	177	19655	5121
山东	—	—	—	—	9266	1416
河南	—	—	—	35	11259	1229
湖北	—	—	—	41	15237	1950
湖南	542	75	—	1236	23424	1881
广东	—	—	—	114	14105	942
广西	154	1520	241	376	10655	2744
海南	—	—	—	—	5604	1470
重庆	—	—	—	—	2823	582
四川	13	—	18	244	16563	2156
贵州	—	100	3	3	7495	1513
云南	—	—	30	132	22269	2014
西藏	—	—	—	—	1451	—
陕西	50	—	29	227	11640	1413
甘肃	—	—	—	11	15423	1795
青海	—	—	—	—	7731	2232
宁夏	—	—	—	22	4415	676
新疆	—	—	—	—	7452	1048
新疆兵团	—	—	—	—	—	—
局直属单位	—	—	—	1081	11437	704
大兴安岭	—	—	—	1081	2336	704

单位年末人数(二)

单位:人

业分			服务业				其他
野生动植物保护和自然保护区管理	林业工程技术与规划管理	林业科技交流和推广服务	林业公共管理和社会组织			其他	其他行业
			小计	林业行政管理、公安及监督检查机构	林业专业性、行业性团体		
27246	16169	31794	165264	152234	13030	31782	19729
105	227	92	3230	2419	811	675	154
71	—	33	100	100	—	—	—
663	155	1002	4281	4110	171	133	30
825	663	616	4119	4059	60	1429	—
1387	1640	564	7871	7681	190	722	2370
420	353	—	—	—	—	82	2341
338	312	1852	4470	3876	594	1415	57
349	944	512	8096	8038	58	2279	224
—	—	—	—	—	—	2180	—
—	50	32	437	437	—	—	—
572	723	447	11443	10033	1410	2246	5312
—	666	315	5888	4545	1343	1596	4984
36	102	327	148	148	—	—	567
8	4	552	739	661	78	43	174
583	117	747	2212	2150	62	184	212
324	127	1035	3221	3142	79	213	458
535	785	248	5910	4923	987	436	88
489	531	954	10137	8933	1204	2423	721
943	1191	1616	3370	3216	154	730	—
1585	376	1859	5653	5549	104	557	111
899	944	1426	8729	8729	—	1289	—
3404	1256	1826	13036	12135	901	2021	136
1174	255	1132	7890	6975	915	2712	130
666	256	567	4682	4292	390	1740	734
319	178	126	3426	3105	321	85	46
211	192	182	1648	1472	176	8	30
2655	918	1578	7975	7358	617	1281	2591
543	400	380	3944	3466	478	715	6
2630	457	824	15729	15107	622	615	468
27	109	24	1291	1136	155	—	—
1061	785	2732	4675	4241	434	974	1078
2134	553	1968	7672	7528	144	1301	8
44	59	3364	1998	1998	—	34	—
757	46	2365	571	571	—	—	159
1005	207	456	4671	3475	1196	65	177
—	—	—	—	—	—	—	—
904	1657	388	2327	1608	719	5457	3688
520	—	173	926	926	—	13	3533

各地区林业系统单位

地　区	总　计	按性质分			合　计	林木育种育苗
		企　业	事　业	机　关		
全国合计	1118263	457016	551824	109423	742345	36723
北　京	9639	23	8467	1149	4842	416
天　津	704	—	604	100	464	96
河　北	20426	1823	15424	3179	12812	2268
山　西	23681	77	21537	2067	10704	1427
内蒙古	93147	49255	37779	6113	72033	2342
内蒙古集团	50085	47235	2850	—	46889	—
辽　宁	26668	7252	17521	1895	11769	413
吉　林	93018	65166	24529	3323	69936	417
吉林集团	26257	26257	—	—	16377	—
长白山集团	22352	21933	99	320	20813	—
黑龙江	238224	183183	48003	7038	214801	1646
龙江集团	190790	179915	6339	4536	176879	—
上　海	1397	—	1249	148	224	59
江　苏	18758	12397	6089	272	11218	3828
浙　江	9993	500	7556	1937	3019	720
安　徽	17514	1885	13427	2202	10259	2479
福　建	22038	6310	12309	3419	11831	540
江　西	40886	7030	27862	5994	21828	1475
山　东	19164	890	15987	2287	9899	2469
河　南	25367	600	20686	4081	14083	2556
湖　北	25502	2149	20064	3289	9514	1216
湖　南	45678	5939	32207	7532	19785	1671
广　东	26512	2080	18112	6320	12156	590
广　西	40967	4691	32584	3692	26114	835
海　南	8202	3589	1943	2670	2562	27
重　庆	5586	223	4132	1231	2691	170
四　川	53089	25827	21177	6085	33995	1319
贵　州	21423	1283	17490	2650	13727	833
云　南	47011	10339	23272	13400	23574	1410
西　藏	3421	1567	718	1136	1970	491
陕　西	31679	4761	23607	3311	18362	1469
甘　肃	39343	7513	25434	6396	23924	1906
青　海	20796	338	18461	1997	13065	503
宁　夏	10239	331	9388	520	5643	499
新　疆	17452	2764	11976	2712	10044	633
新疆兵团	—	—	—	—	—	—
局直属单位	60739	47231	12230	1278	45497	—
大兴安岭	51490	46983	3594	913	45497	—

从业人员年末人数(一)

单位:人

按行业分							
农 林 牧 渔 业						制造业	
营造林	木竹采运	经济林产品种植与采集	花卉及其他观赏植物种植	陆生野生动物繁育与利用	其他	合 计	木材加工及木、竹、藤、棕、苇制品业
441120	196174	3875	2598	1542	60313	35721	16242
658	—	9	27	—	3732	—	—
170	—	54	—	26	118	—	—
4993	111	202	32	15	5191	236	8
8260	65	42	—	33	877	9	—
66828	18	27	36	492	2290	49	—
46889	—	—	—	—	—	—	—
6325	2850	305	660	79	1137	6175	2418
32808	36249	26	—	—	436	8972	5843
—	16351	26	—	—	—	7801	4723
915	19898	—	—	—	—	1120	1120
79647	132194	—	—	13	1301	1438	763
45571	131229	—	—	—	79	1329	763
60	—	—	—	—	105	—	—
4187	198	739	462	33	1771	5682	649
1810	125	2	—	12	350	—	—
6405	443	—	14	6	912	1108	371
5154	3914	51	53	49	2070	600	574
15407	3315	31	75	63	1462	186	—
6759	165	148	33	49	276	—	—
7912	758	156	346	164	2191	40	5
7180	121	1	15	29	952	1020	979
11534	2272	111	348	204	3645	2821	1449
7800	395	27	2	10	3332	131	17
20573	703	159	29	30	3785	3736	1459
2243	—	123	—	27	142	1	1
2343	12	—	—	10	156	42	42
21548	2713	34	70	58	8253	421	146
8164	627	39	179	—	3885	212	203
12447	5285	23	14	29	4366	707	545
1283	—	—	46	—	150	—	—
10902	3626	105	134	44	2082	696	390
18918	11	184	—	13	2892	18	7
12069	—	—	19	32	442	—	—
4017	—	489	—	—	638	22	—
7510	4	788	4	22	1083	—	—
45206	—	—	—	—	291	1399	373
45206	—	—	—	—	291	1399	373

各地区林业系统单位

地 区	制 造 业				合 计	按 行 林业生产服务
	木、竹、藤家具制造业	木、竹、苇浆造纸业	林产化学产品制造	其 他		
全国合计	**5163**	**4290**	**4244**	**5782**	**323594**	**54702**
北 京	—	—	—	—	4643	316
天 津	—	—	—	—	240	36
河 北	220	—	—	8	7378	1181
山 西	—	—	—	9	12968	5368
内 蒙 古	49	—	—	—	18695	6566
内蒙古集团	—	—	—	—	855	—
辽 宁	1785	1972	—	—	8667	305
吉 林	984	—	147	1998	13886	1957
吉林集团	984	—	96	1998	2079	—
长白山集团	—	—	—	—	419	13
黑 龙 江	—	8	90	577	17735	2470
龙江集团	—	8	—	558	8334	15
上 海	—	—	—	—	613	—
江 苏	1358	—	3675	—	1684	479
浙 江	—	—	—	—	6786	2943
安 徽	—	712	—	25	6035	1118
福 建	—	—	10	16	9520	1686
江 西	8	—	1	177	18169	4631
山 东	—	—	—	—	9265	1415
河 南	—	—	—	35	11134	1227
湖 北	—	—	—	41	14968	1938
湖 南	542	75	—	755	22955	1814
广 东	—	—	—	114	14095	939
广 西	154	1520	241	362	10596	2742
海 南	—	—	—	—	5593	1470
重 庆	—	—	—	—	2823	582
四 川	13	—	18	244	16211	2152
贵 州	—	3	3	3	7481	1509
云 南	—	—	30	132	22262	2014
西 藏	—	—	—	—	1451	—
陕 西	50	—	29	227	11554	1407
甘 肃	—	—	—	11	15393	1778
青 海	—	—	—	—	7731	2232
宁 夏	—	—	—	22	4415	676
新 疆	—	—	—	—	7231	1047
新疆兵团	—	—	—	—	—	—
局直属单位	—	—	—	1026	11417	704
大兴安岭	—	—	—	1026	2323	704

从业人员年末人数(二)

单位:人

业 分	服 务 业						其他行业
野生动植物保护和自然保护区管理	林业工程技术与规划管理	林业科技交流和推广服务	林业公共管理和社会组织			其 他	
			小 计	林业行政管理、公安及监督检查机构	林业专业性、行业性团体		
27055	16029	31633	164269	151304	12965	29906	16603
105	227	92	3228	2418	810	675	154
71	—	33	100	100	—	—	—
655	155	1002	4252	4081	171	133	—
822	663	616	4116	4056	60	1383	—
1385	1624	549	7850	7660	190	721	2370
420	353	—	—	—	—	82	2341
338	312	1852	4445	3851	594	1415	57
348	918	504	7981	7923	58	2178	224
—	—	—	—	—	—	2079	—
—	43	24	339	339	—	—	—
572	698	447	11378	10008	1370	2170	4250
—	641	315	5839	4536	1303	1524	4248
36	102	327	148	148	—	—	560
8	4	544	606	528	78	43	174
583	117	747	2212	2150	62	184	188
324	127	1033	3220	3141	79	213	112
535	751	248	5902	4920	982	398	87
489	520	949	10101	8905	1196	1479	703
943	1191	1616	3370	3216	154	730	—
1553	369	1853	5575	5471	104	557	110
887	944	1334	8663	8663	—	1202	—
3282	1255	1819	12894	11993	901	1891	117
1174	255	1125	7890	6975	915	2712	130
665	256	566	4677	4292	385	1690	521
318	171	126	3423	3102	321	85	46
211	192	182	1648	1472	176	8	30
2655	918	1578	7975	7358	617	933	2462
543	395	380	3939	3461	478	715	3
2630	457	824	15722	15105	617	615	468
27	109	24	1291	1136	155	—	—
1059	785	2725	4659	4225	434	919	1067
2127	551	1965	7671	7527	144	1301	8
44	59	3364	1998	1998	—	34	—
757	46	2365	571	571	—	—	159
1005	207	456	4451	3255	1196	65	177
—	—	—	—	—	—	—	—
904	1651	388	2313	1595	718	5457	2426
520	—	173	913	913	—	13	2271

各地区林业系统单位

地 区	总 计	按性质分			合 计	林木育种育苗
		企 业	事 业	机 关		
全国合计	1021216	432460	493279	95477	685006	34061
北 京	8316	23	7180	1113	3907	399
天 津	704	—	604	100	464	96
河 北	19802	1822	15107	2873	12539	2226
山 西	22278	71	20154	2053	10189	1391
内蒙古	91224	49149	36130	5945	70997	2097
内蒙古集团	50085	47235	2850	—	46889	—
辽 宁	24975	6873	16488	1614	10750	389
吉 林	88584	63860	21461	3263	65898	414
吉林集团	26257	26257	—	—	16377	
长白山集团	22352	21933	99	320	20813	—
黑龙江	238127	183108	47984	7035	214795	1646
龙江集团	190705	179844	6325	4536	176879	
上 海	1282	—	1134	148	224	59
江 苏	17643	11333	6038	272	10126	2961
浙 江	9475	427	7219	1829	2887	713
安 徽	17145	1859	13124	2162	10018	2460
福 建	19690	5435	11180	3075	10366	489
江 西	33516	4906	22902	5708	16702	1000
山 东	18491	847	15386	2258	9348	2352
河 南	25327	600	20649	4078	14046	2546
湖 北	23853	1913	18777	3163	8575	1196
湖 南	43781	5237	31386	7158	18989	1567
广 东	24186	1945	16111	6130	10996	582
广 西	36307	4571	28307	3429	23488	833
海 南	6107	3522	1544	1041	2465	13
重 庆	5375	223	3944	1208	2558	170
四 川	38906	13623	19422	5861	23161	1291
贵 州	20054	1235	16320	2499	13095	828
云 南	29905	6745	15618	7542	14624	1401
西 藏	2039	449	534	1056	714	347
陕 西	30104	4576	22331	3197	17253	1414
甘 肃	34456	7513	22835	4108	22993	1899
青 海	4311	338	2911	1062	2307	152
宁 夏	7805	331	6967	507	5010	497
新 疆	17417	2764	11941	2712	10025	633
新疆兵团	—	—	—	—		
局直属单位	60031	47162	11591	1278	45497	—
大兴安岭	51451	46980	3558	913	45497	—

在岗职工年末人数（一）

单位：人

按 行 业 分							
农 林 牧 渔 业						制造业	
营造林	木竹采运	经济林产品种植与采集	花卉及其他观赏植物种植	陆生野生动物繁育与利用	其他	合 计	木材加工及木、竹、藤、棕、苇制品业
401208	190112	3856	2276	1220	52273	34497	15371
657	—	9	27	—	2815	—	—
170	—	54	—	26	118	—	—
4967	111	202	32	15	4986	236	8
7785	65	42	—	33	873	9	—
66372	18	27	24	181	2278	49	—
46889	—	—	—	—	—	—	—
6076	2409	305	358	79	1134	6175	2418
28773	36249	26	—	—	436	8972	5843
—	16351	26	—	—	—	7801	4723
915	19898	—	—	—	—	1120	1120
79641	132194	—	—	13	1301	1399	724
45571	131229	—	—	—	79	1290	724
60	—	—	—	—	105	—	—
4086	198	739	462	33	1647	5682	649
1734	110	2	—	11	317	—	—
6198	442	—	14	6	898	1108	371
4489	3234	50	52	49	2003	582	559
11603	2801	31	75	53	1139	102	—
6356	165	148	27	49	251	—	—
7898	758	156	346	164	2178	40	5
6346	121	1	15	29	867	972	935
10994	2177	94	348	204	3605	2515	1343
7043	333	27	1	10	3000	131	17
18324	670	159	29	30	3443	3065	832
2212	—	123	—	—	27	90	1	1
2257	12	—	—	10	109	42	42
16542	1182	34	70	58	3984	403	146
7905	578	39	179	—	3566	212	203
6172	2791	23	14	29	4194	707	545
195	—	—	46	—	126	—	—
10306	3479	104	134	44	1772	656	350
18249	11	184	—	13	2637	18	7
1685	—	—	19	32	419	—	—
3416	—	489	—	—	608	22	—
7491	4	788	4	22	1083	—	—
—	—	—	—	—	—	—	—
45206	—	—	—	—	291	1399	373
45206	—	—	—	—	291	1399	373

各地区林业系统单位

地区	制造业				合计	林业生产服务
	木、竹、藤家具制造业	木、竹、苇浆造纸业	林产化学产品制造	其他		
全国合计	5163	4290	4229	5444	287748	48606
北 京	—	—	—	—	4279	316
天 津	—	—	—	—	240	36
河 北	220	—	—	8	7027	1181
山 西	—	—	—	9	12080	4555
内蒙古	49	—	—	—	17808	6464
内蒙古集团	—	—	—	—	855	—
辽 宁	1785	1972	—	—	7993	302
吉 林	984	—	147	1998	13513	1957
吉林集团	984	—	96	1998	2079	—
长白山集团	—	—	—	—	419	13
黑龙江	—	8	90	577	17715	2470
龙江集团	—	8	—	558	8320	15
上 海	—	—	—	—	528	—
江 苏	1358	—	3675	—	1661	478
浙 江	—	—	—	—	6472	2839
安 徽	—	712	—	25	5907	1073
福 建	—	—	10	13	8666	1551
江 西	8	—	1	93	16133	4146
山 东	—	—	—	—	9143	1396
河 南	—	—	—	35	11131	1227
湖 北	—	—	—	37	14306	1802
湖 南	542	75	—	555	22160	1714
广 东	—	—	—	114	12929	814
广 西	154	1520	226	333	9238	2603
海 南	—	—	—	—	3595	1413
重 庆	—	—	—	—	2760	543
四 川	13	—	18	226	15051	2080
贵 州	—	3	3	3	6744	1304
云 南	—	—	30	132	14106	1342
西 藏	—	—	—	—	1325	—
陕 西	50	—	29	227	11158	1245
甘 肃	—	—	—	11	11437	1167
青 海	—	—	—	—	2004	235
宁 夏	—	—	—	22	2645	606
新 疆	—	—	—	—	7215	1043
新疆兵团	—	—	—	—		
局直属单位	—	—	—	1026	10779	704
大兴安岭	—	—	—	1026	2323	704

在岗职工年末人数(二)

单位:人

业　分			服　务　业			其　他	其他行业
野生动植物保护和自然保护区管理	林业工程技术与规划管理	林业科技交流和推广服务	林业公共管理和社会组织				
			小　计	林业行政管理、公安及监督检查机构	林业专业性、行业性团体		
23994	**15535**	**26272**	**146020**	**134280**	**11740**	**27321**	**13965**
105	227	92	2868	2361	507	671	130
71	—	33	100	100	—	—	—
618	155	994	3946	3775	171	133	—
801	656	612	4101	4041	60	1355	—
1240	1624	544	7648	7492	156	288	2370
420	353	—	—	—	—	82	2341
337	309	1849	3781	3308	473	1415	57
337	880	504	7657	7599	58	2178	201
—	—	—	—	—	—	2079	—
—	43	24	339	339	—	—	—
572	698	447	11361	10005	1356	2167	4218
—	641	315	5825	4536	1289	1524	4216
35	95	250	148	148	—	—	530
8	4	540	588	510	78	43	174
539	109	725	2077	2016	61	183	116
315	118	1030	3176	3097	79	195	112
422	702	208	5388	4465	923	395	76
386	514	643	9195	8210	985	1249	579
942	1161	1615	3341	3187	154	688	—
1553	369	1853	5572	5468	104	557	110
824	888	1308	8445	8445	—	1039	—
3204	1250	1801	12375	11507	868	1816	117
851	240	1063	7673	6768	905	2288	130
525	210	564	4375	4029	346	961	516
302	171	101	1543	1462	81	65	46
211	192	182	1624	1449	175	8	15
2216	918	1446	7629	7030	599	762	291
429	342	377	3692	3214	478	600	3
1908	453	813	8985	8461	524	605	468
27	69	24	1205	1056	149	—	—
1034	783	2681	4527	4093	434	888	1037
1571	550	1927	4921	4777	144	1301	8
44	59	569	1063	1063	—	34	—
757	46	678	558	558	—	—	128
1003	207	456	4441	3245	1196	65	177
—	—	—	—	—	—	—	—
807	1536	343	2017	1341	676	5372	2356
520	—	173	913	913	—	13	2232

各地区林业系统单位

地　区	总　计	按性质分			合　计	林木育种育苗
		企　业	事　业	机　关		
全国合计	97047	24556	58545	13946	57339	2662
北　京	1323	—	1287	36	935	17
天　津	—	—	—	—	—	—
河　北	624	1	317	306	273	42
山　西	1403	6	1383	14	515	36
内蒙古	1923	106	1649	168	1036	245
内蒙古集团	—	—	—	—	—	—
辽　宁	1693	379	1033	281	1019	24
吉　林	4434	1306	3068	60	4038	3
吉林集团	—	—	—	—	—	—
长白山集团	—	—	—	—	—	—
黑龙江	97	75	19	3	6	—
龙江集团	85	71	14	—	—	—
上　海	115	—	115	—	—	—
江　苏	1115	1064	51	—	1092	867
浙　江	518	73	337	108	132	7
安　徽	369	26	303	40	241	19
福　建	2348	875	1129	344	1465	51
江　西	7370	2124	4960	286	5126	475
山　东	673	43	601	29	551	117
河　南	40	—	37	3	37	10
湖　北	1649	236	1287	126	939	20
湖　南	1897	702	821	374	796	104
广　东	2326	135	2001	190	1160	8
广　西	4660	120	4277	263	2626	2
海　南	2095	67	399	1629	97	14
重　庆	211	—	188	23	133	—
四　川	14183	12204	1755	224	10834	28
贵　州	1369	48	1170	151	632	5
云　南	17106	3594	7654	5858	8950	9
西　藏	1382	1118	184	80	1256	144
陕　西	1575	185	1276	114	1109	55
甘　肃	4887	—	2599	2288	931	7
青　海	16485	—	15550	935	10758	351
宁　夏	2434	—	2421	13	633	2
新　疆	35	—	35	—	19	—
新疆兵团	—	—	—	—	—	—
局直属单位	708	69	639	—	—	—
大兴安岭	39	3	36	—	—	—

其他从业人员年末人数(一)

单位:人

按行业分							
农 林 牧 渔 业						制造业	
营造林	木竹采运	经济林产品种植与采集	花卉及其他观赏植物种植	陆生野生动物繁育与利用	其他	合　计	木材加工及木、竹、藤、棕、苇制品业
39912	6062	19	322	322	8040	1224	871
1	—	—	—	—	917	—	—
—	—	—	—	—	—	—	—
26	—	—	—	—	205	—	—
475	—	—	—	—	4	—	—
456	—	—	12	311	12	—	—
—	—	—	—	—	—	—	—
249	441	—	302	—	3	—	—
4035	—	—	—	—	—	—	—
—	—	—	—	—	—	—	—
6	—	—	—	—	—	39	39
—	—	—	—	—	—	39	39
—	—	—	—	—	—	—	—
101	—	—	—	—	124	—	—
76	15	—	—	1	33	—	—
207	1	—	—	—	14	—	—
665	680	1	1	—	67	18	15
3804	514	—	—	10	323	84	—
403	—	—	6	—	25	—	—
14	—	—	—	—	13	—	—
834	—	—	—	—	85	48	44
540	95	17	—	—	40	306	106
757	62	—	1	—	332	—	—
2249	33	—	—	—	342	671	627
31	—	—	—	—	52	—	—
86	—	—	—	—	47	—	—
5006	1531	—	—	—	4269	18	—
259	49	—	—	—	319	—	—
6275	2494	—	—	—	172	—	—
1088	—	—	—	—	24	—	—
596	147	1	—	—	310	40	40
669	—	—	—	—	255	—	—
10384	—	—	—	—	23	—	—
601	—	—	—	—	30	—	—
19	—	—	—	—	—	—	—
—	—	—	—	—	—	—	—
—	—	—	—	—	—	—	—
—	—	—	—	—	—	—	—

各地区林业系统单位

地区	制造业				按行	
	木、竹、藤家具制造业	木、竹、苇浆造纸业	林产化学产品制造	其他	合计	林业生产服务
全国合计	—	—	15	338	35846	6096
北　京	—	—	—	—	364	—
天　津	—	—	—	—	—	—
河　北	—	—	—	—	351	—
山　西	—	—	—	—	888	813
内蒙古	—	—	—	—	887	102
内蒙古集团	—	—	—	—	—	—
辽　宁	—	—	—	—	674	3
吉　林	—	—	—	—	373	—
吉林集团	—	—	—	—	—	—
长白山集团	—	—	—	—	—	—
黑龙江	—	—	—	—	20	—
龙江集团	—	—	—	—	14	—
上　海	—	—	—	—	85	—
江　苏	—	—	—	—	23	1
浙　江	—	—	—	—	314	104
安　徽	—	—	—	—	128	45
福　建	—	—	—	3	854	135
江　西	—	—	—	84	2036	485
山　东	—	—	—	—	122	19
河　南	—	—	—	—	3	—
湖　北	—	—	—	4	662	136
湖　南	—	—	—	200	795	100
广　东	—	—	—	—	1166	125
广　西	—	—	15	29	1358	139
海　南	—	—	—	—	1998	57
重　庆	—	—	—	—	63	39
四　川	—	—	—	18	1160	72
贵　州	—	—	—	—	737	205
云　南	—	—	—	—	8156	672
西　藏	—	—	—	—	126	—
陕　西	—	—	—	—	396	162
甘　肃	—	—	—	—	3956	611
青　海	—	—	—	—	5727	1997
宁　夏	—	—	—	—	1770	70
新　疆	—	—	—	—	16	4
新疆兵团	—	—	—	—	—	—
局直属单位	—	—	—	—	638	—
大兴安岭	—	—	—	—	—	—

其他从业人员年末人数(二)

单位:人

业　分			服　　务　　业				其他行业
野生动植物保护和自然保护区管理	林业工程技术与规划管理	林业科技交流和推广服务	林业公共管理和社会组织			其　他	
			小　计	林业行政管理、公安及监督检查机构	林业专业性、行业性团体		
3061	**494**	**5361**	**18249**	**17024**	**1225**	**2585**	**2638**
—	—	—	360	57	303	4	24
—	—	—	—	—	—	—	—
37	—	8	306	306	—	—	—
21	7	4	15	15	—	28	—
145	—	5	202	168	34	433	—
—	—	—	—	—	—	—	—
1	3	3	664	543	121	—	—
11	38	—	324	324	—	—	23
—	—	—	—	—	—	—	—
—	—	—	17	3	14	3	32
—	—	—	14	—	14	—	32
1	7	77	—	—	—	—	30
—	—	4	18	18	—	—	—
44	8	22	135	134	1	1	72
9	9	3	44	44	—	18	—
113	49	40	514	455	59	3	11
103	6	306	906	695	211	230	124
1	30	1	29	29	—	42	—
—	—	—	3	3	—	—	—
63	56	26	218	218	—	163	—
78	5	18	519	486	33	75	—
323	15	62	217	207	10	424	—
140	46	2	302	263	39	729	5
16	—	25	1880	1640	240	20	—
—	—	—	24	23	1	—	15
439	—	132	346	328	18	171	2171
114	53	3	247	247	—	115	—
722	4	11	6737	6644	93	10	—
—	40	—	86	80	6	—	—
25	2	44	132	132	—	31	30
556	1	38	2750	2750	—	—	—
—	—	2795	935	935	—	—	—
—	—	1687	13	13	—	—	31
2	—	—	10	10	—	—	—
—	—	—	—	—	—	—	—
97	115	45	296	254	42	85	70
—	—	—	—	—	—	—	39

各地区林业系统单位

地　区	总　计	按性质分			合　计	林木育种育苗
		企　业	事　业	机　关		
全国合计	849016	577406	231515	40095	693487	18440
北　京	6534	1	5974	559	3356	524
天　津	407	—	313	94	264	46
河　北	9067	315	7293	1459	6408	1259
山　西	10794	149	9179	1466	5839	867
内蒙古	115414	80072	33337	2005	96196	1358
内蒙古集团	90845	79595	11250	—	79473	—
辽　宁	2794	126	2342	326	1699	92
吉　林	4893	51	4303	539	3251	70
吉林集团						
长白山集团						
黑龙江	363043	328633	28737	5673	324567	1095
龙江集团	335761	327420	4885	3456	301565	—
上　海	1383	—	1104	279	23	—
江　苏	8780	4661	4002	117	7115	2417
浙　江	9445	819	7613	1013	4819	1516
安　徽	3223	195	2726	302	2661	725
福　建	22660	13355	7214	2091	15730	376
江　西	4914	2176	2087	651	3333	89
山　东	10570	603	8603	1364	6641	1590
河　南	8867	599	6512	1756	5084	866
湖　北	15009	2909	10164	1936	7723	395
湖　南	389	—	225	164	163	11
广　东	29856	4170	21601	4085	21791	864
广　西	12249	2305	9164	780	9823	596
海　南	4004	3393	376	235	3181	16
重　庆	5019	154	3723	1142	3101	167
四　川	53510	40994	9480	3036	48072	621
贵　州	11385	949	8638	1798	7090	605
云　南	18884	9467	6577	2840	12850	652
西　藏						—
陕　西	14717	5213	8135	1369	9652	570
甘　肃	8369	642	6809	918	5814	427
青　海	783	—	717	66	645	24
宁　夏	1408	25	1349	34	1215	166
新　疆	10011	2706	5915	1390	6684	436
新疆兵团						—
局直属单位	80635	72724	7303	608	68697	
大兴安岭	74863	72598	1657	608	68697	—

实有离退休人员年末人数(一)

单位:人

按行业分							
农 林 牧 渔 业						制造业	
营造林	木竹采运	经济林产品种植与采集	花卉及其他观赏植物种植	陆生野生动物繁育与利用	其他	合 计	木材加工及木、竹、藤、棕、苇制品业
387479	253568	1741	262	201	31796	19628	11787
492	—	—	59	—	2281	—	—
70	—	65	—	1	82	—	—
3628	22	53	14	4	1428	1	1
4642	10	8	—	5	307	64	26
93566	13	28	1	—	1230	31	—
79473	—	—	—	—	—	—	—
1424	2	36	—	—	145	—	—
3170	—	—	—	—	11	—	—
—	—	—	—	—	—	—	—
87049	231907	—	—	7	4509	10881	6369
66446	231302	—	—	—	3817	10857	6369
—	—	—	—	—	23	—	—
3694	27	302	10	—	665	—	—
3053	54	1	—	8	187	—	—
1841	5	—	—	—	90	—	—
5655	8097	22	16	14	1550	2225	1956
1277	1774	2	5	—	186	52	—
4634	84	99	17	20	197	—	—
3321	79	6	63	45	704	—	—
6685	46	10	3	—	584	1158	1109
113	15	—	5	19	—	—	—
15984	932	119	—	1	3891	145	95
7442	669	125	4	—	987	305	225
2927	—	156	—	59	23	9	9
2684	33	—	—	—	217	96	96
44270	895	1	48	6	2231	181	15
4048	778	12	12	—	1635	66	47
4015	4137	5	5	—	4036	937	930
—	—	—	—	—	—	—	—
4487	3987	39	—	11	558	921	821
4832	—	36	—	1	518	4	—
608	—	—	—	—	13	—	—
1049	—	—	—	—	—	9	—
5013	2	616	—	—	617	—	—
65806	—	—	—	—	2891	2543	88
65806	—	—	—	—	2891	2543	88

各地区林业系统单位

地 区	制 造 业				按行	
	木、竹、藤家具制造业	木、竹、苇浆造纸业	林产化学产品制造	其他	合 计	林业生产服务
全国合计	59	1185	38	6559	102090	15440
北 京	—	—	—	—	2664	6
天 津	—	—	—	—	143	14
河 北	—	—	—	—	2658	245
山 西	—	—	—	38	4891	1004
内蒙古	31	—	—	—	7964	3617
内蒙古集团	—	—	—	—	178	—
辽 宁	—	—	—	—	1095	11
吉 林	—	—	—	—	1551	385
吉林集团	—	—	—	—	—	—
长白山集团	—	—	—	—	—	—
黑龙江	—	1174	—	3338	11037	282
龙江集团	—	1174	—	3314	6781	13
上 海	—	—	—	—	550	—
江 苏	—	—	—	—	1653	797
浙 江	—	—	—	—	4482	1609
安 徽	—	—	—	—	562	31
福 建	—	—	—	269	4638	807
江 西	—	—	—	52	1529	584
山 东	—	—	—	—	3929	699
河 南	—	—	—	—	3781	196
湖 北	—	—	—	49	6128	681
湖 南	—	—	—	—	226	—
广 东	—	—	—	50	7898	453
广 西	—	—	—	80	1623	178
海 南	—	—	—	—	814	552
重 庆	—	—	—	—	1822	334
四 川	28	—	30	108	4986	607
贵 州	—	11	7	1	4229	400
云 南	—	—	—	7	4972	791
西 藏	—	—	—	—	—	—
陕 西	—	—	1	99	3999	417
甘 肃	—	—	—	4	2551	156
青 海	—	—	—	—	138	12
宁 夏	—	—	—	9	184	124
新 疆	—	—	—	—	3323	397
新疆兵团	—	—	—	—	—	—
局直属单位	—	—	—	2455	6070	51
大兴安岭	—	—	—	2455	868	51

实有离退休人员年末人数(二)

单位:人

业 分	服 务 业						其他	其他行业
野生动植物保护和自然保护区管理	林业工程技术与规划管理	林业科技交流和推广服务	林业公共管理和社会组织					
			小 计	林业行政管理、公安及监督检查机构	林业专业性、行业性团体			
5656	5435	9319	55483	51147	4336	10757	33811
41	114	31	2172	1831	341	300	514
14	—	21	94	94	—	—	—
224	41	228	1885	1819	66	35	—
337	244	279	2494	2470	24	533	—
532	734	567	2456	2402	54	58	11223
3	155	—	—	—	—	20	11194
17	14	37	1009	860	149	7	—
30	204	169	740	740	—	23	91
—	—	—	—	—	—	—	—
—	—	—	—	—	—	—	—
49	767	323	7564	6625	939	2052	16558
—	767	245	4353	3456	897	1403	16558
10	36	225	279	279	—	—	810
—	—	180	676	561	115	—	12
802	50	734	1142	1130	12	145	144
—	1	32	438	434	4	60	—
40	306	174	3069	2715	354	242	67
3	—	71	696	696	—	175	—
304	502	550	1654	1580	74	220	—
824	84	490	2104	2058	46	83	2
132	248	856	3614	3614	—	597	—
—	40	—	169	169	—	17	—
210	144	1031	5078	4330	748	982	22
76	60	130	996	944	52	183	498
4	—	4	254	243	11	—	—
55	73	129	1228	1185	43	3	—
465	122	305	3382	3320	62	105	271
175	297	348	2500	2330	170	509	—
249	87	241	3448	3256	192	156	125
—	—	—	—	—	—	—	—
270	249	1123	1666	1580	86	274	145
286	91	532	1084	1050	34	402	—
—	3	47	66	66	—	10	—
2	—	24	34	34	—	—	—
232	20	154	2512	1913	599	8	4
—	—	—	—	—	—	—	—
273	904	284	980	819	161	3578	3325
34	—	175	608	608	—	—	2755

各地区林业系统单位离开本单位

地区	总计	按性质分			合计	林木育种育苗
		企业	事业	机关		
全国合计	122231	107124	14851	256	110065	6544
北　京	33	—	32	1	31	31
天　津	—	—	—	—	—	—
河　北	305	116	177	12	217	31
山　西	90	66	22	2	34	4
内蒙古	110	—	105	5	36	2
内蒙古集团	—	—	—	—	—	—
辽　宁	188	4	184	—	163	3
吉　林	24580	24128	344	108	23254	37
吉林集团	7043	7043	—	—	6115	
长白山集团	12578	12465	15	98	12217	—
黑龙江	74149	70312	3820	17	71590	5319
龙江集团	64450	64302	139	9	62526	—
上　海	7	—	7	—	—	—
江　苏	827	321	506	—	188	—
浙　江	421	29	392	—	375	262
安　徽	795	429	365	1	369	60
福　建	960	747	210	3	731	16
江　西	5921	2887	3030	4	4315	217
山　东	58	37	21	—	57	44
河　南	180	2	171	7	54	19
湖　北	1801	971	823	7	1153	252
湖　南	5314	2312	2952	50	4114	211
广　东	378	23	355	—	368	—
广　西	1637	875	762	—	1187	2
海　南	216	205	8	3	205	—
重　庆	10	10	—	—	—	—
四　川	1016	977	39	—	535	3
贵　州	269	238	26	5	151	—
云　南	137	110	26	1	62	—
西　藏	—	—	—	—	—	—
陕　西	624	508	100	16	336	9
甘　肃	52	—	51	1	22	2
青　海	—	—	—	—	—	—
宁　夏	2	—	2	—	2	—
新　疆	319	7	312	—	98	20
新疆兵团	—	—	—	—	—	—
局直属单位	1832	1810	9	13	418	—
大兴安岭	1825	1810	2	13	418	—

仍保留劳动关系人员年末人数(一)

单位:人

按 行 业 分							
农 林 牧 渔 业						制造业	
营造林	木竹采运	经济林产品种植与采集	花卉及其他观赏植物种植	陆生野生动物繁育与利用	其他	合 计	木材加工及木、竹、藤、棕、苇制品业
39086	61841	557	24	30	1983	4460	3270
—	—	—	—	—	—	—	—
—	—	—	—	—	—	—	—
70	—	12	—	—	104	—	—
8	—	—	—	—	22	—	—
27	5	—	—	—	2	—	—
—	—	—	—	—	—	—	—
59	101	—	—	—	—	—	—
5103	17822	186	—	—	106	1075	802
—	5929	186	—	—	—	827	554
324	11893	—	—	—	—	248	248
26196	39926	—	—	2	147	1327	1175
22596	39914	—	—	—	16	1042	890
—	—	—	—	—	—	—	—
188	—	—	—	—	—	—	—
113	—	—	—	—	—	—	—
280	7	—	—	—	22	76	76
286	396	—	—	—	33	109	93
2892	785	—	—	—	421	102	—
5	—	—	—	—	8	—	—
23	—	—	—	—	12	—	—
676	54	—	8	—	163	379	379
1752	1751	282	—	15	103	712	231
242	24	—	3	—	99	—	—
293	541	—	1	—	350	178	164
122	—	70	—	13	—	—	—
—	—	—	—	—	—	10	10
333	53	—	12	—	134	—	—
5	125	—	—	—	21	101	4
25	11	—	—	—	26	68	68
—	—	—	—	—	—	—	—
82	240	—	—	—	5	191	191
12	—	—	—	—	8	—	—
—	—	—	—	—	—	—	—
2	—	—	—	—	—	—	—
2	—	7	—	—	69	—	—
—	—	—	—	—	—	—	—
290	—	—	—	—	128	132	77
290	—	—	—	—	128	132	77

各地区林业系统单位离开本单位

地 区	制 造 业				合 计	按 行
	木、竹、藤家具制造业	木、竹、苇浆造纸业	林产化学产品制造	其 他		林业生产服务
全国合计	**142**	**105**	—	**943**	**4580**	**1217**
北 京	—	—	—	—	2	—
天 津	—	—	—	—	—	—
河 北	—	—	—	—	58	21
山 西	—	—	—	—	56	4
内蒙古	—	—	—	—	74	19
内蒙古集团	—	—	—	—	—	—
辽 宁	—	—	—	—	25	—
吉 林	40	—	—	233	251	—
吉林集团	40	—	—	233	101	—
长白山集团	—	—	—	—	113	—
黑龙江	—	8	—	144	170	4
龙江集团	—	8	—	144	146	—
上 海	—	—	—	—	—	—
江 苏	—	—	—	—	639	498
浙 江	—	—	—	—	22	22
安 徽	—	—	—	—	4	1
福 建	—	—	—	16	119	39
江 西	102	—	—	—	1486	490
山 东	—	—	—	—	1	1
河 南	—	—	—	—	125	2
湖 北	—	—	—	—	269	12
湖 南	—	—	—	481	469	67
广 东	—	—	—	—	10	3
广 西	—	—	—	14	59	2
海 南	—	—	—	—	11	—
重 庆	—	—	—	—	—	—
四 川	—	—	—	—	352	4
贵 州	—	97	—	—	14	4
云 南	—	—	—	—	7	—
西 藏	—	—	—	—	—	—
陕 西	—	—	—	—	86	6
甘 肃	—	—	—	—	30	17
青 海	—	—	—	—	—	—
宁 夏	—	—	—	—	—	—
新 疆	—	—	—	—	221	1
新疆兵团	—	—	—	—	—	—
局直属单位	—	—	—	55	20	—
大兴安岭	—	—	—	55	13	—

仍保留劳动关系人员年末人数(二)

单位:人

业 分							
		服 务 业					
野生动植物保护和自然保护区管理	林业工程技术与规划管理	林业科技交流和推广服务	林业公共管理和社会组织			其 他	其他行业
			小 计	林业行政管理、公安及监督检查机构	林业专业性、行业性团体		
191	140	161	995	930	65	1876	3126
—	—	—	2	1	1	—	—
—	—	—	—	—	—	—	—
8	—	—	29	29	—	—	30
3	—	—	3	3	—	46	—
2	16	15	21	21	—	1	—
—	—	—	25	25	—	—	—
1	26	8	115	115	—	101	—
—	—	—	—	—	—	101	—
—	7	8	98	98	—	—	—
—	25	—	65	25	40	76	1062
—	25	—	49	9	40	72	736
—	—	—	—	—	—	—	7
—	—	8	133	133	—	—	24
—	—	2	1	1	—	—	346
—	34	—	8	3	5	38	1
—	11	5	36	28	8	944	18
32	7	6	78	78	—	—	1
12	—	92	66	66	—	87	—
122	1	7	142	142	—	130	19
—	—	7	—	—	—	—	—
1	—	1	5	—	5	50	213
1	7	—	3	3	—	—	—
—	—	—	—	—	—	348	129
—	5	—	5	5	—	—	3
—	—	—	7	2	5	—	—
2	—	7	16	16	—	55	11
7	2	3	1	1	—	—	—
—	—	—	—	—	—	—	—
—	—	—	220	220	—	—	—
—	—	—	—	—	—	—	—
—	6	—	14	13	1	—	1262
—	—	—	13	13	—	—	1262

141

各地区林业系统单位

地　　区	总　计	按性质分			合　计	林木育种育苗
		企　业	事　业	机　关		
全国合计	58430	41611	65407	93202	48817	54672
北　京	152900	143991	145703	198737	138884	146570
天　津	101878	—	98265	123521	93176	94202
河　北	58656	32607	59823	68844	56545	53468
山　西	57470	36629	55233	81044	56092	44630
内蒙古	57767	51047	59646	90959	52575	52946
内蒙古集团	51894	51126	65412	—	51064	—
辽　宁	50828	48249	49015	74561	46183	65317
吉　林	44675	42816	45681	75258	40011	39863
吉林集团	43130	43130	—	—	40542	
长白山集团	49930	48868	96958	110401	49350	—
黑龙江	38383	33782	46986	86639	35005	41585
龙江集团	37001	33917	73361	94002	33936	
上　海	176654	—	167983	244193	173493	160216
江　苏	57444	55751	58040	108946	49394	39323
浙　江	126252	74714	121809	155447	114588	104602
安　徽	59039	52959	55950	82853	52297	37851
福　建	78870	55190	85649	104074	66758	81163
江　西	55048	41535	53207	75604	46274	43770
山　东	70720	63176	68341	89699	65533	62387
河　南	40816	30305	38293	55341	35371	33510
湖　北	64807	45939	62882	86712	55847	52995
湖　南	56332	37802	57269	65215	50158	47123
广　东	94001	39651	85642	134439	70251	71197
广　西	59529	41949	59701	80808	60316	48418
海　南	66094	42703	66902	133563	49011	14425
重　庆	103940	57508	100755	123546	98220	93259
四　川	70062	54572	76769	93029	65292	66727
贵　州	68869	41833	66444	96796	59308	58468
云　南	100686	58435	106732	126255	83090	63448
西　藏	103109	57338	110429	118992	77470	100339
陕　西	60740	50008	61151	73047	56843	57164
甘　肃	61759	47500	62755	74668	56458	57594
青　海	104559	32176	105759	124219	95811	105982
宁　夏	59304	45374	58569	81370	55975	49475
新　疆	72784	54718	72482	92487	66262	83299
新疆兵团	—	—	—	—	—	
局直属单位	61767	43430	130461	91052	42901	
大兴安岭	45238	42745	67318	80624	42901	

在岗职工年平均工资(一)

单位:元

按行业分	农林牧渔业					制造业	
营造林	木竹采运	经济林产品种植与采集	花卉及其他观赏植物种植	陆生野生动物繁育与利用	其他	合计	木材加工及木、竹、藤、棕、苇制品业
50522	**38407**	**50507**	**49472**	**55665**	**67171**	**50094**	**41805**
136624	—	163928	102727	—	138697	—	—
81048	—	92315	—	104228	107773	—	—
64550	41237	45494	48272	50340	49876	31602	38371
58926	60750	46330	—	53141	48928	71076	—
52057	90016	79739	52861	62144	63641	25567	—
51064	—	—	—	—	—	—	—
49573	34118	41835	56203	52518	45161	49291	48852
33401	45254	39503	—	—	35410	41097	39491
—	40545	39503	—	—	—	41207	39326
56197	49041	—	—	—	—	40151	40151
35527	34332	—	—	47812	56472	35577	34633
33184	34194	—	—	—	44324	34925	34633
207890	—	—	—	—	161774	—	—
54424	46110	50334	71264	60142	44392	65182	58342
111649	125116	80600	—	80600	151407	—	—
56513	54781	—	31200	64333	60904	64472	37306
74704	52656	34779	29767	33482	70120	44075	44097
46855	42234	55704	53582	56449	51862	44543	—
65996	70131	78752	68489	57144	73521	—	—
34603	33094	41055	31888	48546	40260	8400	25200
57988	47370	54906	55075	42047	45587	43095	43155
50269	38650	38476	31698	49035	61677	40207	36793
63996	75186	75840	54564	98684	84915	29336	7688
60438	58774	45805	47898	52354	63686	50563	38108
50218	—	18609	—	19200	68592	2400	2400
99060	65995	—	—	79714	93207	53275	53275
69584	56758	78583	51240	56359	53991	47053	32609
57286	52681	86501	41623	—	67286	27899	28511
86169	56810	105900	94320	53016	102905	153064	57659
23237	—	—	67339	—	109022	—	—
59379	51156	60250	33272	73145	54197	46603	43686
57262	62451	65944	—	45853	50942	64940	52028
106716	—	—	96188	80891	49412	—	—
58468	—	50044	—	—	52454	48616	—
66614	74843	42911	24000	75554	69523	—	—
—	—	—	—	—	—	—	—
42658	—	—	—	—	78729	39158	32967
42658	—	—	—	—	78729	39158	32967

各地区林业系统单位

地　区	制　造　业				按　行	
	木、竹、藤家具制造业	木、竹、苇浆造纸业	林产化学产品制造	其　他	合　计	林业生产服务
全国合计	**48535**	**59891**	**66780**	**54358**	**81063**	**65944**
北　京	—	—	—	—	165751	147603
天　津	—	—	—	—	118563	138030
河　北	31632	—	—	24000	63389	52591
山　西	—	—	—	71076	58588	39426
内蒙古	25567	—	—	—	75656	63144
内蒙古集团	—	—	—	—	63835	—
辽　宁	51279	47593	—	—	57653	52937
吉　林	50072	—	37306	41135	69931	58990
吉林集团	50072	—	32801	41135	71097	—
长白山集团	—	—	—	—	107264	97367
黑龙江	—	52541	36500	36464	70028	44743
龙江集团	—	52541	—	35079	82350	81024
上　海	—	—	—	—	194120	—
江　苏	50000	—	72000	—	76606	56624
浙　江	—	—	—	—	132090	127474
安　徽	—	79871	—	29064	69955	64990
福　建	—	—	25000	55968	95950	74948
江　西	43200	—	48973	44609	65000	58045
山　东	—	—	—	—	76171	70647
河　南	—	—	—	6000	47948	45503
湖　北	—	—	—	41674	71511	51475
湖　南	44252	46800	—	43671	63631	55910
广　东	—	—	—	32564	115065	83386
广　西	42000	61512	26367	50040	61471	57086
海　南	—	—	—	—	78339	34598
重　庆	—	—	—	—	110112	106186
四　川	45762	—	46940	56553	87611	86504
贵　州	—	18120	8400	18000	87296	70901
云　南	—	—	18000	641994	116390	140000
西　藏	—	—	—	—	116735	—
陕　西	58000	—	53746	47679	68304	60326
甘　肃	—	—	—	85600	71419	59074
青　海	—	—	—	—	114625	99096
宁　夏	—	—	—	48616	64360	70959
新　疆	—	—	—	—	81245	82789
新疆兵团	—	—	—	—	—	—
局直属单位	—	—	—	40473	137757	42670
大兴安岭	—	—	—	40473	63226	42670

在岗职工年平均工资(二)

单位:元

野生动植物保护和自然保护区管理	林业工程技术与规划管理	林业科技交流和推广服务	林业公共管理和社会组织 小计	林业行政管理、公安及监督检查机构	林业专业性、行业性团体	其他	其他行业
73626	**104309**	**73096**	**87217**	**87191**	**87516**	**75641**	**59832**
92937	154873	154776	176792	185609	132505	142763	153433
122545	—	70989	124330	124330	—	—	—
84009	102695	46582	66234	67003	49064	60365	—
69139	70538	66905	72052	71850	85642	74574	—
77364	76537	100721	85816	86490	53446	41552	65512
55259	75579	—	—	—	—	55938	64829
47900	52323	50365	59553	60350	54411	65257	25000
66727	73048	71575	72213	72523	31342	70599	60679
						71097	
—	103737	85841	109565	109565	—	—	—
53115	69514	55328	78250	79428	69304	63117	60658
—	70498	51766	88730	94002	69425	69370	60655
184683	163084	177711	244193	244193	—	—	161040
39250	20400	75084	94333	93598	99149	60000	45000
111704	161721	129533	149406	150543	111258	56811	92462
69479	70729	60456	74670	74485	81895	70790	27742
77630	68013	83957	110151	97733	171223	67223	57197
59015	70250	57097	69875	72008	53973	55063	43340
82163	67229	75958	81062	81947	62988	69145	—
36025	70827	40989	53019	53338	36455	44867	28062
60769	84664	57486	77249	77249	—	74809	—
63303	70009	57879	63861	64252	59011	71467	52191
122722	197311	109482	129454	131168	118567	68281	93734
58418	57745	63163	75116	76976	53181	32359	39078
89523	84177	58260	110918	113979	51500	64387	30270
103344	102443	109947	113261	115116	98036	98449	131740
87240	82732	79603	90623	90991	86378	83421	14023
77339	81340	81017	95981	96335	93037	85661	—
95760	99491	101725	120991	122486	96011	89347	79500
128647	105307	148116	116868	118992	105811	—	—
66919	59802	77418	68813	69773	59721	58860	52143
74985	65738	73191	74579	74924	62333	64874	56102
96276	99339	106110	124310	124310	—	109826	—
65687	80186	42198	80764	80764	—	—	86764
58552	60951	76439	87354	90625	78559	91757	95247
—							
62953	338605	140903	118527	114354	128359	112492	78800
51474	—	82057	80624	80624	—	50769	76678

林业系统

指 标 名 称	轻 伤（人次）
事故合计	**409**
按行业分：	
1. 营造林	107
2. 木竹采运	31
3. 木竹加工制造	2
4. 森林防火	55
5. 其他	214
按事故类别分：	
1. 物体打击	46
2. 车辆伤害	52
3. 机械伤害	23
4. 触电	—
5. 火灾	8
6. 其他	280

职工伤亡事故情况

重 伤 (人次)	死 亡 (人)
27	**34**
14	9
—	1
1	—
5	6
7	18
—	1
13	8
—	—
—	—
1	3
13	22

各地区林业系统

地区	事故合计	按行业分			
		营造林	木材采运	木竹加工制造	森林防火
全国合计	**409**	**107**	**31**	**2**	**55**
北　京	1	1	—	—	—
天　津	—	—	—	—	—
河　北	1	—	—	—	1
山　西	—	—	—	—	—
内蒙古	109	28	—	—	17
内蒙古集团	109	28	—	—	17
辽　宁	—	—	—	—	—
吉　林	18	6	11	—	—
吉林集团	4	—	3	—	—
长白山集团	8	—	8	—	—
黑龙江	198	36	17	1	20
龙江集团	197	36	17	1	19
上　海	—	—	—	—	—
江　苏	—	—	—	—	—
浙　江	2	—	—	—	—
安　徽	1	1	—	—	—
福　建	—	—	—	—	—
江　西	1	1	—	—	—
山　东	—	—	—	—	—
河　南	—	—	—	—	—
湖　北	12	7	—	—	1
湖　南	10	5	1	—	—
广　东	6	2	—	—	1
广　西	6	2	—	1	3
海　南	2	1	—	—	—
重　庆	1	1	—	—	—
四　川	13	6	—	—	4
贵　州	4	3	—	—	—
云　南	9	4	2	—	—
西　藏	—	—	—	—	—
陕　西	—	—	—	—	—
甘　肃	4	3	—	—	1
青　海	—	—	—	—	—
宁　夏	—	—	—	—	—
新　疆	—	—	—	—	—
新疆兵团	—	—	—	—	—
大兴安岭	11	—	—	—	7

职工轻伤事故情况

单位：人次

	按事故类别分						
其他	物体打击	车辆伤害	机械伤害	触电	火灾	其他	
214	**46**	**52**	**23**	**—**	**8**	**280**	
—	—	—	—	—	—	1	
—	—	—	—	—	—	—	
—	—	1	—	—	—	—	
—	—	—	—	—	—	—	
64	8	11	7	—	6	77	
64	8	11	7	—	6	77	
—	—	—	—	—	—	—	
1	2	1	3	—	—	12	
1	—	—	3	—	—	1	
—	—	—	—	—	—	8	
124	26	21	10	—	—	141	
124	26	21	10	—	—	140	
—	—	—	—	—	—	—	
—	—	—	—	—	—	—	
2	—	2	—	—	—	—	
—	—	—	—	—	—	1	
—	—	—	—	—	—	—	
—	—	—	—	—	—	1	
—	—	—	—	—	—	—	
—	—	—	—	—	—	—	
4	6	1	—	—	1	4	
4	2	2	—	—	—	6	
3	—	—	—	—	1	5	
—	—	4	—	—	—	2	
1	—	2	—	—	—	—	
—	—	—	—	—	—	1	
3	—	2	1	—	—	10	
1	—	—	—	—	—	4	
3	—	2	1	—	—	6	
—	—	—	—	—	—	—	
—	—	—	—	—	—	—	
—	—	—	—	—	—	4	
—	—	—	—	—	—	—	
—	—	—	—	—	—	—	
—	—	—	—	—	—	—	
4	2	3	1	—	—	5	

各地区林业系统

地　　区	事故合计	按行业分			
		营造林	木材采运	木竹加工制造	森林防火
全国合计	27	14	—	1	5
北　　京	—	—	—	—	—
天　　津	—	—	—	—	—
河　　北	1	—	—	—	1
山　　西	—	—	—	—	—
内　蒙　古	—	—	—	—	—
内蒙古集团	—	—	—	—	—
辽　　宁	—	—	—	—	—
吉　　林	1	1	—	—	—
吉林集团	—	—	—	—	—
长白山集团	—	—	—	—	—
黑　龙　江	6	—	—	1	—
龙江集团	6	—	—	1	—
上　　海	—	—	—	—	—
江　　苏	—	—	—	—	—
浙　　江	—	—	—	—	—
安　　徽	1	—	—	—	1
福　　建	—	—	—	—	—
江　　西	—	—	—	—	—
山　　东	—	—	—	—	—
河　　南	—	—	—	—	—
湖　　北	—	—	—	—	—
湖　　南	—	—	—	—	—
广　　东	—	—	—	—	—
广　　西	—	—	—	—	—
海　　南	4	4	—	—	—
重　　庆	—	—	—	—	—
四　　川	5	2	—	—	1
贵　　州	—	—	—	—	—
云　　南	2	2	—	—	—
西　　藏	—	—	—	—	—
陕　　西	—	—	—	—	—
甘　　肃	1	—	—	—	1
青　　海	—	—	—	—	—
宁　　夏	4	4	—	—	—
新　　疆	—	—	—	—	—
新疆兵团	—	—	—	—	—
大兴安岭	2	1	—	—	1

职工重伤事故情况

单位:人次

	按事故类别分						
其他	物体打击	车辆伤害	机械伤害	触电	火灾	其他
7	—	13	—	—	1	13
—	—	—	—	—	—	—
—	—	—	—	—	—	—
—	—	1	—	—	—	—
—	—	—	—	—	—	—
—	—	—	—	—	—	—
—	—	—	—	—	—	—
—	—	1	—	—	—	—
—	—	—	—	—	—	—
5	—	3	—	—	1	2
5	—	3	—	—	1	2
—	—	—	—	—	—	—
—	—	—	—	—	—	—
—	—	1	—	—	—	—
—	—	—	—	—	—	—
—	—	—	—	—	—	—
—	—	—	—	—	—	—
—	—	—	—	—	—	—
—	—	—	—	—	—	—
—	—	—	—	—	—	—
—	—	4	—	—	—	—
—	—	—	—	—	—	—
2	—	—	—	—	—	5
—	—	—	—	—	—	—
—	—	2	—	—	—	—
—	—	—	—	—	—	—
—	—	—	—	—	—	—
—	—	—	—	—	—	1
—	—	—	—	—	—	—
—	—	1	—	—	—	3
—	—	—	—	—	—	—
—	—	—	—	—	—	—
—	—	—	—	—	—	2

151

各地区林业系统

地　区	事故合计	按行业分			
		营造林	木材采运	木竹加工制造	森林防火
全国合计	34	9	1	—	6
北　京	—	—	—	—	—
天　津	—	—	—	—	—
河　北	—	—	—	—	—
山　西	1	—	—	—	1
内蒙古	1	1	—	—	—
内蒙古集团	—	—	—	—	—
辽　宁	—	—	—	—	—
吉　林	1	—	—	—	1
吉林集团	—	—	—	—	—
长白山集团	—	—	—	—	—
黑龙江	9	—	—	—	1
龙江集团	9	—	—	—	1
上　海	—	—	—	—	—
江　苏	—	—	—	—	—
浙　江	—	—	—	—	—
安　徽	2	—	—	—	—
福　建	—	—	—	—	—
江　西	2	1	—	—	1
山　东	—	—	—	—	—
河　南	1	—	—	—	—
湖　北	—	—	—	—	—
湖　南	—	—	—	—	—
广　东	5	2	—	—	—
广　西	1	—	—	—	—
海　南	—	—	—	—	—
重　庆	1	—	—	—	—
四　川	—	—	—	—	—
贵　州	—	—	—	—	—
云　南	3	—	1	—	1
西　藏	—	—	—	—	—
陕　西	—	—	—	—	—
甘　肃	6	4	—	—	1
青　海	—	—	—	—	—
宁　夏	—	—	—	—	—
新　疆	—	—	—	—	—
新疆兵团	—	—	—	—	—
大兴安岭	1	1	—	—	—

职工死亡事故情况

单位：人

	按事故类别分						
其他	物体打击	车辆伤害	机械伤害	触电	火灾	其他
18	1	8	—	—	3	22
—	—	—	—	—	—	—
—	—	—	—	—	—	—
—	—	—	—	—	1	—
—	—	1	—	—	—	—
—	—	—	—	—	—	—
—	—	—	—	—	—	—
—	—	—	—	—	—	1
8	—	—	—	—	—	9
8	—	—	—	—	—	9
—	—	—	—	—	—	—
—	—	—	—	—	—	—
2	—	—	—	—	—	2
—	—	—	—	—	—	—
—	—	1	—	—	1	—
—	—	—	—	—	—	—
1	—	1	—	—	—	—
—	—	—	—	—	—	—
3	—	2	—	—	—	3
1	—	—	—	—	—	1
—	—	—	—	—	—	—
1	—	1	—	—	—	—
—	—	—	—	—	—	—
1	—	1	—	—	—	2
—	—	—	—	—	—	—
—	—	—	—	—	—	—
1	—	1	—	—	1	4
—	—	—	—	—	—	—
—	—	—	—	—	—	—
—	—	—	—	—	—	—
—	1	—	—	—	—	—

国家林业和草原局机关及直属单位

指标名称	单位个数（个）	总计	合计	年末单位从		
				小计	其中	
					女性	非全日制
总计	140	62571	60739	60031	19865	472
国家林业和草原局机关	1	365	365	365	111	—
国家林业和草原局信息中心	1	28	28	28	13	—
国家林业和草原局林业工作站管理总站	1	21	21	21	9	8
国家林业和草原局林业和草原基金管理总站	1	39	39	39	23	—
国家林业和草原局宣传中心	1	30	30	26	8	—
国家林业和草原局天然林保护工程管理中心	1	27	27	27	10	—
国家林业和草原局西北华北东北防护林建设局	1	75	75	62	17	—
国家林业和草原局退耕还林(草)工程管理中心	1	28	28	28	9	—
国家林业和草原局世界银行贷款项目管理中心	1	25	25	25	12	2
国家林业和草原局科技发展中心	1	18	18	17	7	—
国家林业和草原局亚太森林网络管理中心	1	24	24	24	13	—
国家林业和草原局经济发展研究中心	1	93	93	66	34	—
国家林业和草原局人才开发交流中心	1	23	23	23	10	—
国家林业和草原局对外合作项目中心	1	23	23	23	12	—
中国林业科学研究院	20	4065	4065	4065	1133	277
国家林业和草原局调查规划设计院	1	332	326	283	116	—
国家林业和草原局林产工业规划设计院	1	408	408	373	214	—
国家林业和草原局管理干部学院	1	266	266	245	158	—
中国绿色时报社	1	104	104	59	32	2
中国林业出版社	1	111	111	111	67	4
国际竹藤中心	2	116	116	103	43	—
中国林学会	1	41	41	35	20	—
中国野生动物保护协会	1	29	29	29	14	2
中国绿化基金会	1	26	25	24	14	—
国家林业和草原局机关服务中心	1	124	124	124	52	—
国家林业和草原局离退休干部局	1	75	75	44	18	27
国家林业和草原局幼儿园	1	80	80	80	75	—
驻内蒙古自治区森林资源监督专员办事处	1	33	33	25	6	4
驻长春森林资源监督专员办事处	1	29	29	28	4	6
驻黑龙江省森林资源监督专员办事处	1	28	28	28	6	—
驻大兴安岭森林资源监督专员办事处	1	18	18	18	3	—
驻福州森林资源监督专员办事处	1	15	15	15	5	—
驻云南省森林资源监督专员办事处	1	14	14	14	3	—
驻成都森林资源监督专员办事处	1	25	25	25	6	—
驻西安森林资源监督专员办事处	1	23	23	21	7	—
驻武汉森林资源监督专员办事处	1	14	14	14	3	—
驻贵阳森林资源监督专员办事处	1	15	15	14	3	1
驻广州森林资源监督专员办事处	1	27	27	25	6	—
驻合肥森林资源监督专员办事处	1	16	16	16	7	—
驻乌鲁木齐森林资源监督专员办事处	1	15	15	12	3	—
驻上海森林资源监督专员办事处	1	17	17	15	7	—
驻北京森林资源监督专员办事处	1	18	18	18	5	—
国家林业和草原局森林和草原病虫害防治总站	1	96	96	96	28	—
南京森林警察学院	1	682	682	428	194	—
国家林业和草原局华东调查规划设计院	1	174	174	174	29	—
国家林业和草原局中南调查规划设计院	1	214	214	188	35	—
国家林业和草原局西北调查规划设计院	1	216	216	205	58	—
国家林业和草原局昆明勘察设计院	1	313	313	313	84	—
陕西佛坪国家级自然保护区管理局	1	85	85	64	17	—
甘肃白水江国家级自然保护区管理局	1	135	135	119	36	35
四川卧龙国家级自然保护区管理局	1	164	164	104	39	42
中国大熊猫保护研究中心	1	241	241	240	89	62
国家林业和草原局北戴河培训中心	1	33	33	12	2	—
大兴安岭林业集团公司	67	53315	51490	51451	16936	—

从业人员和劳动报酬情况（一）

人数（人） 业 人 员 在 岗 职 工				按学历结构分			其他从业人员	离开本单位仍保留劳动关系人员
	其中:专业技术人员							
计	其中		中专及中专学历以下	大专学历	大学及大学学历以上			
	中级技术职称人员	高级技术职称人员						
25497	8306	5551	33371	10661	15999	708	1832	
—	—	—	1	11	353	—	—	
—	4	2	—	3	25	—	—	
11	3	8	—	1	20	—	—	
8	—	3	1	3	35	—	—	
2	—	2	—	2	24	4	—	
—	—	—	1	2	24	—	—	
—	—	—	—	12	50	13	—	
—	—	—	1	—	27	—	—	
20	6	14	—	2	23	—	—	
—	—	—	—	—	17	1	—	
1	—	1	—	1	23	—	—	
45	20	25	1	3	62	27	—	
5	2	2	—	2	21	—	—	
—	—	—	—	—	23	—	—	
2135	946	952	1646	277	2142	—	—	
235	93	145	11	16	256	43	6	
286	134	152	7	11	355	35	—	
72	40	32	93	7	145	21	—	
41	17	24	3	2	54	45	—	
99	33	34	4	11	96	—	—	
84	31	53	1	—	102	13	—	
24	8	14	—	3	32	6	—	
12	4	8	—	3	26	—	—	
—	—	—	—	—	24	1	1	
4	1	3	11	33	80	—	—	
12	2	10	5	2	37	31	—	
15	12	3	24	28	28	—	—	
16	7	9	1	1	23	8	—	
1	—	1	—	2	26	1	—	
—	—	—	—	1	27	—	—	
15	9	6	1	—	17	—	—	
5	3	4	—	2	13	—	—	
11	5	5	—	2	12	—	—	
8	4	4	3	1	21	—	—	
—	—	4	—	1	20	2	—	
—	—	—	—	—	14	—	—	
7	2	5	1	—	13	1	—	
—	—	—	—	1	24	—	—	
—	—	—	2	1	13	—	—	
6	5	1	—	—	12	3	—	
—	—	—	—	—	15	2	—	
10	4	6	—	—	18	—	—	
72	18	34	2	6	88	—	—	
268	92	140	4	13	411	254	—	
136	64	72	5	7	162	—	—	
177	69	78	9	22	157	26	—	
166	49	81	8	10	187	11	—	
142	101	41	5	6	302	—	—	
33	16	17	11	32	21	21	—	
22	17	5	10	29	80	16	—	
53	32	10	32	38	34	60	—	
51	23	21	42	49	149	1	—	
—	—	—	—	3	3	6	21	—
21187	6430	3520	31422	9999	10030	39	1825	

155

国家林业和草原局机关及直属单位从业人员和劳动报酬情况（二）

指标名称	年末实有离退休人员（人）	在岗职工年平均人数（人）	在岗职工年工资总额（元）	离退休人员年生活费（元）	在岗职工年平均工资（元）
总计	**80635**	**60162**	**3716047222**	**2485885568**	**61767**
国家林业和草原局机关	—	263	34467989	—	131057
国家林业和草原局信息中心	1	28	2761559	25572	98627
国家林业和草原局林业工作站管理总站	17	21	2797123	196046	133196
国家林业和草原局林业和草原基金管理总站	6	39	5597683	62826	143530
国家林业和草原局宣传中心	9	26	3429010	—	131885
国家林业和草原局天然林保护工程管理中心	6	27	4297299	735646	159159
国家林业和草原局西北华北东北防护林建设局	69	62	8988140	1287834	144970
国家林业和草原局退耕还林（草）工程管理中心	5	28	4494000	46820	160500
国家林业和草原局世界银行贷款项目管理中心	9	26	4448246	244180	171086
国家林业和草原局科技发展中心	9	17	3073170	—	180775
国家林业和草原局亚太森林网络管理中心	—	23.5	2892000	—	123064
国家林业和草原局经济发展研究中心	36	65	6213186	1964129	95587
国家林业和草原局人才开发交流中心	3	23	2974933	321058	129345
国家林业和草原局对外合作项目中心	7	23	2604825	320080	113253
中国林业科学研究院	3162	4059	437519000	147270732	107790
国家林业和草原局调查规划设计院	156	285	105684879	6193709	370824
国家林业和草原局林产工业规划设计院	290	373	103470000	8753679	277399
国家林业和草原局管理干部学院	101	268	26322000	4246300	98216
中国绿色时报社	29	104	21895000	3985260	210529
中国林业出版社	80	113	18979000	5700138	167956
国际竹藤中心	13	109	20626981	464126	189238
中国林学会	26	41	8093000	1531828	197390
中国野生动物保护协会	15	29	3105932	677343	107101
中国绿化基金会	5	26	2926395	269467	112554
国家林业和草原局机关服务中心	62	127	19212149	2198964	151277
国家林业和草原局离退休干部局	563	46	7212484	18208521	156793
国家林业和草原局幼儿园	7	80	7641174	37130	95515
驻内蒙古自治区森林资源监督专员办事处	15	25	3327118	1196800	133085
驻长春森林资源监督专员办事处	12	28	3039107	899287	108540
驻黑龙江省森林资源监督专员办事处	21	28	3380000	2293075	120714
驻大兴安岭森林资源监督专员办事处	9	18	2405182	1129743	136117
驻福州森林资源监督专员办事处	4	15	2611042	435354	174069
驻云南省森林资源监督专员办事处	4	15	2596151	338042	173077
驻成都森林资源监督专员办事处	2	25	2179470	144998	87179
驻西安森林资源监督专员办事处	3	21	2004239	81695	95440
驻武汉森林资源监督专员办事处	3	15	1886465	279980	125764
驻贵阳森林资源监督专员办事处	2	14	1396303	147990	99736
驻广州森林资源监督专员办事处	2	25	3499092	—	139964
驻合肥森林资源监督专员办事处	1	16	2046155	97304	127885
驻乌鲁木齐森林资源监督专员办事处	—	12	1030017	—	85835
驻上海森林资源监督专员办事处	4	15	2563107	—	170874
驻北京森林资源监督专员办事处	2	18	2282152	267855	126786
国家林业和草原局森林和草原病虫害防治总站	76	98	9096000	4287000	92816
南京森林警察学院	211	666	110193000	871000	165455
国家林业和草原局华东调查规划设计院	81	172	55697121	5512525	323820
国家林业和草原局中南调查规划设计院	96	185	70180000	7946775	379351
国家林业和草原局西北调查规划设计院	100	203	87859000	7896587	432803
国家林业和草原局昆明勘察设计院	181	313	95512634	17604504	305152
陕西佛坪国家级自然保护区管理局	40	85	5123100	2131600	60272
甘肃白水江国家级自然保护区管理局	33	119	8039550	3805379	67559
四川卧龙国家级自然保护区管理局	166	106	12425000	10356687	117217
中国大熊猫保护研究中心	1	238	30188700	—	126843
国家林业和草原局北戴河培训中心	17	12	1060361	—	88363
大兴安岭林业集团公司	74863	51344	2322700000	2213420000	45238

5 林业投资

INVESTMENT IN FORESTRY

中国林业和草原统计年鉴 2018

林业投资

指　　标	本　年	
	总　计	中央财政资金
自年初累计完成投资	48171343	11444700
1. 生态建设与保护	21257493	9549201
（1）造林抚育与森林质量提升	19490154	8842956
（2）湿地保护与恢复	725902	165140
（3）防沙治沙	199001	117017
（4）野生动植物保护	266499	103561
（5）自然保护地建设与修复	575937	320527
2. 林业产业发展	19263251	253209
（1）工业原料林	2019600	8755
（2）特色经济林（不含木本油料）	1710486	29218
（3）木本油料	778872	27623
（4）花卉	984032	6477
（5）林下经济	2668797	13672
（6）木竹制品加工制造	2665316	4117
（7）木竹家具制造	1665681	1175
（8）木竹浆造纸	552495	1
（9）非木质林产品加工制造	517701	1774
（10）林业旅游休闲康养	3301228	9069
（11）其他	2399043	151328
3. 林业支撑与保障	6084415	1299542
（1）林业改革补助	1031521	657015
（2）林木种苗	811950	61306
（3）森林防火与森林公安	615658	165047
（4）林业有害生物防治	322096	59528
（5）林业科技、教育、法治、宣传等	249663	125403
（6）林业信息化	56274	11191
（7）林业管理财政事业费	2997253	220052
4. 林业基础设施建设	1566184	342748
（1）棚户区（危旧房）改造	124725	49065
（2）林区公益性基础设施建设	327140	53489
（3）国有林场国有林区道路建设	35793	11172
（4）其他	1078526	229022

完成情况

单位：万元

实　　际				
地方财政资金	国内贷款	利用外资	自筹资金	其他社会资金
12880202	**3558344**	**158469**	**12243020**	**7886608**
7128110	784492	48809	1956116	1790765
6494655	673902	42002	1770628	1666011
288394	87945	—	108317	76106
61893	—	—	11111	8980
107009	32	807	39440	15650
176159	22613	6000	26620	24018
1238376	2695203	103183	9462945	5510335
9716	902533	29186	933273	136137
389414	210452	1215	494484	585703
106579	86688	980	298042	258960
33578	91391	100	453610	398876
87208	409571	15	1531202	627129
4066	194060	4565	1853946	604562
8773	26537	—	789519	839677
321	48575	—	375980	127618
2653	89735	—	230640	192899
316272	252691	—	1348885	1374311
279796	382970	67122	1153364	364463
3933313	23255	—	490496	337809
374506	—	—	—	—
96960	20100	—	357214	276370
393457	949	—	44519	11686
178966	150	—	59892	23560
76076	2046	—	21808	24330
36147	10	—	7063	1863
2777201	—	—	—	—
580403	55394	6477	333463	247699
28883	4000	—	38569	4208
181305	26	—	58162	34158
14902	140	—	7072	2507
355313	51228	6477	229660	206826

各地区林业投资

地　　区	总　计	其　中		合计	营造林抚育与森林质量提升	湿地保护与恢复	防沙治沙	自年初累计生态建设 野生动植物保护
		中央投资	地方投资					
全国合计	48171343	11444700	12880202	21257493	19490154	725902	199001	266499
北　京	2448559	14965	2394708	1965703	1954604	730	1941	5245
天　津	135079	1778	125427	120530	110570	9671	—	289
河　北	1861822	343933	751106	1428411	1404730	4651	2380	3185
山　西	1117541	398146	510332	878722	837012	12623	25093	889
内蒙古	1612360	1214830	343195	1312389	1232116	18300	53069	1014
内蒙古集团	508151	454172	18998	455591	451093	3975	—	425
辽　宁	419546	183147	212803	264336	252739	5659	648	425
吉　林	884136	716977	73168	623826	563978	7406	1109	17585
吉林集团	274540	210682	1758	198454	198218	2	—	139
长白山集团	264742	248641	2123	234718	224961	725	—	5710
黑龙江	1414502	1293618	89272	1175065	1157498	3879	357	6028
龙江集团	1019334	1011221	759	958531	953802	—	—	3128
上　海	164947	7307	157640	131023	118633	6676	—	4960
江　苏	867269	13981	439653	516943	454150	54800	15	4744
浙　江	796396	56010	541889	302641	276967	11140	150	7741
安　徽	1021252	119551	396822	554984	485519	49362	374	3093
福　建	1539947	145599	203235	243762	175928	19473	3904	9693
江　西	1149215	238797	383094	389464	346160	12375	531	2454
山　东	3045469	75451	617581	715093	645985	49520	2484	2125
河　南	750687	185956	351803	484120	447888	22336	536	437
湖　北	1966414	249139	256922	657741	587682	19942	5753	4418
湖　南	3233334	287760	654582	850945	710643	78796	3740	13667
广　东	867790	80908	729315	477463	425504	12847	8	11294
广　西	9629216	343844	333337	1254190	1061526	114009	2511	37230
海　南	143945	30332	112769	98450	50163	33416	54	9089
重　庆	819216	336796	288268	424090	401982	9920	2948	1377
四　川	2790807	711616	419112	946125	851623	35385	8598	16394
贵　州	2535121	464469	546840	1155027	1066490	62801	138	2234
云　南	1383232	829126	494862	952081	846726	19473	3069	14756
西　藏	347444	261473	63271	189808	170745	450	5539	2847
陕　西	1372268	560732	528066	889436	838379	15341	9947	6072
甘　肃	1384743	660809	351798	716295	645583	5870	38635	4917
青　海	430816	297477	94854	291804	242458	12520	3000	33826
宁　夏	201418	121732	73079	164455	150386	8102	36	200
新　疆	1093882	461856	341399	650638	588385	8410	22381	24329
新疆兵团	285145	50807	38386	171382	168528	100	2206	—
局直属单位	742970	736585	—	431933	387402	19	53	13942
大兴安岭	392946	386561	—	357455	357455	—	—	—

完成情况(一)

单位:万元

完成投资与保护 自然保护地建设与修复	林业产业发展 合计	工业原料林	特色经济林(不含木本油料)	木本油料	花卉	林下经济	木竹制品加工制造	木竹家具制造
575937	**19263251**	**2019600**	**1710486**	**778872**	**984032**	**2668797**	**2665316**	**1665681**
3183	40854	—	2915	—	1670	5219	—	—
—	98							
13465	163244	7300	14984	14765	6709	11370	23587	5207
3105	58259	—	47187	2933	30	925	100	15
7890	13390	—	1407	—	5	126	—	48
98	7250							
4865	25034	—	914	580	—	1228	—	13944
33748	89249	1	650	12592	—	4259	61086	—
95	60378	1	—	—	—	12	58567	—
3322	4817	—	65	—	—	99	251	—
7303	27064	—	2532	—	5	1822	—	—
1601	6036							
754	3389	—	2684	—	—	—	—	—
3234	253197	159	51541	3498	47684	32282	33939	10260
6643	116459	61	17709	12240	23551	14799	967	1300
16636	300493	53	24345	28734	36189	37061	17323	20714
34764	1194342	800653	1345	17627	5508	339485	7383	1560
27944	314228	35870	36425	38939	11150	36931	13516	2495
14979	1890948	9290	530605	33880	243752	171389	101371	522332
12923	143168	57	21183	2892	3439	7871	7147	1563
39946	1122312	31215	22974	52662	70158	133482	239672	211167
44099	1905204	58788	131482	261234	156962	295841	161105	133431
27810	49415	8933	2641	385	2941	3491	262	118
38914	7669727	954189	208423	130139	242940	1256286	1902495	559990
5728	3159	—	225	—	530	349	—	—
7863	200761	—	6899	3398	2670	22604	4795	3796
34125	1643333	41038	105928	59018	82505	146852	36583	169157
23364	1124933	65798	151887	5375	28325	87893	53485	8584
68057	78648	6065	8233	9455	548	1098	—	—
10227	10182	—	7413	—	2769	—	—	—
19697	292660	—	54294	36828	11462	43541	—	—
21290	367574	—	162111	51698	30	1107	—	—
—	8506	—	—	—	—	6656	—	—
5731	12075	80	6812	—	1000	15	—	—
7133	138766	50	84738	—	1500	4815	500	—
548	95392	50	61741	—	1500	1780	500	—
30517	2580	—	—	—	—	—	—	—
—	—							

各地区林业投资

地　　区	林业产业发展				合计	林业改革补助	林木种苗	自年初累计 林业支撑 森林防火与森林公安
	木竹浆造纸	非木质林产品加工制造	林业旅游休闲康养	其他				
全国合计	552495	517701	3301228	2399043	6084415	1031521	811950	615658
北　京	—	—	4656	26394	278446	14844	14665	30033
天　津	—	—	—	98	14451	—	—	2000
河　北	—	73232	447	5643	226564	78755	31856	31659
山　西	—	—	1145	5924	168094	13500	23153	25518
内蒙古	—	24	1851	9929	254195	16589	4015	38132
内蒙古集团	—	24	1839	5387	20426	—	1570	15456
辽　宁	—	—	3820	4548	128868	10754	2836	18318
吉　林	—	485	670	9506	137821	85091	3405	14522
吉林集团	—	114	530	1154	7224	—	630	6116
长白山集团	—	—	—	4402	5202	776	243	3427
黑龙江	—	—	1477	21228	163834	59298	3280	19412
龙江集团	—	—	1200	4836	11683	—	—	11403
上　海	—	592	—	113	26176	15805	601	460
江　苏	19854	—	34539	19441	71717	7318	41063	12970
浙　江	8000	—	22956	14876	316504	112685	30104	21434
安　徽	60	8000	86003	42011	143988	14498	39155	11455
福　建	269	300	1290	18922	92682	11713	2649	16237
江　西	1200	36415	85200	16087	300186	32662	15834	22616
山　东	86943	23832	131405	36149	419388	17678	238488	55283
河　南	40542	600	33353	24521	121211	37966	13354	11261
湖　北	15800	72432	245802	26948	155098	25255	15630	14052
湖　南	9769	100143	460838	135611	428409	14077	65447	31549
广　东	65	584	6319	23676	307529	52551	5178	46558
广　西	235080	93704	655758	1430723	403705	55422	170306	28824
海　南	—	—	1004	1051	38376	13912	382	4851
重　庆	410	20	139466	16703	177869	44497	5371	20195
四　川	133303	95557	649605	123787	149219	32960	9520	14419
贵　州	1200	1781	437847	282758	167043	20873	10150	8734
云　南	—	—	7979	45270	324940	65585	16242	64544
西　藏	—	—	—	—	80283	70612	1838	3477
陕　西	—	2000	133174	11361	161058	48009	23422	6939
甘　肃	—	—	129924	22704	289111	32796	8345	10057
青　海	—	—	450	1400	56397	880	100	4637
宁　夏	—	—	—	4168	17465	5973	1111	1103
新　疆	—	8000	24250	14913	210456	17741	14108	13504
新疆兵团	—	8000	21821	—	18352	1634	11907	1684
局直属单位	—	—	—	2580	253332	1222	342	10905
大兴安岭	—	—	—	—	5966	—	40	5926

完成情况(二)

单位:万元

完成投资与保障				林业基础设施建设				
林业有害生物防治	林业科技、教育、法治、宣传等	林业信息化	林业管理财政事业费	合计	棚户区(危旧房)改造	林区公益性基础设施建设	国有林场国有林区道路建设	其他
322096	249663	56274	2997253	1566184	124725	327140	35793	1078526
5802	3776	2938	206388	163556	601	33200	—	129755
2081	100	—	10270	—	—	—	—	—
6459	5079	222	72534	43603	3789	4	15	39795
2786	2092	214	100831	12466	1254	5363	2475	3374
2657	2281	2305	188216	32386	7562	4941	—	19883
536	710	2154	—	24884	7512	4566	—	12806
4934	1437	15	90574	1308	—	50	—	1258
2916	686	72	31129	33240	6572	9744	1380	15544
427	51	—	—	8484	793	5137	—	2554
664	92	—	—	20005	4332	2781	1053	11839
2398	2385	9	77052	48539	19521	10382	641	17995
280	—	—	—	43084	19521	9819	301	13443
1169	463	150	7528	4359	—	4094	—	265
7927	807	586	1046	25412	18000	4298	1741	1373
21969	11101	6834	112377	60792	589	13568	2493	44142
19437	2389	411	56643	21787	1111	11678	943	8055
13098	1340	1220	46425	9161	370	798	1215	6778
13957	2236	2736	210145	145337	2521	3807	666	138343
44649	4994	3997	54299	20040	—	4658	1622	13760
5993	1246	638	50753	2188	120	30	16	2022
13079	4322	1782	80978	31263	2425	22497	1143	5198
19573	27571	1799	268393	48776	3647	10706	5351	29072
12404	22189	3701	164948	33383	281	6282	1226	25594
42396	10627	7570	88560	301594	20407	47380	6872	226935
1645	764	569	16253	3960	—	1719	38	2203
17875	7707	502	81722	16496	768	1895	1580	12253
12997	7870	2994	68459	52130	8301	12313	1128	30388
3828	615	746	122097	88118	1511	24236	3	62368
2903	5096	1497	169073	27563	469	3202	1335	22557
4322	10	24	—	67171	—	121	—	67050
4296	4329	209	73854	29114	8367	2999	115	17633
7705	14139	1668	214401	11763	455	5141	266	5901
1660	1900	3000	44220	74109	—	—	—	74109
742	799	30	7707	7423	—	590	367	6466
12266	10957	1446	140434	94022	792	77714	932	14584
1173	195	82	1677	19	—	19	—	—
6173	88356	6390	139944	55125	15292	3730	2230	33873
—	—	—	—	29525	15292	3730	2230	8273

林业固定资产投资完成情况

单位:万元

指　标	总计
一、本年计划投资	**9923291**
二、自年初累计完成投资	**10629856**
其中:国家投资	2404828
按构成分	
1.建筑工程	3075209
2.安装工程	336563
3.设备工器具购置	494677
4.其他	6723407
按性质分	
1.新建	6622957
2.扩建	2779835
3.改建和技术改造	814384
4.单纯建造生活设施	53097
5.迁建	14393
6.恢复	114709
7.单纯购置	230481
三、本年新增固定资产	**3404712**
四、房屋建筑面积及竣工价值	
本年房屋施工面积(平方米)	712942
其中:住宅	410380
本年房屋竣工面积(平方米)	630726
其中:住宅	332848
本年房屋竣工价值	98396
其中:住宅	38274
五、本年实际到位资金合计	**9642826**
1.上年末结余资金	188441
2.本年实际到位资金小计	9454385
(1)国家预算资金	3525001
①中央资金	2213994
②地方资金	1311007
(2)国内贷款	435492
(3)债券	1350
(4)利用外资	6316
(5)自筹资金	4422008
(6)其他资金	1064218
六、本年各项应付款合计	**1240916**
其中:工程款	544879

注:本表统计范围为按照项目管理的,且计划总投资在500万元以上的城镇林业固定资产投资项目和农村非农户林业固定资产投资项目。

各地区林业固定资产投资完成情况(一)

单位:万元

地　区	本年计划投资	自年初累计完成投资					
		总计	其中:国家投资	按构成分			
				建筑工程	安装工程	设备工器具购置	其他
全国合计	9923291	10629856	2404828	3075209	336563	494677	6723407
北　京	625835	1457247	311085	836918	320	2389	617620
天　津	—	—	—	—	—	—	—
河　北	—	3974	—	3811	—	—	163
山　西	6227	6255	4256	3110	363	453	2329
内蒙古	129549	102312	75666	30490	1886	23069	46867
内蒙古集团	94175	57279	42527	26353	136	19608	11182
辽　宁	37580	37572	36760	—	—	2267	35305
吉　林	21939	28929	16900	15161	3095	5210	5463
吉林集团	3171	11460	2922	4346	522	4122	2470
长白山集团	15049	13449	11549	7603	2326	909	2611
黑龙江	1048178	1036082	1004432	102545	991	293	932253
龙江集团	1039262	1011951	1001318	85801	991	110	925049
上　海	22741	45766	6743	16137	—	151	29478
江　苏	32150	86688	2145	—	—	35	86653
浙　江	7672	9770	1500	6229	—	—	3541
安　徽	93378	109345	30523	15680	—	256	93409
福　建	10192	13251	5151	5471	272	553	6955
江　西	16142	23493	7603	6054	—	—	17439
山　东	38182	43714	4895	17281	7616	5755	13062
河　南	—	—	—	—	—	—	—
湖　北	61762	163628	12286	40696	2045	7805	113082
湖　南	175885	173993	38581	43695	4359	19872	106067
广　东	25475	23580	3974	5913	—	8706	8961
广　西	6425525	6001227	197942	1598363	301721	391121	3710022
海　南	1427	1361	1361	315	63	57	926
重　庆	118171	115742	62038	38422	1438	1023	74859
四　川	164488	172198	78970	36079	400	1978	133741
贵　州	56447	101696	23925	30493	5206	2925	63072
云　南	85656	134996	49286	44096	1021	6653	83226
西　藏	64745	90264	89249	41655	2076	1133	45400
陕　西	250793	284969	110486	26593	—	580	257796
甘　肃	195640	153897	93612	7566	770	3872	141689
青　海	77681	77681	69031	39037	—	—	38644
宁　夏	30501	23407	5517	13931	—	48	9428
新　疆	7632	9538	3132	4257	960	284	4037
新疆兵团	756	954	954	—	—	—	954
局直属单位	91698	97281	57779	45211	1961	8189	41920
大兴安岭	44440	45352	39327	24910	416	3933	16093

各地区林业固定资产

地 区	自年初累计完成投资 按性质分						
	新建	扩建	改建和技术改造	单纯建造生活设施	迁建	恢复	单纯购置
全国合计	6622957	2779835	814384	53097	14393	114709	230481
北 京	788666	549361	116398	—	—	—	2822
天 津	—	—	—	—	—	—	—
河 北	3964	—	—	—	—	10	—
山 西	3534	1204	914	155	—	—	448
内蒙古	59739	10317	8615	2550	—	—	21091
内蒙古集团	17994	10317	8310	2550	—	—	18108
辽 宁	35410	—	10	—	—	—	2152
吉 林	13117	350	9213	—	—	566	5683
吉林集团	3051	350	2735	—	—	202	5122
长白山集团	6751	—	6334	—	—	364	—
黑龙江	239003	745746	26608	—	—	24477	248
龙江集团	215068	745746	26590	—	—	24477	70
上 海	38237	—	2146	—	—	5232	151
江 苏	80558	2995	1600	—	—	1500	35
浙 江	8320	—	1450	—	—	—	—
安 徽	94026	15000	250	—	—	60	9
福 建	7561	336	3184	121	—	1580	469
江 西	21560	377	1556	—	—	—	—
山 东	28398	3172	4043	—	—	5735	2366
河 南	—	—	—	—	—	—	—
湖 北	150254	10398	2820	—	—	72	84
湖 南	133728	15109	13718	7047	2250	1034	1107
广 东	9163	3657	1308	—	727	—	8725
广 西	3873269	1337591	587276	39792	9653	8088	145558
海 南	378	—	926	—	—	—	57
重 庆	96772	10050	—	3420	—	5500	—
四 川	134503	24153	10153	—	1763	25	1601
贵 州	86587	6427	311	2	—	—	8369
云 南	104677	17994	5801	10	—	195	6319
西 藏	47864	17720	2554	—	—	21687	439
陕 西	284479	—	490	—	—	—	—
甘 肃	140746	490	357	—	—	495	11809
青 海	69804	3537	—	—	—	4340	—
宁 夏	23359	—	—	—	—	—	48
新 疆	6980	778	1780	—	—	—	—
新疆兵团	954	—	—	—	—	—	—
局直属单位	38301	3073	10903	—	—	34113	10891
大兴安岭	23894	2044	6983	—	—	10040	2391

投资完成情况(二)

单位：万元

本年新增固定资产	房屋建筑面积及竣工价值					
	本年房屋施工面积(平方米)		本年房屋竣工面积(平方米)		本年房屋竣工价值	
	合计	其中：住宅	合计	其中：住宅	合计	其中：住宅
3404712	712942	410380	630726	332848	98396	38274
401292	—	—	9352	—	3351	—
—	—	—	—	—	—	—
24916	—	—	88806	61385	24710	15666
4126	4003	852	4003	852	964	81
77920	34063	15829	22301	4915	5617	1733
55730	28978	15829	18156	4915	4206	1733
34990	—	—	—	—	—	—
14731	3218	—	3218	—	1002	—
2971	—	—	—	—	—	—
9406	—	—	—	—	—	—
566846	232246	217020	202474	187248	13981	12037
549510	232246	217020	202474	187248	13981	12037
23528	—	—	400	—	—	—
3583	—	—	—	—	—	—
5384	185	—	—	—	—	—
71116	—	—	—	—	—	—
7962	2685	709	980	300	336	—
35522	—	—	—	—	—	—
12164	4230	—	77496	—	6519	—
—	—	—	—	—	—	—
47386	—	—	—	—	—	—
46481	49663	9089	34171	31065	4286	3877
1862	4260	460	220	220	30	30
1445437	260329	159296	93617	11999	16001	2048
—	—	—	—	—	—	—
75090	—	—	—	—	—	—
14647	2450	—	—	—	—	—
68488	7625	—	—	—	—	—
41607	43296	6661	47779	15364	8129	2802
7145	10036	464	8443	—	2803	—
216980	19500	—	19500	19500	—	—
106676	254	—	1244	—	355	—
—	—	—	—	—	—	—
13401	1400	—	—	—	—	—
6563	8790	—	8505	—	2685	—
—	—	—	—	—	—	—
28869	24709	—	8217	—	7627	—
20369	3208	—	125	—	30	—

各地区林业固定资产

地 区	总计	上年末结余资金	本年实际到位 合计	本年实际 国家预算资金 小计	中央资金	地方资金
全国合计	9642826	188441	9454385	3525001	2213994	1311007
北 京	574962	17639	557323	550853	4461	546392
天 津	—	—	—	—	—	—
河 北	3979	225	3754	—	—	—
山 西	6191	—	6191	6191	4871	1320
内蒙古	90256	—	90256	75203	69497	5706
内蒙古集团	57279	—	57279	42527	42527	—
辽 宁	38044	—	38044	38032	37268	764
吉 林	39346	9436	29910	25913	21490	4423
吉林集团	5228	385	4843	4843	4703	140
长白山集团	28628	7273	21355	17358	15204	2154
黑龙江	1039770	3	1039767	1030021	1026303	3718
龙江集团	1025932	—	1025932	1020556	1020556	—
上 海	39651	—	39651	39651	—	39651
江 苏	83971	—	83971	61593	1339	60254
浙 江	6550	—	6550	5576	—	5576
安 徽	143052	36	143016	82052	9757	72295
福 建	20482	239	20243	16074	7094	8980
江 西	24170	—	24170	8469	7400	1069
山 东	74476	1315	73161	20651	5348	15303
河 南	—	—	—	—	—	—
湖 北	192823	—	192823	45913	22575	23338
湖 南	367208	10731	356477	110450	48978	61472
广 东	43782	214	43568	41457	8495	32962
广 西	5430853	26198	5404655	359168	162870	196298
海 南	1719	—	1719	1719	926	793
重 庆	122494	2694	119800	104196	80276	23920
四 川	184748	2192	182556	132393	87740	44653
贵 州	143562	17942	125620	71068	52113	18955
云 南	185322	24525	160797	149705	90435	59270
西 藏	26453	945	25508	25508	25500	8
陕 西	286987	982	286005	144717	114105	30612
甘 肃	197176	126	197050	185692	158710	26982
青 海	69031	—	69031	69031	69031	—
宁 夏	36817	3154	33663	33645	13252	20393
新 疆	61212	22437	38775	36117	30219	5898
新疆兵团	3668	—	3668	3188	2530	658
局直属单位	107739	47408	60331	53943	53941	2
大兴安岭	70250	25810	44440	38055	38055	—

投资完成情况（三）

单位：万元

资金到位资金					本年各项应付款	
国内贷款	债券	利用外资	自筹资金	其他资金	合计	其中：工程款
435492	**1350**	**6316**	**4422008**	**1064218**	**1240916**	**544879**
1085	—	—	5385	—	247270	236799
—	—	—	3754	—	—	—
—	—	—	—	—	4208	4163
—	—	—	15053	—	1623	1620
—	—	—	14752	—	—	—
—	—	—	12	—	600	600
2066	—	—	1379	552	3254	3254
—	—	—	—	—	900	900
2066	—	—	1379	552	—	—
—	—	—	5444	4302	50667	25620
—	—	—	5376	—	50660	25618
—	—	—	—	—	21326	20571
—	—	—	19328	3050	6845	250
—	—	—	974	—	4606	3379
—	—	—	47550	13414	43397	4027
—	—	—	4150	19	455	441
—	—	—	15701	—	3074	3074
—	—	—	23124	29386	18763	13292
—	—	—	—	—	—	—
483	—	—	132172	14255	14308	13840
—	1350	1203	94839	148635	1921	577
—	—	—	2111	—	—	—
423727	—	5113	3861467	755180	666932	106101
—	—	—	—	—	—	—
750	—	—	12642	2212	45413	30868
5000	—	—	18192	26971	51601	45252
2381	—	—	40250	11921	9821	7478
—	—	—	10948	144	15830	9032
—	—	—	—	—	—	—
—	—	—	97688	43600	13920	830
—	—	—	1558	9800	8790	8790
—	—	—	—	—	—	—
—	—	—	18	—	118	80
—	—	—	1881	777	6092	4896
—	—	—	—	480	756	756
—	—	—	6388	—	82	45
—	—	—	6385	—	—	—

林业利用外资基本情况

单位：万美元

指标	项目个数（个）	实际利用外资金额				协议利用外资金额			
		合计	国外借款	外商投资	无偿援助	合计	国外借款	外商投资	无偿援助
总 计	87	26069	7221	18356	492	12165	6962	5098	105
一、营造林	69	10522	6768	3660	94	6976	6885	2	89
1.公益林	35	4515	4458	2	55	4188	4136	2	50
2.工业原料林	21	4979	1321	3658	—	1896	1896	—	—
3.特色经济林	13	1028	989	—	39	892	853	—	39
二、木竹材加工	5	3732	—	3732		—	—	—	—
其中：木家具制造	—								
人造板制造	1	20		20					
木制品制造	3	3712	—	3712					
三、林纸一体化	1	9231	—	9231					
四、林产化工	1	2	—	2					
五、非木质林产品加工	—								
六、花卉、种苗	1	5	—	5					
七、科学研究	2	60	46	—	14	93	77	—	16
八、其他	8	2517	407	1726	384	5096	—	5096	—

各地区林业利用外资项目个数

单位:个

地区	总计	营造林 合计	营造林 公益林	营造林 工业原料林	营造林 特色经济林	木竹材加工 合计	木竹材加工 其中 木家具制造	木竹材加工 其中 人造板制造	木竹材加工 其中 木制品制造	林纸一体化	林产化工	非木质林产品加工	花卉、种苗	科学研究	其他
全国合计	87	69	35	21	13	5	—	1	3	1	1	—	1	2	8
北　京	—	—	—	—	—	—	—	—	—	—	—	—	—	—	—
天　津	—	—	—	—	—	—	—	—	—	—	—	—	—	—	—
河　北	—	—	—	—	—	—	—	—	—	—	—	—	—	—	—
山　西	3	3	2	—	1	—	—	—	—	—	—	—	—	—	—
内蒙古	—	—	—	—	—	—	—	—	—	—	—	—	—	—	—
内蒙古集团	—	—	—	—	—	—	—	—	—	—	—	—	—	—	—
辽　宁	9	9	8	1	—	—	—	—	—	—	—	—	—	—	—
吉　林	—	—	—	—	—	—	—	—	—	—	—	—	—	—	—
吉林集团	—	—	—	—	—	—	—	—	—	—	—	—	—	—	—
长白山集团	—	—	—	—	—	—	—	—	—	—	—	—	—	—	—
黑龙江	—	—	—	—	—	—	—	—	—	—	—	—	—	—	—
龙江集团	—	—	—	—	—	—	—	—	—	—	—	—	—	—	—
上　海	—	—	—	—	—	—	—	—	—	—	—	—	—	—	—
江　苏	—	—	—	—	—	—	—	—	—	—	—	—	—	—	—
浙　江	—	—	—	—	—	—	—	—	—	—	—	—	—	—	—
安　徽	—	—	—	—	—	—	—	—	—	—	—	—	—	—	—
福　建	3	—	—	—	—	2	—	—	2	—	—	—	—	—	1
江　西	10	7	—	7	—	—	—	—	—	—	—	—	—	—	3
山　东	2	1	1	—	—	—	—	—	—	—	—	—	—	1	—
河　南	—	—	—	—	—	—	—	—	—	—	—	—	—	—	—
湖　北	—	—	—	—	—	—	—	—	—	—	—	—	—	—	—
湖　南	25	20	10	7	3	3	—	1	1	—	1	—	1	—	—
广　东	1	1	—	1	—	—	—	—	—	—	—	—	—	—	—
广　西	7	6	1	5	—	—	—	—	—	1	—	—	—	—	—
海　南	—	—	—	—	—	—	—	—	—	—	—	—	—	—	—
重　庆	1	1	—	—	1	—	—	—	—	—	—	—	—	—	—
四　川	3	—	—	—	—	—	—	—	—	—	—	—	—	—	3
贵　州	—	—	—	—	—	—	—	—	—	—	—	—	—	—	—
云　南	—	—	—	—	—	—	—	—	—	—	—	—	—	—	—
西　藏	—	—	—	—	—	—	—	—	—	—	—	—	—	—	—
陕　西	8	7	1	—	6	—	—	—	—	—	—	—	—	1	—
甘　肃	12	12	11	—	1	—	—	—	—	—	—	—	—	—	—
青　海	1	—	—	—	—	—	—	—	—	—	—	—	—	—	1
宁　夏	—	—	—	—	—	—	—	—	—	—	—	—	—	—	—
新　疆	2	2	1	—	1	—	—	—	—	—	—	—	—	—	—
新疆兵团	—	—	—	—	—	—	—	—	—	—	—	—	—	—	—
大兴安岭	—	—	—	—	—	—	—	—	—	—	—	—	—	—	—

各地区林业实际利用外资情况

单位:万美元

地区	总计	营造林合计	公益林	工业原料林	特色经济林	木竹材加工合计	木家具制造	人造板制造	木制品制造	林纸一体化	林产化工	非木质林产品加工	花卉、种苗	科学研究	其他
全国合计	26069	10522	4515	4979	1028	3732	—	20	3712	9231	2	—	5	60	2517
北　京	—	—	—	—	—	—	—	—	—	—	—	—	—	—	—
天　津	—	—	—	—	—	—	—	—	—	—	—	—	—	—	—
河　北	—	—	—	—	—	—	—	—	—	—	—	—	—	—	—
山　西	98	98	63	—	35	—	—	—	—	—	—	—	—	—	—
内蒙古	—	—	—	—	—	—	—	—	—	—	—	—	—	—	—
内蒙古集团	—	—	—	—	—	—	—	—	—	—	—	—	—	—	—
辽　宁	1137	1137	1122	15	—	—	—	—	—	—	—	—	—	—	—
吉　林	—	—	—	—	—	—	—	—	—	—	—	—	—	—	—
吉林集团	—	—	—	—	—	—	—	—	—	—	—	—	—	—	—
长白山集团	—	—	—	—	—	—	—	—	—	—	—	—	—	—	—
黑龙江	—	—	—	—	—	—	—	—	—	—	—	—	—	—	—
龙江集团	—	—	—	—	—	—	—	—	—	—	—	—	—	—	—
上　海	—	—	—	—	—	—	—	—	—	—	—	—	—	—	—
江　苏	—	—	—	—	—	—	—	—	—	—	—	—	—	—	—
浙　江	—	—	—	—	—	—	—	—	—	—	—	—	—	—	—
安　徽	—	—	—	—	—	—	—	—	—	—	—	—	—	—	—
福　建	4708	—	—	—	—	3708	—	—	3708	—	—	—	—	—	1000
江　西	1408	682	—	682	—	—	—	—	—	—	—	—	—	—	726
山　东	3061	3015	3015	—	—	—	—	—	—	—	—	—	—	46	—
河　南	—	—	—	—	—	—	—	—	—	—	—	—	—	—	—
湖　北	—	—	—	—	—	—	—	—	—	—	—	—	—	—	—
湖　南	708	677	174	294	209	24	—	20	4	—	2	—	5	—	—
广　东	474	474	—	474	—	—	—	—	—	—	—	—	—	—	—
广　西	12789	3558	44	3514	—	—	—	—	—	9231	—	—	—	—	—
海　南	—	—	—	—	—	—	—	—	—	—	—	—	—	—	—
重　庆	123	123	—	—	123	—	—	—	—	—	—	—	—	—	—
四　川	384	—	—	—	—	—	—	—	—	—	—	—	—	—	384
贵　州	—	—	—	—	—	—	—	—	—	—	—	—	—	—	—
云　南	—	—	—	—	—	—	—	—	—	—	—	—	—	—	—
西　藏	—	—	—	—	—	—	—	—	—	—	—	—	—	—	—
陕　西	89	75	40	—	35	—	—	—	—	—	—	—	—	14	—
甘　肃	676	676	52	—	624	—	—	—	—	—	—	—	—	—	—
青　海	407	—	—	—	—	—	—	—	—	—	—	—	—	—	407
宁　夏	—	—	—	—	—	—	—	—	—	—	—	—	—	—	—
新　疆	7	7	5	—	2	—	—	—	—	—	—	—	—	—	—
新疆兵团	—	—	—	—	—	—	—	—	—	—	—	—	—	—	—
大兴安岭	—	—	—	—	—	—	—	—	—	—	—	—	—	—	—

各地区林业协议利用外资情况

单位：万美元

地区	总计	营造林				木竹材加工	其中			林纸一体化	林产化工	非木质林产品加工	花卉、种苗	科学研究	其他
		合计	公益林	工业原料林	特色经济林	合计	木家具制造	人造板制造	木制品制造						
全国合计	12165	6976	4188	1896	892	—	—	—	—	—	—	—	—	93	5096
北京	—	—	—	—	—	—	—	—	—	—	—	—	—	—	—
天津	—	—	—	—	—	—	—	—	—	—	—	—	—	—	—
河北	—	—	—	—	—	—	—	—	—	—	—	—	—	—	—
山西	35	35	—	—	35	—	—	—	—	—	—	—	—	—	—
内蒙古	—	—	—	—	—	—	—	—	—	—	—	—	—	—	—
内蒙古集团	—	—	—	—	—	—	—	—	—	—	—	—	—	—	—
辽宁	420	420	420	—	—	—	—	—	—	—	—	—	—	—	—
吉林	—	—	—	—	—	—	—	—	—	—	—	—	—	—	—
吉林集团	—	—	—	—	—	—	—	—	—	—	—	—	—	—	—
长白山集团	—	—	—	—	—	—	—	—	—	—	—	—	—	—	—
黑龙江	—	—	—	—	—	—	—	—	—	—	—	—	—	—	—
龙江集团	—	—	—	—	—	—	—	—	—	—	—	—	—	—	—
上海	—	—	—	—	—	—	—	—	—	—	—	—	—	—	—
江苏	—	—	—	—	—	—	—	—	—	—	—	—	—	—	—
浙江	—	—	—	—	—	—	—	—	—	—	—	—	—	—	—
安徽	—	—	—	—	—	—	—	—	—	—	—	—	—	—	—
福建	—	—	—	—	—	—	—	—	—	—	—	—	—	—	—
江西	6054	958	—	958	—	—	—	—	—	—	—	—	—	—	5096
山东	3716	3639	3639	—	—	—	—	—	—	—	—	—	—	77	—
河南	—	—	—	—	—	—	—	—	—	—	—	—	—	—	—
湖北	—	—	—	—	—	—	—	—	—	—	—	—	—	—	—
湖南	394	394	77	244	73	—	—	—	—	—	—	—	—	—	—
广东	—	—	—	—	—	—	—	—	—	—	—	—	—	—	—
广西	694	694	—	694	—	—	—	—	—	—	—	—	—	—	—
海南	—	—	—	—	—	—	—	—	—	—	—	—	—	—	—
重庆	123	123	—	—	123	—	—	—	—	—	—	—	—	—	—
四川	—	—	—	—	—	—	—	—	—	—	—	—	—	—	—
贵州	—	—	—	—	—	—	—	—	—	—	—	—	—	—	—
云南	—	—	—	—	—	—	—	—	—	—	—	—	—	—	—
西藏	—	—	—	—	—	—	—	—	—	—	—	—	—	—	—
陕西	51	35	—	—	35	—	—	—	—	—	—	—	—	16	—
甘肃	676	676	52	—	624	—	—	—	—	—	—	—	—	—	—
青海	—	—	—	—	—	—	—	—	—	—	—	—	—	—	—
宁夏	—	—	—	—	—	—	—	—	—	—	—	—	—	—	—
新疆	2	2	—	—	2	—	—	—	—	—	—	—	—	—	—
新疆兵团	—	—	—	—	—	—	—	—	—	—	—	—	—	—	—
大兴安岭	—	—	—	—	—	—	—	—	—	—	—	—	—	—	—

国家林业和草原局机关及直属单位

自年初

地　区	总计	生态建设与保护					
		合计	造林抚育与森林质量提升	湿地保护与恢复	防沙治沙	野生动植物保护	自然保护地建设与修复
总　　计	742970	431933	387402	19	53	13942	30517
国家林业和草原局机关	53993	22470	9432	—	—	12339	699
国家林业和草原局信息中心	3147	—	—	—	—	—	—
国家林业和草原局林业工作站管理总站	19	—	—	—	—	—	—
国家林业和草原局林业和草原基金管理总站	968	—	—	—	—	—	—
国家林业和草原局宣传中心	2882	—	—	—	—	—	—
国家林业和草原局天然林保护工程管理中心	584	—	—	—	—	—	—
国家林业和草原局西北华北东北防护林建设局	3231	—	—	—	—	—	—
国家林业和草原局退耕还林(草)工程管理中心	646	—	—	—	—	—	—
国家林业和草原局世界银行贷款项目管理中心	1601	—	—	—	—	—	—
国家林业和草原局科技发展中心	3939	—	—	—	—	—	—
国家林业和草原局亚太森林网络管理中心	3914	3554	3554	—	—	—	—
国家林业和草原局经济发展研究中心	1044	—	—	—	—	—	—
国家林业和草原局人才开发交流中心	1711	—	—	—	—	—	—
国家林业和草原局对外合作项目中心	320	—	—	—	—	—	—
中国林业科学研究院	144971	4712	3561	—	53	1064	34
国家林业和草原局调查规划设计院	5651	—	—	—	—	—	—
国家林业和草原局林产工业规划设计院	1507	—	—	—	—	—	—
国家林业和草原局管理干部学院	5030	—	—	—	—	—	—
中国绿色时报社	5165	—	—	—	—	—	—
中国林业出版社	6639	—	—	—	—	—	—
国际竹藤中心	13057	—	—	—	—	—	—
中国林学会	2674	—	—	—	—	—	—
中国野生动物保护协会	127	—	—	—	—	—	—
中国绿化基金会	13688	13300	13300	—	—	—	—
国家林业和草原局机关服务中心	6802	—	—	—	—	—	—
国家林业和草原局离退休干部局	3089	—	—	—	—	—	—
国家林业和草原局幼儿园	254	—	—	—	—	—	—
驻内蒙古自治区森林资源监督专员办事处	647	—	—	—	—	—	—
驻长春森林资源监督专员办事处	523	—	—	—	—	—	—

林业投资完成情况(一)

单位:万元

累计完成投资									
林业产业发展	林业支撑与保障								林业基础设施建设
	合计	林业改革补助	林木种苗	森林防火与森林公安	林业有害生物防治	林业科技、教育、法治、宣传	林业信息化	林业管理财政事业费	
2580	253331	1222	342	10905	6173	88356	6390	139944	55125
—	30111	1222	—	2660	4796	13261	411	7761	1412
—	3147	—	—	—	—	—	2829	318	—
—	19	—	—	—	—	—	—	19	—
—	968	—	—	—	—	—	—	968	—
—	2882	—	—	—	—	2337	—	545	—
—	584	—	—	—	—	—	—	584	—
—	3231	—	—	—	—	1469	137	1625	—
—	646	—	—	—	—	—	—	646	—
—	1601	—	—	—	—	1601	—	—	—
—	3939	—	—	—	—	3442	—	497	—
—	360	—	—	—	—	—	—	360	—
—	1044	—	—	—	—	—	—	1044	—
—	1711	—	—	—	—	1038	151	522	—
—	320	—	—	—	—	—	—	320	—
2580	116876	—	302	630	29	42598	40	73277	20804
—	5651	—	—	—	—	—	1029	4622	—
—	1507	—	—	—	—	—	1507	—	—
—	5030	—	—	—	—	—	—	5030	—
—	5165	—	—	—	—	5165	—	—	—
—	6639	—	—	—	—	2752	—	3887	—
—	12651	—	—	—	—	10195	12	2444	406
—	2674	—	—	40	—	1243	—	1391	—
—	127	—	—	—	—	—	—	127	—
—	388	—	—	—	—	—	—	388	—
—	6802	—	—	—	—	3140	—	3662	—
—	3089	—	—	—	—	—	—	3089	—
—	254	—	—	—	—	—	—	254	—
—	647	—	—	—	—	—	—	647	—
—	523	—	—	—	—	—	—	523	—

国家林业和草原局机关及直属单位

地区	总计	自年初					
		生态建设与保护					
		合计	造林抚育与森林质量提升	湿地保护与恢复	防沙治沙	野生动植物保护	自然保护地建设与修复
驻黑龙江省森林资源监督专员办事处	683	—	—	—	—	—	—
驻大兴安岭森林资源监督专员办事处	608	—	—	—	—	—	—
驻福州森林资源监督专员办事处	559	—	—	—	—	—	—
驻云南省森林资源监督专员办事处	280	—	—	—	—	—	—
驻成都森林资源监督专员办事处	535	—	—	—	—	—	—
驻西安森林资源监督专员办事处	338	—	—	—	—	—	—
驻武汉森林资源监督专员办事处	264	—	—	—	—	—	—
驻贵阳森林资源监督专员办事处	240	—	—	—	—	—	—
驻广州森林资源监督专员办事处	871	183	—	4	—	66	112
驻合肥森林资源监督专员办事处	251	—	—	—	—	—	—
驻乌鲁木齐森林资源监督专员办事处	393	44	—	15	—	29	—
驻上海森林资源监督专员办事处	598	10	—	—	—	10	—
驻北京森林资源监督专员办事处	544	—	—	—	—	—	—
国家林业和草原局森林和草原病虫害防治总站	4180	215	—	—	—	215	—
南京森林警察学院	1039	—	—	—	—	—	—
国家林业和草原局华东调查规划设计院	2524	—	—	—	—	—	—
国家林业和草原局中南调查规划设计院	2819	—	—	—	—	—	—
国家林业和草原局西北调查规划设计院	1570	—	—	—	—	—	—
国家林业和草原局昆明勘察设计院	2525	—	—	—	—	—	—
陕西佛坪国家级自然保护区管理局	1234	319	100	—	—	219	—
甘肃白水江国家级自然保护区管理局	1567	—	—	—	—	—	—
四川卧龙国家级自然保护区管理局	34836	29672	—	—	—	—	29672
中国大熊猫保护研究中心	3743	—	—	—	—	—	—
国家林业和草原局北戴河培训中心	—	—	—	—	—	—	—
大兴安岭林业集团公司	392946	357455	357455	—	—	—	—

林业投资完成情况(二)

单位:万元

累计完成投资									
林业产业发展	林业支撑与保障								林业基础设施建设
	合计	林业改革补助	林木种苗	森林防火与森林公安	林业有害生物防治	林业科技、教育、法治、宣传	林业信息化	林业管理财政事业费	
—	683	—	—	—	—	—	—	683	—
—	608	—	—	—	—	—	—	608	—
—	559	—	—	—	—	—	—	559	—
—	280	—	—	—	—	—	—	280	—
—	535	—	—	—	—	—	—	535	—
—	338	—	—	—	—	—	—	338	—
—	264	—	—	—	—	—	—	264	—
—	240	—	—	—	—	—	—	240	—
—	634	—	—	—	—	—	—	634	54
—	251	—	—	—	—	—	—	251	—
—	349	—	—	—	—	115	62	172	—
—	456	—	—	—	—	—	—	456	132
—	411	—	—	—	—	—	—	411	134
—	3565	—	—	—	1348	—	212	2005	400
—	—	—	—	—	—	—	—	—	1039
—	2524	—	—	—	—	—	—	2524	—
—	2589	—	—	—	—	—	—	2589	230
—	1570	—	—	—	—	—	—	1570	—
—	2525	—	—	—	—	—	—	2525	—
—	915	—	—	—	—	—	—	915	—
—	1567	—	—	49	—	—	—	1518	—
—	4174	—	—	1600	—	—	—	2574	990
—	3743	—	—	—	—	—	—	3743	—
—	—	—	—	—	—	—	—	—	—
—	5966	—	40	5926	—	—	—	—	29525

6 林业教育
FORESTRY EDUCATION

中国
林业和草原统计年鉴 2018

2018～2019学年初普通高、中等林业院校和其他高、中等院校林科基本情况

单位：人

名称	学校数（所、个）	毕业生数	招生数	在校学生数	毕业班学生数	教职工数 合计	其中：专任教师
总　计	—	177918	179266	588474	173207	30500	15604
一、研究生教育	90	12872	9248	35685	12882	—	—
1. 普通高等林业院校	6	8633	6438	23920	8837	19637	7943
2. 其他高等院校（林科）	83	3928	2499	10579	3551	—	—
3. 林业科研单位	1	311	311	1186	494	—	—
二、本科教育	251	69241	75377	273585	72183	—	—
1. 普通高等林业院校	7	36772	41626	143973	37782	19637	7943
2. 其他普通高等院校（林科）	244	32469	33751	129612	34401	—	—
三、高职（专科）教育	240	59172	56485	169568	59189	—	—
1. 高等林业（园林）职业学校	17	39505	40189	122837	40064	8116	5922
2. 其他高等职业学校（林科）	217	12137	10806	31824	11359	—	—
3. 普通林业学校专科	6	7530	5490	14907	7766	3814	1541
四、中职教育	269	36633	38156	109636	28953	—	—
1. 中等林业（园林）职业学校	18	14580	13024	37050	1516	2747	1739
2. 其他中等职业学校（林科）	251	22053	25132	72586	27437	—	—

注：本表研究生教育、本科教育、高职（专科）教育中普通林业高等院校教职工数有重叠，均采用本科教育教职工数。

2018～2019学年初普通高等林业院校和其他高等院校、科研院所林科研究生分学科情况（一）

单位：人

学科名称	毕业生数	招生数	在校学生数	毕业班学生数
总　计	12872	9248	35685	12882
一、博士生	950	1090	5666	2903
1. 林业学科小计	747	566	3639	1870
林木遗传育种	83	42	339	154
森林培育	75	64	404	233
森林保护学	49	34	242	106
森林经理学	40	24	209	116
野生动植物保护与利用	33	30	161	88
园林植物与观赏园艺	34	42	203	119
水土保持与荒漠化防治	86	88	403	210
森林工程	18	18	159	85
木材科学与技术	71	59	301	153
林产化学加工工程	66	51	253	106
林学学科	102	21	288	109
林业工程学科	65	53	355	194
林业经济管理	25	40	322	197
2. 草业学科小计	125	72	525	282
3. 林业院校和科研单位其他学科	78	452	1502	751
二、硕士	11922	8158	30019	9979
1. 林业学科小计	8822	5705	21607	7220
林木遗传育种	196	130	525	153
森林培育	238	235	737	260
森林保护学	189	170	593	207
森林经理学	153	166	465	165
野生动植物保护与利用	128	64	389	122
园林植物与观赏园艺	168	252	725	337
水土保持与荒漠化防治	388	339	1221	430
林产化学加工工程	103	67	316	104
森林工程	50	55	146	44
木材科学与技术	166	165	506	167
林学学科	374	167	847	195
林业工程学科	174	66	419	126
林业经济管理	37	60	132	45
农林经济管理	30	19	74	17
土壤学（森林土壤学）	15	7	55	21
植物学（森林植物学）	86	81	250	85
生态学（森林生态学）	243	133	687	228
林业硕士	1189	591	2424	883
风景园林硕士	2545	1372	6017	1716
农业推广硕士（林业）	1143	658	2609	859
工程硕士（林业工程）	1207	908	2470	1056

2018～2019学年初普通高等林业院校和其他高等院校、科研院所林科研究生分学科情况（二）

单位：人

学科名称	毕业生数	招生数	在校学生数	毕业班学生数
2. 草业学科小计	307	192	810	244
3. 林业院校和科研单位其他学科	2793	2261	7602	2515
材料加工工程	4	6	17	6
材料科学与工程	1	—	3	1
材料物理与化学	3	8	13	7
材料学	8	10	32	13
测试计量技术及仪器	—	4	—	—
茶学	—	—	2	1
车辆工程	9	13	29	11
城乡规划学	34	36	130	56
道路与铁道工程	21	21	69	25
地理学学科	14	5	34	10
地图学与地理信息系统	29	55	111	42
电磁场与微波技术	2	—	5	—
电路与系统	4	—	8	—
动物学	25	23	83	34
动物遗传育种与繁殖	5	5	16	6
俄语语言文学	3	5	9	3
发酵工程	5	4	10	3
发育生物学	23	14	62	19
法律	38	22	95	29
法学理论	9	8	26	9
法学学科	27	27	89	32
翻译	136	103	286	116
防灾减灾工程及防护工程	5	—	5	—
分析化学	6	—	—	—
概率论与数理统计	6	2	18	6
高分子化学与物理	7	10	26	11
工程管理	32	7	74	7
工商管理	163	168	499	240
公共管理	48	37	107	11
管理科学与工程	38	55	106	28
国际贸易学	15	17	40	13
国际商务	25	14	44	19
果树学	3	5	10	4
汉语言文字学	—	3	5	5
行政管理	20	7	72	31
化学工程	6	3	19	6
化学工程与技术	21	14	45	9
化学工艺	10	10	27	7
环境工程	15	42	45	15

2018～2019学年初普通高等林业院校和其他高等院校、科研院所林科研究生分学科情况（三）

单位：人

学科名称	毕业生数	招生数	在校学生数	毕业班学生数
环境科学	17	6	50	18
环境科学与工程	49	24	135	43
环境与资源保护法学	18	22	63	23
会计	239	55	480	94
会计学	24	23	70	23
机械	37	19	101	28
机械电子工程	22	18	65	20
机械工程	10	12	33	11
机械设计及理论	16	24	54	19
机械制造及其自动化	32	17	71	22
计算机科学与技术	7	2	15	5
计算机软件与理论	4	20	21	12
计算机系统结构	4	5	13	5
计算机应用技术	16	25	59	24
技术经济及管理	4	2	13	4
检测技术与自动化装置	6	7	17	5
建筑学学科	15	16	51	21
交通信息工程及控制	4	4	12	4
交通运输规划与管理	14	12	40	13
结构工程	24	27	76	26
金融	29	22	59	26
精密仪器及机械	—	2	2	2
科学技术哲学	4	1	8	2
控制理论与控制工程	17	34	65	24
伦理学	6	10	22	8
旅游管理	11	23	41	19
马克思主义发展史	1	2	5	2
马克思主义基本原理	17	26	38	5
马克思主义理论学科	25	—	25	—
马克思主义哲学	4	2	12	4
马克思主义中国化研究	10	18	45	16
美学	4	5	13	5
民商法学（含：劳动法学、社会保障法学）	9	10	27	8
模式识别与智能系统	5	5	14	5
农产品加工及贮藏工程	10	14	30	12
农业电气化与自动化	4	4	10	3
农业机械化工程	3	20	15	8
农业经济管理	7	17	24	10
农业生物环境与能源工程	—	6	1	1
农业资源与环境	23	13	64	21

2018～2019学年初普通高等林业院校和其他高等院校、科研院所林科研究生分学科情况(四)

单位:人

学科名称	毕业生数	招生数	在校学生数	毕业班学生数
企业管理	—	4	12	12
企业管理(含:财务管理、市场营销、人力资源管理)	29	18	82	24
桥梁与隧道工程	11	12	33	9
轻工技术与工程	3	—	12	5
人口、资源与环境经济学	—	14	11	7
人文地理学	12	3	24	4
软件工程	21	9	48	12
设计学学科	110	96	368	134
设计艺术学	—	31	—	—
生理学	13	9	42	15
生物工程	—	—	2	2
生物化工	11	8	33	9
生物化学与分子生物学	50	42	164	62
生物物理学	21	17	59	20
生物学	51	14	115	17
生药学	17	16	48	16
食品科学	10	6	28	9
食品科学与工程	17	21	46	12
市政工程	1	1	6	2
兽医	8	—	16	8
蔬菜学	—	—	1	—
数学学科	6	3	16	5
水生生物学	3	7	13	4
水土保持与荒漠化防治	130	114	391	135
思想政治教育	7	26	50	25
特种经济动物饲养(含:蚕、蜂等)	6	7	17	8
统计学	14	8	43	15
土木工程	23	31	75	26
外国语言学及应用语言学	17	34	49	18
微生物学	42	50	124	43
无机化学	7	—	7	—
物理电子学	1	—	1	—
细胞生物学	23	15	75	26
宪法学与行政法学	7	11	20	7
心理学学科	14	9	40	17
新闻传播学	8	—	12	—
信息与通信工程	15	—	28	—
刑法学	7	1	22	11
岩土工程	12	10	38	14

2018～2019学年初普通高等林业院校和其他高等院校、科研院所林科研究生分学科情况(五)

单位:人

学科名称	毕业生数	招生数	在校学生数	毕业班学生数
药物化学	6	6	20	7
仪器科学与技术	—	—	—	—
遗传学	30	17	79	26
艺术	265	99	575	143
艺术学理论	4	2	12	4
英语语言文学	15	32	49	17
应用化学	9	11	47	15
应用经济学	18	—	33	—
应用数学	7	6	20	6
应用统计	25	7	48	23
应用心理学	—	8	—	—
有机化学	5	5	18	7
载运工具运用工程	19	21	69	25
哲学学科	8	9	25	9
植物营养学	7	6	24	9
制浆造纸工程	21	20	61	21
资产评估	24	12	39	15
自然地理学	32	16	76	19

2018～2019学年初普通高等林业院校和其他高等院校林科本科学生分专业情况(一)

单位:人

专业名称	毕业生数	招生数	在校学生数	毕业班学生数
总　　计	69241	75377	273585	72183
一、林科专业	39960	41515	155516	42007
1.林业工程类	2478	2300	9644	2445
森林工程	348	223	1075	306
木材科学与工程	1657	1295	6354	1663
林产化工	473	385	1817	476
林业工程类专业	—	397	398	—
2.森林资源类	6488	9004	26720	7535
林学	5487	8111	22514	6464
森林保护	726	578	2849	735
野生动物与自然保护区管理	275	315	1357	336
3.环境生态类	24264	23688	94286	25420
园林	16451	13224	52877	16211
水土保持与荒漠化防治	1041	953	4208	1226

2018~2019学年初普通高等林业院校和其他高等院校林科本科学生分专业情况（二）

单位：人

专业名称	毕业生数	招生数	在校学生数	毕业班学生数
风景园林	6772	9511	37201	7983
4.农林经济管理类	5581	4927	19123	5374
农林经济管理	5581	4927	19123	5374
5.草原类	1149	1596	5743	1233
二、林业院校非林科专业	29281	33862	118069	30176
包装工程	171	29	435	156
保险学	58	76	261	66
材料成型及控制工程	71	72	243	58
材料化学	157	59	532	152
材料科学与工程	63	100	442	95
材料类专业	—	463	465	—
财务管理	229	145	731	170
测绘工程	229	311	941	165
测控技术与仪器	53	62	167	25
茶学	20	61	139	28
产品设计	312	253	1232	325
朝鲜语	27	31	138	37
车辆工程	323	267	1194	349
城市地下空间工程	67	67	236	52
城市管理	64	75	264	68
城乡规划	285	364	1327	276
地理科学	36	55	171	38
地理信息科学	230	339	1126	253
电气工程及其自动化	327	194	966	366
电气类专业	—	177	381	—
电子科学与技术	113	108	409	108
电子商务	155	164	541	123
电子信息工程	392	289	1432	373
电子信息科学与技术	56	61	230	60
电子信息类专业	—	157	339	—
动画	72	44	324	99
动物科学	223	264	713	197
动物医学	212	326	893	283
俄语	83	79	301	87
法学	776	1051	3249	907
法语	90	70	317	89

2018~2019学年初普通高等林业院校和其他高等院校林科本科学生分专业情况（三）

单位：人

专业名称	毕业生数	招生数	在校学生数	毕业班学生数
翻译	—	35	132	—
服装与服饰设计	36	11	126	42
高分子材料与工程	214	62	878	260
给排水科学与工程	91	136	450	81
工程管理	345	448	1340	346
工程力学	36	36	128	36
工商管理	1179	1445	4773	1223
工业工程	78	384	636	83
工业设计	446	453	1778	426
公安管理学	129	160	631	158
公安情报学	—	80	301	74
公共事业管理	138	132	421	108
公共艺术	50	41	182	41
管理科学与工程类专业	—	—	56	—
广播电视学	31	32	175	32
广告学	214	200	899	201
轨道交通信号与控制	—	46	77	—
国际经济与贸易	494	270	1653	478
国际商务	91	69	288	78
过程装备与控制工程	51	—	65	44
汉语国际教育	56	57	237	66
汉语言文学	234	267	1103	221
行政管理	175	218	585	201
化工与制药类专业	—	118	118	—
化学	38	—	100	44
化学工程与工艺	192	308	1026	221
化学类专业	—	116	228	—
化学生物学	39	—	101	32
环境工程	375	469	1711	424
环境科学	214	166	863	247
环境科学与工程类专业	—	206	207	—
环境设计	805	523	3319	881
环境生态工程	—	—	80	—
会计学	2155	1507	6880	2386
会展经济与管理	36	—	136	36
绘画	—	38	38	—

2018～2019学年初普通高等林业院校和其他高等院校林科本科学生分专业情况（四）

单位：人

专业名称	毕业生数	招生数	在校学生数	毕业班学生数
机械电子工程	222	113	628	224
机械类专业	—	854	1509	—
机械设计制造及其自动化	865	677	2689	788
计算机科学与技术	793	751	3103	936
计算机类专业	—	940	1585	—
建筑环境与能源应用工程	84	68	251	74
建筑类专业	17	209	220	10
建筑学	219	211	774	182
交通工程	114	90	405	121
交通运输	484	477	2165	576
金融工程	107	102	654	151
金融学	507	461	1646	437
金融学类专业	—	323	323	—
经济统计学	57	—	155	75
经济学	91	94	409	89
经济学类专业	—	115	270	—
经济与金融	—	44	44	—
警务指挥与战术	143	80	526	155
酒店管理	66	—	235	83
粮食工程	22	—	82	32
旅游管理	581	313	1585	479
旅游管理类专业	—	239	241	—
能源动力类专业	—	89	89	—
能源与动力工程	162	142	607	159
农村区域发展	41	31	97	—
农学	217	496	1144	284
农业资源与环境	58	105	315	70
汽车服务工程	187	137	606	181
轻化工程	145	175	613	143
人力资源管理	495	609	1820	524
人文地理与城乡规划	97	49	401	132
日语	186	221	761	190
软件工程	223	216	998	251
商务英语	47	133	421	92
设计学类专业	—	756	758	—
社会工作	75	91	306	75

2018~2019学年初普通高等林业院校和其他高等院校林科本科学生分专业情况（五）

单位：人

专业名称	毕业生数	招生数	在校学生数	毕业班学生数
社会体育指导与管理	29	—	64	33
摄影	—	18	57	—
生态学	117	236	620	119
生物工程	95	127	485	103
生物技术	383	258	1510	418
生物科学	120	43	427	121
生物科学类专业	—	276	280	—
生物制药	29	61	188	29
食品科学与工程	362	383	1622	416
食品科学与工程类专业	—	229	229	—
食品质量与安全	185	237	759	207
市场营销	357	343	1049	308
视觉传达设计	248	187	1107	280
数据科学与大数据技术	—	66	66	—
数学与应用数学	90	107	436	107
数字媒体技术	54	—	111	55
数字媒体艺术	113	98	544	152
泰语	40	37	210	41
体育教育	58	26	289	78
通信工程	220	168	772	251
统计学	31	28	125	31
土地资源管理	118	78	323	89
土木工程	2861	2735	7674	2555
土木类专业	—	177	177	—
网络安全与执法	92	157	482	110
网络工程	24	—	51	29
文化产业管理	58	58	211	55
舞蹈学	—	30	95	—
物理学	37	54	200	55
物联网工程	53	60	363	64
物流工程	189	138	802	218
物流管理	167	122	603	173
物业管理	52	—	74	52
消防工程	154	164	676	161
新能源科学与工程	—	65	256	54
新闻传播学类专业	—	240	239	—

2018～2019学年初普通高等林业院校和其他高等院校林科本科学生分专业情况（六）

单位：人

专业名称	毕业生数	招生数	在校学生数	毕业班学生数
信息工程	50	—	240	46
信息管理与信息系统	348	237	1150	369
信息与计算科学	264	319	1211	259
刑事科学技术	221	240	927	248
艺术设计学	111	6	394	164
音乐表演	65	49	253	84
音乐学	—	33	62	—
印刷工程	38	30	92	23
英语	495	560	2255	534
应用化学	166	138	666	165
应用生物科学（注：可授农学或理学学士学位）	34	48	157	42
应用统计学	57	59	240	53
应用物理学	31	36	146	32
应用心理学	80	74	288	68
园艺	373	303	1284	342
越南语	29	32	91	—
侦查学	395	328	1223	315
政治学与行政学	59	67	234	53
植物保护	92	79	350	95
治安学	370	420	1395	380
中药学	141	279	591	183
自动化	295	203	1062	291
自然地理与资源环境	90	59	287	78

2018~2019学年高等林业(生态)职业技术学院和其他高等职业学院林科分专业情况(一)

单位:人

专业名称	毕业生数	招生数	在校学生数	毕业班学生数
总　计	59172	56485	169568	59189
(一)林科专业	21447	20045	58739	20543
林业技术	3980	4240	11401	4205
园林技术	15643	13395	40604	14135
森林资源保护	202	324	1043	275
经济林培育与利用	67	75	282	122
野生动物资源保护与利用	29	97	170	33
野生植物资源保护与利用	72	80	246	79
森林生态旅游	451	666	1674	526
森林防火指挥与通讯	14	6	42	14
自然保护区建设与管理	108	86	336	131
木材加工技术	159	113	457	227
林业调查与信息处理	310	60	127	45
林业信息技术与管理	125	247	526	159
风景园林设计	43	549	1428	352
其他林业类专业	223	12	189	160
草业技术	21	95	214	80
(二)非林科专业	37725	36440	110829	38646
包装策划与设计	—	22	62	28
包装工程技术	7	—	—	—
包装类专业	35	—	1	1
财务管理	643	508	1764	624
财务会计类专业	214	—	118	96
财政税务类专业	1	—	—	—
测绘地理信息技术	—	74	132	—
测绘工程技术	10	—	25	12
茶树栽培与茶叶加工	—	24	24	—
茶艺与茶叶营销	52	89	263	50
产品艺术设计	—	63	75	—
城市轨道交通车辆技术	—	—	25	—
城市轨道交通工程技术	38	179	358	16
城市轨道交通供配电技术	—	2	27	9
城市轨道交通运营管理	223	381	1130	388
城乡规划	144	96	413	209
宠物临床诊疗技术	—	51	53	—
宠物养护与驯导	228	272	816	244
畜牧兽医	264	359	1065	335
畜牧业类专业	—	96	96	—
传播与策划	36	—	—	—
船舶电子电气技术	—	—	2	2
船舶机械工程技术	—	—	3	1

2018～2019学年高等林业（生态）职业技术学院和其他高等职业学院林科分专业情况（二）

单位：人

专业名称	毕业生数	招生数	在校学生数	毕业班学生数
大数据技术与应用	—	97	97	—
导游	40	21	64	41
道路桥梁工程技术	396	313	985	287
道路运输类专业	278	—	344	344
地图制图与数字传播技术	92	—	152	94
电气自动化技术	206	53	631	218
电子商务	1376	1603	4509	1638
电子商务技术	27	294	852	158
电子信息工程技术	127	38	303	158
雕刻艺术设计	11	—	—	—
动漫设计	20	—	1	—
动漫制作技术	231	198	578	219
动物防疫与检疫	26	—	68	34
动物医学	302	235	824	267
法律实务类专业	11	—	20	20
法律事务	42	—	137	70
防火管理	10	—	31	17
房地产经营与管理	1	—	2	2
服装设计与工艺	22	109	151	41
服装与服饰设计	64	109	306	57
高尔夫球运动与管理	45	37	185	83
高速铁路客运乘务	—	308	660	96
给排水工程技术	46	—	56	32
工程测量技术	446	387	1241	442
工程造价	1418	1026	3142	1125
工商管理类专业	59	—	74	35
工商企业管理	525	312	891	494
工业机器人技术	—	347	483	16
工业设计	6	13	43	6
公共事务管理	231	—	201	158
供用电技术	42	24	80	26
广告策划与营销	3	—	5	2
广告设计与制作	348	460	1217	318
国际经济与贸易	20	110	349	150
国际商务	—	113	113	—
国际邮轮乘务管理	—	200	654	174
国土资源调查与管理	1	—	35	35
汉语言文学	3	—	41	41
焊接技术与自动化	4	—	—	—
行政管理	100	—	102	99

2018～2019学年高等林业（生态）职业技术学院和其他高等职业学院林科分专业情况（三）

单位：人

专业名称	毕业生数	招生数	在校学生数	毕业班学生数
护理	2313	1412	6010	2174
化工技术类专业	2	—	2	2
化学教育	4	—	1	1
环境保护类专业	39	—	—	—
环境工程技术	328	494	1259	347
环境规划与管理	—	28	28	—
环境监测与控制技术	480	443	1303	455
环境评价与咨询服务	170	48	181	58
环境艺术设计	752	567	1715	638
会计	3294	2707	8307	3055
会计信息管理	—	78	189	57
会展策划与管理	36	76	244	108
婚庆服务与管理	—	45	178	86
机电设备安装技术	—	—	11	11
机电设备维修与管理	12	3	16	13
机电一体化技术	1001	715	2557	1079
机械设计与制造	70	81	177	69
机械制造与自动化	198	136	440	210
计算机类专业	42	—	64	63
计算机网络技术	719	1392	3698	959
计算机信息管理	211	128	458	215
计算机应用技术	832	1577	4309	1330
家具设计与制造	617	962	2584	762
家具艺术设计	318	115	182	39
家政服务与管理	33	29	111	49
建设工程管理	393	250	697	335
建设工程监理	178	47	303	103
建筑工程技术	1782	1230	3525	1316
建筑设备工程技术	—	21	52	21
建筑设计	5	—	22	16
建筑室内设计	1575	1444	4434	1446
建筑智能化工程技术	12	21	65	25
建筑装饰工程技术	85	179	419	116
交通运营管理	6	3	13	10
金融管理	117	45	290	169
金融类专业	145	—	5	5
经济贸易类专业	76	—	119	71
经济信息管理	72	103	296	118
精密机械技术	—	—	1	—
景区开发与管理	42	2	42	40
酒店管理	651	706	1918	602

2018～2019学年高等林业(生态)职业技术学院和其他高等职业学院林科分专业情况(四)

单位:人

专业名称	毕业生数	招生数	在校学生数	毕业班学生数
康复治疗技术	29	159	283	78
空中乘务	152	103	476	198
口腔医学技术	76	67	160	60
连锁经营管理	37	11	73	53
临床医学	—	43	43	—
旅游管理	513	509	1456	445
旅游英语	17	—	52	23
绿色食品生产与检验	52	7	102	57
民航安全技术管理	—	8	68	34
模具设计与制造	90	28	162	60
木工设备应用技术	—	21	21	—
酿酒技术	106	101	419	176
农产品加工与质量检测	106	54	291	104
农业经济管理	187	145	346	148
农业类专业	1	—	2	2
农业生物技术	76	69	332	173
农业装备应用技术	97	14	168	94
烹调工艺与营养	37	159	474	119
汽车电子技术	110	42	299	139
汽车检测与维修技术	729	581	2788	1091
汽车营销与服务	433	71	641	321
汽车运用与维修技术	302	143	759	271
汽车制造与装配技术	77	48	157	52
嵌入式技术与应用	26	—	23	15
青少年工作与管理	—	—	35	16
染整技术	—	—	1	1
人力资源管理	268	427	635	208
软件技术	302	656	1530	412
商务管理	76	22	120	78
商务日语	43	—	105	68
商务英语	193	138	412	144
设施农业与装备	89	57	189	66
社区管理与服务	34	39	104	34
摄影测量与遥感技术	—	70	210	69
审计	106	99	301	116
生物技术类专业	78	—	10	8
食品加工技术	33	17	106	48
食品检测技术	—	71	71	—
食品生物技术	218	59	213	74
食品营养与检测	263	297	865	278
食品营养与卫生	—	—	1	1

2018～2019学年高等林业(生态)职业技术学院和其他高等职业学院林科分专业情况(五)

单位：人

专业名称	毕业生数	招生数	在校学生数	毕业班学生数
食品质量与安全	33	53	128	4
市场营销	1026	868	2779	1115
市政工程技术	157	80	365	143
视觉传播设计与制作	164	69	153	69
室内环境检测与控制技术	5	1	7	6
室内艺术设计	—	236	277	32
数控技术	203	181	526	214
数控设备应用与维护	24	—	24	24
数字媒体艺术设计	91	174	469	84
数字媒体应用技术	227	219	557	154
水产养殖技术	62	77	211	68
水利工程	55	69	239	82
水利水电工程技术	—	31	64	—
水土保持技术	75	54	237	114
水文与工程地质	28	—	30	30
特种加工技术	—	—	1	1
铁道车辆	—	—	1	1
通信技术	334	147	639	283
投资与理财	44	16	59	42
土建施工类专业	389	—	451	287
土木工程检测技术	56	—	90	90
网络营销	—	3	3	—
文秘	148	229	589	176
污染修复与生态工程技术	—	115	184	14
无人机应用技术	—	210	321	—
物联网应用技术	166	411	825	122
物流管理	588	514	1738	631
物业管理	38	—	54	54
西餐工艺	55	115	252	67
现代农业技术	166	343	746	104
新能源汽车技术	—	309	401	—
新闻采编与制作	—	45	63	—
信息安全与管理	—	93	221	60
休闲服务与管理	20	44	127	46
休闲农业	173	133	408	114
休闲体育	—	13	13	—
学前教育	252	86	450	264
岩矿分析与鉴定	—	—	1	1
药品服务与管理	—	—	1	—
药品经营与管理	31	15	75	39
药品生产技术	289	152	621	344

2018～2019学年高等林业(生态)职业技术学院和其他高等职业学院林科分专业情况(六)

单位:人

专业名称	毕业生数	招生数	在校学生数	毕业班学生数
药品生物技术	75	108	402	151
药品制造类专业	—	38	38	—
药品质量与安全	30	33	128	63
药学	263	228	807	270
医学检验技术	180	204	605	192
移动互联应用技术	45	116	255	58
艺术设计	258	385	777	272
英语	12	—	—	—
影视动画	24	26	78	22
应用电子技术	122	104	431	162
应用化工技术	35	—	81	41
应用日语	4	—	6	6
应用英语	—	—	9	9
幼儿发展与健康管理	—	174	174	—
语言类专业	5	—	20	—
园艺技术	879	1116	3313	1013
展示艺术设计	31	—	33	19
证券与期货	32	5	62	46
制浆造纸技术	28	—	—	—
智能产品开发	—	—	19	10
智能终端技术与应用	—	—	45	—
中草药栽培技术	43	83	208	46
中药生产与加工	—	30	57	—
中药学	122	220	586	237
中医养生保健	—	11	12	—
种子生产与经营	35	37	103	33
助产	214	147	559	194
资产评估与管理	119	50	238	115
资源综合利用与管理技术	—	—	2	2
作物生产技术	230	175	574	287

2018~2019学年初普通中等林业(园林)职业学校和其他中等职业学校林科分专业学生情况(一)

单位:人

专业名称	毕业生数	招生数	在校学生数	毕业班学生数
总　　计	36633	38156	109636	28953
(一)林科专业	26931	28222	81391	27846
木材加工	2300	1392	6402	2250
森林资源保护与管理	577	315	1239	414
生态环境保护	122	172	466	167
现代林业技术	4013	2946	8939	3054
园林技术	16169	18221	52257	17544
园林绿化	3750	5176	12088	4417
(二)非林科专业	9702	9934	28245	1107
财经商贸类专业	36	—	28	—
城市轨道交通运营管理	69	410	519	—
城镇建设	—	—	3	—
宠物养护与经营	13	14	36	—
畜牧兽医	65	123	331	—
道路与桥梁工程施工	58	53	136	30
电气运行与控制	1	1	40	10
电子技术应用	42	—	4	—
电子商务	571	941	2348	74
服装设计与工艺	27	—	14	—
给排水工程施工与运行	23	42	83	—
工程测量	62	246	453	3
工程机械运用与维修	137	27	40	—
工程造价	96	181	414	17
工艺美术	1	1	4	—
古建筑修缮与仿建	—	9	21	—
果蔬花卉生产技术	56	138	325	—
航空服务	22	—	—	—
护理	3162	1980	8536	—
化学工艺	—	—	137	—
会计	541	396	609	5
会计电算化	365	248	853	113
机电技术应用	79	37	135	5
机电设备安装与维修	10	—	15	—
机械加工技术	5	—	—	—
计算机动漫与游戏制作	47	32	109	31
计算机平面设计	133	500	1496	29
计算机网络技术	251	363	1142	120
计算机应用	693	757	1543	14
计算机与数码产品维修	26	—	29	—
加工制造类专业	28	35	64	24
家具设计与制作	330	57	168	17
建筑工程施工	311	458	821	51
建筑装饰	41	34	80	—

2018～2019学年初普通中等林业(园林)职业学校和其他中等职业学校林科分专业学生情况(二)

单位:人

专业名称	毕业生数	招生数	在校学生数	毕业班学生数
景区服务与管理	4	3	25	14
酒店服务与管理	—	24	24	—
康复技术	24	74	182	—
客户信息服务	78	142	307	—
口腔修复工艺	158	203	606	—
楼宇智能化设备安装与运行	—	36	53	—
旅游服务与管理	155	371	1018	11
美发与形象设计	7	30	45	—
美术设计与制作	32	17	96	41
民族民居装饰	80	—	101	—
模具制造技术	31	—	9	—
农村经济综合管理	144	14	131	—
农村医学	41	47	155	—
农业机械使用与维护	2	51	127	—
汽车电子技术应用	26	—	—	—
汽车美容与装潢	—	15	165	—
汽车运用与维修	583	882	2148	115
汽车整车与配件营销	12	—	1	1
汽车制造与检修	54	—	87	61
软件与信息服务	6	—	—	—
商品经营	—	—	6	3
社区公共事务管理	—	42	42	—
生物技术制药	—	1	1	—
市场营销	21	65	103	23
市政工程施工	153	79	335	77
数控技术应用	94	110	267	31
水利水电工程施工	—	122	301	—
通信技术	1	—	—	—
土建工程检测	12	—	—	—
土木水利类专业	68	—	73	73
文化艺术类专业	23	74	199	64
文秘	—	43	43	—
物流服务与管理	26	13	36	2
物业管理	—	44	44	—
现代农艺技术	36	—	27	—
信息技术类专业	12	—	—	—
学前教育	148	93	310	8
眼视光与配镜	118	81	252	—
植物保护	12	42	42	—
制冷和空调设备运行与维修	184	—	—	—
中草药种植	11	16	36	—
助产	—	77	232	—
其他类专业	45	40	80	40

附录一

东北、内蒙古重点国有林区森工企业主要统计指标

ANNEX I

中国林业和草原统计年鉴 2018

东北、内蒙古重点国有林区森工企业营林生产情况(一)

单位:公顷

指标名称	企业合计
一、营造林面积	**125203**
1. 人工造林面积	10376
其中：新造混交林面积	4180
其中：新造灌木林面积	125
其中：新造竹林面积	—
2. 飞播造林面积	—
①荒山飞播面积	—
②飞播营林面积	—
3. 当年新封山(沙)育林面积	—
①无林地和疏林地新封山育林面积	—
②有林地和灌木林地新封山育林面积	—
4. 退化林修复面积	113247
其中：纯林改造混交林面积	—
①低效林改造面积	102626
②退化防护林改造面积	10621

东北、内蒙古重点国有林区森工企业营林生产情况(二)

单位:公顷

指标名称	企业合计
5. 人工更新面积	1580
其中：新造混交林面积	—
其中：人工促进天然更新面积	44
二、森林抚育面积	1270852
三、年末实有封山(沙)育林面积	636413
四、森林管护面积	29951422
五、年末实有育苗面积	1061
其中：国有育苗面积	931

注：东北、内蒙古重点国有林区87个森工企业包括：内蒙森工集团：阿尔山、绰尔、绰源、乌尔旗汉、库都尔、图里河、伊图里河、克一河、甘河、吉文、阿里河、根河、金河、阿龙山、满归、得耳布尔、莫尔道嘎、大杨树、毕拉河。吉林森工集团：临江、三岔子、湾沟、松江河、泉阳、露水河、白石山、红石。长白山森工集团：黄泥河、敦化、大石头、八家子、和龙、汪清、大兴沟、天桥岭、白河、珲春。龙江森工集团：大海林、柴河、东京城、穆棱、绥阳、海林、林口、八面通、桦南、双鸭山、鹤立、鹤北、东方红、迎春、清河、双丰、铁力、桃山、朗乡、南岔、金山屯、美溪、乌马河、翠峦、友好、上甘岭、五营、红星、新青、汤旺河、乌伊岭、山河屯、苇河、亚布力、方正、兴隆、绥棱、通北、沾河、带岭。大兴安岭林业集团：松岭、新林、塔河、呼中、阿木尔、图强、西林吉、十八站、韩家园、加格达奇。

东北、内蒙古重点国有林区 87 个

企业名称	总计	人工造林面积 合计	其中 新造混交林面积	其中 新造灌木林面积	其中 新造竹林面积	飞播造林面积 合计	荒山飞播面积	飞播营林面积	当年新封山(沙)育林面积 合计	无林地和疏林地新封山育林面积	有林地和灌木林地新封山育林面积
全国合计	125203	10376	4180	125	—	—	—	—	—	—	—
内蒙古森工集团	24699	3944	3819	125	—	—	—	—	—	—	—
阿尔山	876	204	204	—	—	—	—	—	—	—	—
绰尔	874	205	205	—	—	—	—	—	—	—	—
绰源	857	190	190	—	—	—	—	—	—	—	—
乌尔旗汉	1992	658	658	—	—	—	—	—	—	—	—
库都尔	2076	342	324	19	—	—	—	—	—	—	—
图里河	1529	524	524	—	—	—	—	—	—	—	—
伊图里河	1878	209	209	—	—	—	—	—	—	—	—
克一河	1214	214	214	—	—	—	—	—	—	—	—
甘河	887	208	103	104	—	—	—	—	—	—	—
吉文	1422	220	220	—	—	—	—	—	—	—	—
阿里河	2345	144	144	—	—	—	—	—	—	—	—
根河	2283	82	82	—	—	—	—	—	—	—	—
金河	1345	8	8	—	—	—	—	—	—	—	—
阿龙山	1378	—	—	—	—	—	—	—	—	—	—
满归	1348	14	14	—	—	—	—	—	—	—	—
得耳布尔	759	92	92	—	—	—	—	—	—	—	—
莫尔道嘎	605	4	2	2	—	—	—	—	—	—	—
大杨树	700	499	499	—	—	—	—	—	—	—	—
毕拉河	331	127	127	—	—	—	—	—	—	—	—
吉林森工集团	27074	156	—	—	—	—	—	—	—	—	—
临江	3544	—	—	—	—	—	—	—	—	—	—
三岔子	4622	3	—	—	—	—	—	—	—	—	—
湾沟	3000	—	—	—	—	—	—	—	—	—	—
松江河	3494	31	—	—	—	—	—	—	—	—	—
泉阳	2628	24	—	—	—	—	—	—	—	—	—
露水河	3201	—	—	—	—	—	—	—	—	—	—
白石山	3146	—	—	—	—	—	—	—	—	—	—
红石	3439	98	—	—	—	—	—	—	—	—	—
长白山森工集团	31417	800	90	—	—	—	—	—	—	—	—
黄泥河	4724	78	—	—	—	—	—	—	—	—	—
敦化	3671	158	—	—	—	—	—	—	—	—	—
大石头	3004	30	—	—	—	—	—	—	—	—	—
八家子	2628	90	90	—	—	—	—	—	—	—	—
和龙	3547	11	—	—	—	—	—	—	—	—	—
汪清	3067	—	—	—	—	—	—	—	—	—	—
大兴沟	1800	—	—	—	—	—	—	—	—	—	—
天桥岭	2682	148	—	—	—	—	—	—	—	—	—
白河	3502	27	—	—	—	—	—	—	—	—	—
珲春	2792	258	—	—	—	—	—	—	—	—	—
龙江森工集团	18479	2809	271	—	—	—	—	—	—	—	—
大海林	667	67	67	—	—	—	—	—	—	—	—
柴河	333	333	—	—	—	—	—	—	—	—	—
东京城	467	—	—	—	—	—	—	—	—	—	—
穆棱	334	—	—	—	—	—	—	—	—	—	—

森工企业营林生产情况(一)

单位:公顷

退化林修复面积				人工更新面积			森林抚育面积	年末实有封山(沙)育林面积	森林管护面积	年末实有育苗面积	
合计	其中:纯林改造混交林面积	低效林改造面积	退化林防护林改造面积	合计	其中 新造混交林面积	人工促进天然林更新面积				合计	其中:国有育苗面积
113247	—	102626	10621	1580	—	44	1270852	636413	29951422	1061	931
20755	—	18085	2670	—	—	—	390849	—	9685580	143	131
672	—	672	—	—	—	—	12746	—	482676	3	3
669	—	669	—	—	—	—	28000	—	422014	25	25
667	—	667	—	—	—	—	17335	—	299786	3	—
1334	—	1334	—	—	—	—	26000	—	577020	6	6
1734	—	1335	399	—	—	—	23370	—	483600	7	7
1005	—	671	334	—	—	—	22000	—	356233	2	2
1669	—	1334	335	—	—	—	19346	—	410549	9	—
1000	—	1000	—	—	—	—	22005	—	363301	3	3
679	—	679	—	—	—	—	24689	—	357258	1	1
1202	—	668	534	—	—	—	22002	—	362438	12	12
2201	—	1667	534	—	—	—	26003	—	451958	6	6
2201	—	1667	534	—	—	—	33336	—	628824	50	50
1337	—	1337	—	—	—	—	22002	—	623667	2	2
1378	—	1378	—	—	—	—	17334	—	357427	2	2
1334	—	1334	—	—	—	—	22669	—	1337997	1	1
667	—	667	—	—	—	—	16668	—	254367	5	5
601	—	601	—	—	—	—	24011	—	579752	2	2
201	—	201	—	—	—	—	6000	—	793033	3	3
204	—	204	—	—	—	—	5333	—	543680	1	1
26797	—	26797	—	121	—	44	67076	213718	1342699	88	85
3500	—	3500	—	44	—	44	10000	22270	172874	11	11
4567	—	4567	—	52	—	—	10667	22966	239157	12	12
3000	—	3000	—	—	—	—	7867	47429	101474	2	2
3450	—	3450	—	13	—	—	9334	—	161002	10	10
2604	—	2604	—	—	—	—	9002	—	106786	3	—
3201	—	3201	—	—	—	—	7333	—	124178	9	9
3134	—	3134	—	12	—	—	9733	—	137538	26	26
3341	—	3341	—	—	—	—	3140	121053	299690	15	15
29158	—	21207	7951	1459	—	—	109033	150127	2223888	127	105
4190	—	1990	2200	456	—	—	9067	19234	209111	8	1
3077	—	3077	—	436	—	—	10097	21850	236683	6	6
2751	—	—	2751	223	—	—	9667	—	264206	15	—
2538	—	2538	—	—	—	—	12668	15399	154718	8	8
3333	—	3333	—	203	—	—	12067	—	174435	4	4
3067	—	3067	—	—	—	—	10867	17932	313833	26	26
1800	—	1800	—	—	—	—	6667	12473	122604	—	—
2534	—	2534	—	—	—	—	9200	—	193506	8	8
3334	—	334	3000	141	—	—	14200	63239	189663	45	45
2534	—	2534	—	—	—	—	14533	—	365129	7	7
15670	—	15670	—	—	—	—	473295	272568	9616170	575	520
600	—	600	—	—	—	—	8005	18451	259775	15	15
—	—	—	—	—	—	—	20020	18218	318843	8	8
467	—	467	—	—	—	—	20753	36173	435435	17	17
334	—	334	—	—	—	—	12680	24833	253245	20	20

东北、内蒙古重点国有林区 87 个

企业名称	营造林面积										
	总计	人工造林面积					飞播造林面积		当年新封山（沙）育林面积		
		合计	其中				合计	荒山飞播面积	飞播营林面积	合计	无林地和疏林地新封山育林面积	有林地和灌木林地新封山育林面积
			新造混交林面积	新造灌木林面积	新造竹林面积						
绥阳	467	267	—	—	—	—	—	—	—	—	—
海林	334	67	—	—	—	—	—	—	—	—	—
林口	600	200	—	—	—	—	—	—	—	—	—
八面通	667	133	—	—	—	—	—	—	—	—	—
桦南	667	67	—	—	—	—	—	—	—	—	—
双鸭山	467	67	—	—	—	—	—	—	—	—	—
鹤立	600	67	—	—	—	—	—	—	—	—	—
鹤北	600	133	—	—	—	—	—	—	—	—	—
东方红	267	67	—	—	—	—	—	—	—	—	—
迎春	667	133	—	—	—	—	—	—	—	—	—
清河	267	67	—	—	—	—	—	—	—	—	—
双丰	667	67	67	—	—	—	—	—	—	—	—
铁力	203	70	70	—	—	—	—	—	—	—	—
桃山	200	—	—	—	—	—	—	—	—	—	—
朗乡	535	—	—	—	—	—	—	—	—	—	—
南岔	533	—	—	—	—	—	—	—	—	—	—
金山屯	533	—	—	—	—	—	—	—	—	—	—
美溪	200	—	—	—	—	—	—	—	—	—	—
乌马河	400	67	—	—	—	—	—	—	—	—	—
翠峦	534	67	—	—	—	—	—	—	—	—	—
友好	200	—	—	—	—	—	—	—	—	—	—
上甘岭	200	—	—	—	—	—	—	—	—	—	—
五营	200	—	—	—	—	—	—	—	—	—	—
红星	667	67	—	—	—	—	—	—	—	—	—
新青	333	200	—	—	—	—	—	—	—	—	—
汤旺河	667	—	—	—	—	—	—	—	—	—	—
乌伊岭	667	67	—	—	—	—	—	—	—	—	—
山河屯	467	67	67	—	—	—	—	—	—	—	—
苇河	600	133	—	—	—	—	—	—	—	—	—
亚布力	600	67	—	—	—	—	—	—	—	—	—
方正	333	—	—	—	—	—	—	—	—	—	—
兴隆	467	67	—	—	—	—	—	—	—	—	—
绥棱	335	68	—	—	—	—	—	—	—	—	—
通北	667	67	—	—	—	—	—	—	—	—	—
沾河	667	67	—	—	—	—	—	—	—	—	—
带岭	200	—	—	—	—	—	—	—	—	—	—
大兴安岭林业集团	**23534**	**2667**	—	—	—	—	—	—	—	—	—
松岭	1800	133	—	—	—	—	—	—	—	—	—
新林	1800	133	—	—	—	—	—	—	—	—	—
塔河	1466	133	—	—	—	—	—	—	—	—	—
呼中	4000	600	—	—	—	—	—	—	—	—	—
阿木尔	3334	334	—	—	—	—	—	—	—	—	—
图强	1734	67	—	—	—	—	—	—	—	—	—
西林吉	3400	667	—	—	—	—	—	—	—	—	—
十八站	2400	333	—	—	—	—	—	—	—	—	—
韩家园	2200	200	—	—	—	—	—	—	—	—	—
加格达奇	1400	67	—	—	—	—	—	—	—	—	—

森工企业营林生产情况（二）

单位：公顷

退化林修复面积				人工更新面积			森林抚育面积	年末实有封山(沙)育林面积	森林管护面积	年末实有育苗面积	
合计	其中:纯林改造混交林面积	低效林改造面积	退化林防护林改造面积	合计	新造混交林面积	人工促进天然林更新面积				合计	其中:国有育苗面积
200	—	200	—	—	—	—	19760	64197	514112	11	—
267	—	267	—	—	—	—	11307	14452	150200	8	8
400	—	400	—	—	—	—	20173	26608	271478	2	2
534	—	534	—	—	—	—	10934	18166	151043	5	5
600	—	600	—	—	—	—	8822	—	229773	8	8
400	—	400	—	—	—	—	9372	—	134311	85	85
533	—	533	—	—	—	—	5357	—	70827	15	15
467	—	467	—	—	—	—	7937	—	381427	23	15
200	—	200	—	—	—	—	11979	—	418525	10	10
534	—	534	—	—	—	—	5277	—	214572	14	14
200	—	200	—	—	—	—	5805	—	144870	29	29
600	—	600	—	—	—	—	3600	17446	131336	10	10
133	—	133	—	—	—	—	16000	—	183592	15	15
200	—	200	—	—	—	—	9113	—	140139	1	1
535	—	535	—	—	—	—	11326	—	264696	34	34
533	—	533	—	—	—	—	15947	—	270589	7	7
533	—	533	—	—	—	—	6168	—	178362	5	5
200	—	200	—	—	—	—	12100	—	214573	3	3
333	—	333	—	—	—	—	5211	—	117154	6	—
467	—	467	—	—	—	—	2534	—	149379	6	—
200	—	200	—	—	—	—	13733	—	269505	4	4
200	—	200	—	—	—	—	7933	667	121772	3	3
200	—	200	—	—	—	—	11267	15964	117068	6	6
600	—	600	—	—	—	—	15747	267	215561	10	10
133	—	133	—	—	—	—	12170	1884	271852	16	16
667	—	667	—	—	—	—	10667	15242	200206	4	4
600	—	600	—	—	—	—	11247	—	276734	15	15
400	—	400	—	—	—	—	13413	—	206409	38	15
467	—	467	—	—	—	—	17187	—	186290	8	8
533	—	533	—	—	—	—	14315	—	279662	63	63
333	—	333	—	—	—	—	16747	—	199502	3	3
400	—	400	—	—	—	—	17580	—	304427	13	13
267	—	267	—	—	—	—	13400	—	212835	6	6
600	—	600	—	—	—	—	13903	—	309118	22	21
600	—	600	—	—	—	—	19227	—	751283	7	7
200	—	200	—	—	—	—	4579	—	95690	—	—
20867	—	**20867**	—	—	—	—	**230599**	—	**7083085**	**128**	**90**
1667	—	1667	—	—	—	—	21027	—	674117	14	6
1667	—	1667	—	—	—	—	29300	—	859201	4	4
1333	—	1333	—	—	—	—	28767	—	909479	12	12
3400	—	3400	—	—	—	—	26300	—	767108	24	9
3000	—	3000	—	—	—	—	17493	—	546596	3	1
1667	—	1667	—	—	—	—	17126	—	500587	2	2
2733	—	2733	—	—	—	—	17893	—	722001	9	9
2067	—	2067	—	—	—	—	20760	—	588605	6	6
2000	—	2000	—	—	—	—	25333	—	692988	19	6
1333	—	1333	—	—	—	—	26600	—	822403	35	35

东北、内蒙古重点国有林区森工企业产值与企业债务情况（一）

（按现行价格计算）　　　　　　　　　　　　　　　　　　单位：万元

指标名称	企业合计
一、企业总产值	**8180626**
1. 第一产业	3197771
（1）涉林产业	1894237
①林木育种和育苗	23264
②造林和更新	73054
③森林经营、管护和改培	624095
④木材和竹材采运	38113
⑤经济林产品的种植与采集	1072315
⑥花卉及其他观赏植物种植	557
⑦陆生野生动物繁育与利用	62839
（2）非林产业	1303534
2. 第二产业	1851549
（1）涉林产业	458805
①木材加工和木、竹、藤、棕、苇制品制造	198133
②木、竹、藤家具制造	74260
③木、竹、苇浆造纸和纸制品	2068

东北、内蒙古重点国有林区森工企业产值与企业债务情况(二)

(按现行价格计算) 单位:万元

指标名称	企业合计
④林产化学产品制造	4396
⑤木质工艺品和木质文教体育用品制造	8637
⑥非木质林产品加工制造业	79754
⑦其他	91557
(2)非林产业	1392744
3. 第三产业	3131306
其中:林业生产服务	152023
林业旅游与休闲服务	958448
林业公共管理及其他组织服务	297871
二、企业销售产值	**2391941**
三、企业金融债务	**901899**
其中:与木材停伐相关债务	488734
棚户区改造相关债务	291851
经营性(非木材生产)相关债务	86916

东北、内蒙古重点国有林区87个

(按现行价

企业名称	总　计	合　计	小计	林木育种和育苗	造林和更新	森林经营、管护和改培	木材和竹材采运
全国合计	8180626	3197771	1894237	23264	73054	624095	38113
内蒙古森工集团	**591225**	**242864**	**236185**	**3468**	**10289**	**196037**	**445**
阿尔山	24198	11372	10722	90	450	8632	141
绰尔	36997	16501	16291	219	450	10806	38
绰源	15482	8190	8190	—	400	6088	16
乌尔旗汉	28323	15346	15015	313	850	11482	—
库都尔	28554	16006	16006	392	800	13390	—
图里河	22915	10639	10639	—	450	9148	—
伊图里河	18426	10571	10038	50	750	8350	—
克一河	21047	11177	11177	100	600	9429	150
甘河	28363	12103	11893	40	300	10937	5
吉文	21403	10859	10799	395	450	9558	86
阿里河	25887	14701	14340	269	951	12185	—
根河	47319	20567	20567	505	750	18233	—
金河	25057	13699	13696	99	600	11714	—
阿龙山	23570	13502	13494	307	600	10403	—
满归	27503	13280	13280	98	600	9732	—
得耳布尔	51250	10908	10908	290	369	9727	9
莫尔道嘎	59672	17365	17275	119	270	15876	—
大杨树	43445	9477	5868	182	464	5077	—
毕拉河	41814	6601	5987	—	185	5270	—
吉林森工集团	**441536**	**226382**	**217822**	**2509**	**210**	**105065**	**16531**
临江	72700	24333	24333	175	33	15872	3570
三岔子	63350	45791	45641	793	43	21668	4382
湾沟	64100	12185	12185	37	—	9383	1020
松江河	50168	26209	24799	54	33	9862	4134
泉阳	33997	26197	26197	301	18	9735	260
露水河	41021	23741	23741	396	—	10781	1003
白石山	61637	35601	35601	207	9	12355	400
红石	54563	32325	25325	546	74	15409	1762
长白山森工集团	**357881**	**142738**	**140578**	**2723**	**5425**	**54361**	**20424**
黄泥河	52044	24153	22410	371	1885	5469	1873
敦化	73517	18323	18323	418	2684	4948	2300
大石头	29958	7949	7949	99	570	4077	3203
八家子	13868	7045	7045	82	40	6435	488
和龙	17393	15657	15657	—	103	5852	2078
汪清	46831	11961	11544	502	—	7150	25
大兴沟	22487	16188	16188	—	—	2825	736
天桥岭	16850	2874	2874	279	27	2568	—
白河	58067	25338	25338	359	57	5801	9721
珲春	26866	13250	13250	613	59	9236	—
龙江森工集团	**6072900**	**2236581**	**1014577**	**9945**	**55130**	**109004**	**713**
大海林	216540	41367	17270	288	320	—	—
柴河	249877	39683	5013	115	—	3603	134
东京城	278874	92128	59852	—	210	6720	578
穆棱	215290	100878	58173	3670	2434	—	—
绥阳	204162	130127	104179	—	—	14451	—

森工企业产值与企业债务情况（一）

格计算）   单位：万元

产值							
产业				第二产业			涉林产业
产业							
经济林产品的种植与采集	花卉及其他观赏植物种植	陆生野生动物繁育与利用	非林产业	合计	小计	木材加工和木、竹、藤、棕、苇制品制造	木、竹、藤家具制造
1072315	**557**	**62839**	**1303534**	**1851549**	**458805**	**198133**	**74260**
6954	**6**	**18986**	**6679**	**41506**	**1652**	—	—
86	—	1323	650	469	—	—	—
88	—	4690	210	6952	—	—	—
485	—	1201	—	436	—	—	—
—	—	2370	331	332	—	—	—
175	—	1249	—	829	—	—	—
418	—	623	—	2528	1139	—	—
170	—	718	533	788	—	—	—
564	—	334	—	1317	450	—	—
45	—	566	210	1366	—	—	—
90	—	220	60	1054	—	—	—
121	—	814	361	770	—	—	—
555	—	524	—	5389	—	—	—
338	—	945	3	501	—	—	—
990	—	1194	8	346	—	—	—
1776	—	1074	—	2345	—	—	—
14	—	499	—	7536	—	—	—
630	—	380	90	3484	63	—	—
120	—	25	3609	2844	—	—	—
289	6	237	614	2220	—	—	—
88436	**385**	**4686**	**8560**	**78519**	**24909**	**12418**	**1348**
4536	—	147	—	12656	12656	2200	500
17874	—	881	150	1202	1202	17	848
1075	170	500	—	44300	300	300	—
9151	215	1350	1410	9901	9901	9901	—
14860	—	1023	—	2200	—	—	—
11376	—	185	—	850	850	—	—
22630	—	—	—	2236	—	—	—
6934	—	600	7000	5174	—	—	—
41490	—	**16155**	**2160**	**45052**	**1290**	**153**	**7**
8730	—	4082	1743	12138	—	—	—
6598	—	1375	—	7071	—	—	—
—	—	—	—	7749	7	—	7
—	—	—	—	2673	—	—	—
4103	—	3521	—	182	182	—	—
3577	—	290	417	4670	—	—	—
9901	—	2726	—	796	796	—	—
—	—	—	—	2356	—	—	—
7835	—	1565	—	4986	305	153	—
746	—	2596	—	2431	—	—	—
831395	**27**	**8363**	**1222004**	**1636078**	**391497**	**184873**	**72905**
16662	—	—	24097	36420	10502	10502	—
1161	—	—	34670	114530	30116	23627	—
52344	—	—	32276	34715	6099	6099	—
52069	—	—	42705	61274	7103	7103	—
89728	—	—	25948	52769	20838	19927	—

东北、内蒙古重点国有林区 87 个

(按现行价

企业名称	总　计	合　计	小计	林木育种和育苗	造林和更新	森林经营、管护和改培	木材和竹材采运
海林	139107	48299	39534	180	929	5702	—
林口	83462	52531	23393	—	—	7616	—
八面通	76287	51404	13946	100	358	4688	—
桦南	129097	46089	7762	54	—	5103	—
双鸭山	123388	37031	5931	526	295	2123	—
鹤立	60690	35677	8287	53	714	2153	—
鹤北	145917	29102	11843	388	682	5103	1
东方红	167245	66644	35247	450	1330	7630	—
迎春	82839	35000	6577	10	340	3610	—
清河	238850	99646	64268	76	155	2224	—
双丰	113377	54412	20325	60	—	2190	—
铁力	354364	59954	22938	273	2948	—	—
桃山	104090	72430	16238	12	—	2270	—
朗乡	143713	45490	13712	120	790	2820	—
南岔	95687	43680	3155	45	3110	—	—
金山屯	90500	19445	11608	88	240	1854	—
美溪	94642	20244	6149	812	5337	—	—
乌马河	148472	39940	981	180	801	—	—
翠峦	135114	34175	22034	—	3883	—	—
友好	228074	120375	62705	6	90	—	—
上甘岭	70134	43923	26745	—	1936	—	—
五营	165772	30669	30669	135	1854	—	—
红星	92484	41618	3760	10	1768	—	—
新青	93443	44203	25037	432	472	5861	—
汤旺河	276457	115338	78460	51	349	1920	—
乌伊岭	36697	19184	16135	60	3368	—	—
山河屯	134717	40359	8722	124	2524	—	—
苇河	129177	70292	40339	90	6831	—	—
亚布力	171100	88702	35722	184	290	5675	—
方正	160062	66995	34935	54	3456	—	—
兴隆	157680	71106	21045	—	—	3524	—
绥棱	167850	46185	12694	380	170	6386	—
通北	135127	55373	7081	—	7081	—	—
沾河	143648	47966	18678	199	—	3828	—
带岭	218894	38917	13435	720	65	1950	—
大兴安岭林业集团	717084	349206	285075	4619	2000	159628	—
松岭	65630	28283	24477	301	100	14517	—
新林	101606	51393	39389	200	100	18835	—
塔河	91515	44659	32040	591	100	19755	—
呼中	85340	37630	33541	873	450	17622	—
阿木尔	43546	27476	24874	756	250	12224	—
图强	44250	26917	23867	179	50	11169	—
西林吉	187172	58225	40649	180	500	15604	—
十八站	32027	19304	16606	286	250	13364	—
韩家园	36031	28263	24946	483	150	20000	—
加格达奇	29967	27056	24686	770	50	16538	—

森工企业产值与企业债务情况(二)

单位:万元

产　值								
产　业					第二产业			涉林产业
产　业								
经济林产品的种植与采集	花卉及其他观赏植物种植	陆生野生动物繁育与利用	非林产业	合计	小　计	木材加工和木、竹、藤、棕、苇制品制造	木、竹、藤家具制造
30991	—	1732	8765	47042	14895	14895	—
15777	—	—	29138	5808	954	954	—
8800	—	—	37458	6196	2346	2346	—
2605	—	—	38327	36486	1602	1602	—
2987	—	—	31100	4200	440	440	—
5367	—	—	27390	12364	3774	600	—
5669	—	—	17259	27291	5236	1908	562
19412	5	6420	31397	32237	6088	3676	184
2617	—	—	28423	11751	490	—	—
61813	—	—	35378	111626	62494	3756	—
18075	—	—	34087	44898	28015	2450	25500
19717	—	—	37016	234298	3662	1822	1840
13956	—	—	56192	17820	2250	1366	329
9982	—	—	31778	28660	13030	4357	85
—	—	—	40525	18411	6945	3945	3000
9404	22	—	7837	44621	23473	560	17720
—	—	—	14095	35151	11752	10658	1094
—	—	—	38959	50148	9588	4445	2176
18151	—	—	12141	64924	4550	100	4300
62609	—	—	57670	77861	3135	—	560
24809	—	—	17178	9411	6189	882	199
28680	—	—	—	54420	1728	787	662
1982	—	—	37858	18497	7745	—	—
18272	—	—	19166	13375	6420	652	3400
76140	—	—	36878	10546	8422	770	2756
12707	—	—	3049	7805	77	—	77
6074	—	—	31637	12746	11834	2354	—
33207	—	211	29953	20663	6520	6520	—
29573	—	—	52980	16834	6714	6684	—
31425	—	—	32060	40836	7632	7632	—
17521	—	—	50061	34742	7839	—	6300
5758	—	—	33491	23612	4567	3291	1241
—	—	—	48292	27818	14705	14705	—
14651	—	—	29288	18916	3818	3058	—
10700	—	—	25482	114356	17910	10400	920
104040	**139**	**14649**	**64131**	**50394**	**39457**	**689**	—
7371	—	2188	3806	6944	6222	—	—
20254	—	—	12004	4885	4741	142	—
11594	—	—	12619	15105	14733	—	—
14543	42	11	4089	3123	2983	41	—
10964	—	680	2602	3126	3126	—	—
5928	—	6541	3050	1613	1000	—	—
20345	30	3990	17576	4733	4683	506	—
2280	45	381	2698	9340	444	—	—
3990	22	301	3317	985	985	—	—
6771	—	557	2370	540	540	—	—

东北、内蒙古重点国有林区87个

(按现行价

企业名称	企业总产值						
	第二产业						
	涉林产业					非林产业	合计
	木、竹、苇浆造纸和纸制品	林产化学产品制造	木质工艺品和木质文教体育用品制造	非木质林产品加工制造业	其他		
全国合计	2068	4396	8637	79754	91557	1392744	3131306
内蒙古森工集团	—	—	—	1652	—	39854	306855
阿尔山	—	—	—	—	—	469	12357
绰尔	—	—	—	—	—	6952	13544
绰源	—	—	—	—	—	436	6856
乌尔旗汉	—	—	—	—	—	332	12645
库都尔	—	—	—	—	—	829	11719
图里河	—	—	—	1139	—	1389	9748
伊图里河	—	—	—	—	—	788	7067
克一河	—	—	—	450	—	867	8553
甘河	—	—	—	—	—	1366	14894
吉文	—	—	—	—	—	1054	9490
阿里河	—	—	—	—	—	770	10416
根河	—	—	—	—	—	5389	21363
金河	—	—	—	—	—	501	10857
阿龙山	—	—	—	—	—	346	9722
满归	—	—	—	—	—	2345	11878
得耳布尔	—	—	—	—	—	7536	32806
莫尔道嘎	—	—	—	63	—	3421	38823
大杨树	—	—	—	—	—	2844	31124
毕拉河	—	—	—	—	—	2220	32993
吉林森工集团	—	—	—	2618	8525	53610	136635
临江	—	—	—	2268	7688	—	35711
三岔子	—	—	—	—	337	—	16357
湾沟	—	—	—	—	—	44000	7615
松江河	—	—	—	—	—	—	14058
泉阳	—	—	—	—	—	2200	5600
露水河	—	—	—	350	500	—	16430
白石山	—	—	—	—	—	2236	23800
红石	—	—	—	—	—	5174	17064
长白山森工集团	—	—	—	—	1130	43762	170091
黄泥河	—	—	—	—	—	12138	15753
敦化	—	—	—	—	—	7071	48123
大石头	—	—	—	—	—	7742	14260
八家子	—	—	—	—	—	2673	4150
和龙	—	—	—	—	182	—	1554
汪清	—	—	—	—	—	4670	30200
大兴沟	—	—	—	—	796	—	5503
天桥岭	—	—	—	—	—	2356	11620
白河	—	—	—	—	152	4681	27743
珲春	—	—	—	—	—	2431	11185
龙江森工集团	2068	450	8637	41030	81534	1244581	2200241
大海林	—	—	—	—	—	25918	138753
柴河	—	—	16	6473	—	84414	95664
东京城	—	—	—	—	—	28616	152031
穆棱	—	—	—	—	—	54171	53138
绥阳	—	—	—	911	—	31931	21266

森工企业产值与企业债务情况（三）

单位：万元

第三产业			企业销售产值	企业金融债务			
	其　中			总　计	其　中		
林业生产服务	林业旅游与休闲服务	林业公共管理及其他组织服务			与木材停伐相关债务	棚户区改造相关债务	经营性（非木材生产）相关债务
152023	958448	297871	2391941	901899	488734	291851	86916
17797	7921	8115	7196	438713	329499	61814	47400
716	1650	—	422	5213	5213	—	—
786	36	531	1064	15214	15214	—	—
398	100	300	376	19008	19008	—	—
733	210	—	474	9542	9542	—	—
680	—	300	329	645	645	—	—
565	112	—	289	926	926	—	—
410	4	—	977	397	397	—	—
496	50	52	381	1057	1057	—	—
864	—	—	190	1402	1402	—	—
550	190	—	320	7568	7568	—	—
604	378	75	357	18776	18776	—	—
1239	1720	474	216	2423	2423	—	—
630	236	—	274	8089	8089	—	—
564	68	—	436	10822	10822	—	—
689	900	—	570	19806	19806	—	—
1903	25	2383	103	71090	50061	15454	5575
2252	1565	1288	254	90829	63400	15454	11975
1805	34	1426	59	68603	47574	15454	5575
1913	643	1286	105	87303	47576	15452	24275
14687	26625	9958	146460	109949	82570	3319	8060
1108	19134	17	22585	3800	3800	—	—
1910	239	1783	36120	23970	23970	—	—
900	80	3600	709	—	—	—	—
3167	954	—	—	28560	20500	—	8060
—	4000	—	27168	4500	4500	—	—
5535	910	2185	—	16000	—	—	—
1200	600	—	35200	22900	22900	—	—
867	708	2373	24678	10219	6900	3319	—
15323	22448	40823	190007	25968	8500	12468	5000
132	800	896	50096	—	—	—	—
300	52	2706	70576	5000	—	—	5000
—	450	2910	29958	6850	—	6850	—
972	956	—	974	3500	3500	—	—
776	—	778	2573	—	—	—	—
1222	28	16908	3652	10500	5000	5500	—
224	—	5279	21782	—	—	—	—
4074	—	7546	2296	118	—	118	—
984	19890	2886	382	—	—	—	—
6639	272	—	914	7718	—	—	—
89105	704073	204406	1808774	99695	10658	64638	6001
—	81647	—	121262	—	—	—	—
430	36500	—	11625	—	—	—	—
—	12900	—	2967	—	—	—	—
3520	4500	—	183451	7800	300	7500	—
—	4350	—	—	—	—	—	—

东北、内蒙古重点国有林区 87 个

(按现行价

企业名称	企业总产值						
	第二产业						
	涉林产业					非林产业	合计
	木、竹、苇浆造纸和纸制品	林产化学产品制造	木质工艺品和木质文教体育用品制造	非木质林产品加工制造业	其他		
海林	—	—	—	—	—	32147	43766
林口	—	—	—	—	—	4854	25123
八面通	—	—	—	—	—	3850	18687
桦南	—	—	—	—	—	34884	46522
双鸭山	—	—	—	—	—	3760	82157
鹤立	—	—	—	361	2813	8590	12649
鹤北	—	—	1776	270	720	22055	89524
东方红	—	—	148	2080	—	26149	68364
迎春	—	—	—	—	490	11261	36088
清河	—	—	648	22700	35390	49132	27578
双丰	65	—	—	—	—	16883	14067
铁力	—	—	—	—	—	230636	60112
桃山	—	450	—	—	105	15570	13840
朗乡	—	—	58	—	8530	15630	69563
南岔	—	—	—	—	—	11466	33596
金山屯	2003	—	—	—	3190	21148	26434
美溪	—	—	—	—	—	23399	39247
乌马河	—	—	2967	—	—	40560	58384
翠峦	—	—	150	—	—	60374	36015
友好	—	—	1065	—	1510	74726	29838
上甘岭	—	—	—	—	5108	3222	16800
五营	—	—	279	—	—	52692	80683
红星	—	—	—	—	7745	10752	32369
新青	—	—	1500	—	868	6955	35865
汤旺河	—	—	—	—	4896	2124	150573
乌伊岭	—	—	—	—	—	7728	9708
山河屯	—	—	—	1610	7870	912	81612
苇河	—	—	—	—	—	14143	38222
亚布力	—	—	30	—	—	10120	65564
方正	—	—	—	—	—	33204	52231
兴隆	—	—	—	—	1539	26903	51832
绥棱	—	—	—	35	—	19045	98053
通北	—	—	—	—	—	13113	51936
沾河	—	—	—	—	760	15098	76766
带岭	—	—	—	6590	—	96446	65621
大兴安岭林业集团	—	3946	—	34454	368	10937	317484
松岭	—	—	—	6222	—	722	30403
新林	—	—	—	4599	—	144	45328
塔河	—	3420	—	10945	368	372	31751
呼中	—	7	—	2935	—	140	44587
阿木尔	—	—	—	3126	—	—	12944
图强	—	—	—	1000	—	613	15720
西林吉	—	495	—	3682	—	50	124214
十八站	—	24	—	420	—	8896	3383
韩家园	—	—	—	985	—	—	6783
加格达奇	—	—	—	540	—	—	2371

森工企业产值与企业债务情况(四)

单位:万元

第三产业			企业销售产值	企业金融债务			
林业生产服务	其中			总计	其中		
	林业旅游与休闲服务	林业公共管理及其他组织服务			与木材停伐相关债务	棚户区改造相关债务	经营性(非木材生产)相关债务
—	8900	—	97375	—	—	—	—
—	5500	3707	—	—	—	—	—
—	2880	—	59560	—	—	—	—
—	4800	41722	12072	13652	—	8400	—
—	11700	—	82670	—	—	—	—
126	3100	9423	1557	1650	—	1560	90
1308	5350	—	84890	—	—	—	—
42	8205	2609	78757	4538	—	—	4538
—	2200	—	31040	5460	—	4260	1200
385	12005	2270	192073	173	—	—	173
7978	6089	—	—	—	—	—	—
—	47925	12187	—	—	—	—	—
—	8660	—	85530	6561	694	5867	—
—	25348	—	—	—	—	—	—
—	22120	—	—	—	—	—	—
—	17000	—	63500	—	—	—	—
—	15513	—	—	—	—	—	—
—	7831	—	—	—	—	—	—
—	20430	—	—	—	—	—	—
—	5920	—	216671	—	—	—	—
—	16800	—	—	—	—	—	—
—	50557	30126	—	—	—	—	—
24696	7673	—	—	—	—	—	—
—	22400	—	47963	5625	1375	4250	—
—	68248	—	234988	24090	8289	15801	—
—	836	—	—	—	—	—	—
—	47000	34612	—	—	—	—	—
—	9700	3763	4379	19075	—	10000	—
999	30600	5278	—	8616	—	—	—
—	15260	—	—	—	—	—	—
—	7700	—	—	—	—	—	—
—	8460	19997	—	2000	—	2000	—
49621	2315	—	—	455	—	—	—
—	8242	—	3818	—	—	5000	—
—	26909	38712	192626	—	—	—	—
15111	197381	34569	239504	227574	57507	149612	20455
1567	20859	2178	17288	29933	8115	18623	3195
3913	14621	8486	55179	29933	8115	18623	3195
2900	6500	3900	38659	31380	5864	23546	1970
—	28963	6554	18188	32815	4460	27545	810
1428	6755	2893	18180	16153	7956	8197	—
1435	4400	4850	16519	10574	2960	5714	1900
—	113550	1687	41395	41453	7780	29846	3827
—	1100	1586	15030	24269	9972	12297	2000
2800	262	1503	8615	9006	2285	5221	1500
1068	371	932	10451	2058	—	—	2058

东北、内蒙古重点国有林区森工企业主要产品产量(一)

指标名称	计量单位	企业合计
一、商品材产量	立方米	301674
1．原木	立方米	294428
2．薪材	立方米	7246
按来源分：		
1．天然林	立方米	62126
2．人工林	立方米	239548
二、木材销售量	立方米	348028
三、木材实际库存量	立方米	64384
四、锯材产量	立方米	76038
五、人造板产量	立方米	72051

东北、内蒙古重点国有林区森工企业主要产品产量(二)

指标名称	计量单位	企业合计
其中：胶合板	立方米	4090
纤维板	立方米	—
刨花板	立方米	10900
六、木片、木粒加工产品产量	实积立方米	12814
七、木地板	平方米	344182
八、卫生筷子	标准箱	338826

东北、内蒙古重点国有林区87个

企业名称	商品材产量					木材销售量
	合计	原木	薪材	按来源分		
				天然林	人工林	
全国合计	301674	294428	7246	62126	239548	348028
内蒙古森工集团	9191	8819	372	3121	6070	24072
阿尔山	2969	2925	44	—	2969	2989
绰尔	703	375	328	702	1	2030
绰源	317	317	—	—	317	764
乌尔旗汉	—	—	—	—	—	—
库都尔	—	—	—	—	—	486
图里河	—	—	—	—	—	1154
伊图里河	—	—	—	—	—	1536
克一河	2753	2753	—	—	2753	3698
甘河	106	106	—	106	—	1173
吉文	2005	2005	—	2005	—	6037
阿里河	—	—	—	—	—	2396
根河	—	—	—	—	—	—
金河	—	—	—	—	—	230
阿龙山	—	—	—	—	—	—
满归	—	—	—	—	—	—
得耳布尔	308	308	—	308	—	—
莫尔道嘎	—	—	—	—	—	1579
大杨树	30	30	—	—	30	—
毕拉河	—	—	—	—	—	—
吉林森工集团	152810	148259	4551	23847	128963	196389
临江	39493	34942	4551	682	38811	43815
三岔子	40608	40608	—	12	40596	57411
湾沟	11632	11632	—	—	11632	8092
松江河	32335	32335	—	11842	20493	47016
泉阳	5423	5423	—	—	5423	8202
露水河	8349	8349	—	2035	6314	11073
白石山	5694	5694	—	—	5694	5015
红石	9276	9276	—	9276	—	15765
长白山森工集团	125467	124075	1392	33511	91956	115520
黄泥河	18901	18901	—	3658	15243	24607
敦化	26762	26762	—	4730	22032	22762
大石头	36219	35797	422	13311	22908	36749
八家子	5281	5281	—	5281	—	3643
和龙	17620	17620	—	—	17620	20620
汪清	970	—	970	970	—	970
大兴沟	14153	14153	—	—	14153	—
天桥岭	—	—	—	—	—	—
白河	5311	5311	—	5311	—	5919
珲春	250	250	—	250	—	250
龙江森工集团	14206	13275	931	1647	12559	12047
大海林	—	—	—	—	—	—
柴河	1904	1904	—	1614	290	1904
东京城	12269	11338	931	—	12269	10110
穆棱	—	—	—	—	—	—
绥阳	—	—	—	—	—	—

森工企业主要产品产量(一)

单位:立方米

木材实际库存量	锯材产量	人造板产量				木片、木粒加工产品产量(实积立方米)	木地板（平方米）	卫生筷子（标准箱）
		合计	其中					
			胶合板	纤维板	刨花板			
64384	76038	72051	4090	—	10900	12814	344182	338826
7578	—	—	—	—	—	—	—	—
1566	—	—	—	—	—	—	—	—
856	—	—	—	—	—	—	—	—
439	—	—	—	—	—	—	—	—
—	—	—	—	—	—	—	—	—
562	—	—	—	—	—	—	—	—
441	—	—	—	—	—	—	—	—
616	—	—	—	—	—	—	—	—
750	—	—	—	—	—	—	—	—
123	—	—	—	—	—	—	—	—
—	—	—	—	—	—	—	—	—
619	—	—	—	—	—	—	—	—
—	—	—	—	—	—	—	—	—
1242	—	—	—	—	—	—	—	—
—	—	—	—	—	—	—	—	—
308	—	—	—	—	—	—	—	—
26	—	—	—	—	—	—	—	—
30	—	—	—	—	—	—	—	—
40563	1000	—	—	—	—	—	—	—
35	—	—	—	—	—	—	—	—
8917	—	—	—	—	—	—	—	—
5473	1000	—	—	—	—	—	—	—
9095	—	—	—	—	—	—	—	—
—	—	—	—	—	—	—	—	—
3976	—	—	—	—	—	—	—	—
5694	—	—	—	—	—	—	—	—
7373	—	—	—	—	—	—	—	—
14084	994	—	—	—	—	—	—	—
3800	—	—	—	—	—	—	—	—
—	—	—	—	—	—	—	—	—
—	—	—	—	—	—	—	—	—
2859	—	—	—	—	—	—	—	—
—	—	—	—	—	—	—	—	—
—	—	—	—	—	—	—	—	—
—	994	—	—	—	—	—	—	—
7425	—	—	—	—	—	—	—	—
2159	74012	72051	4090	—	10900	9047	344182	328686
—	318	1076	1076	—	—	—	—	58720
—	1583	5461	1180	—	—	—	—	—
2159	400	—	—	—	—	—	—	38000
—	4500	10900	—	—	10900	—	17200	28500
—	11127	—	—	—	—	—	310112	130351

东北、内蒙古重点国有林区 87 个

企业名称	商品材产量					木材销售量
	合 计	原 木	薪 材	按来源分		
				天然林	人工林	
海林	—	—	—	—	—	—
林口	—	—	—	—	—	—
八面通	—	—	—	—	—	—
桦南	—	—	—	—	—	—
双鸭山	—	—	—	—	—	—
鹤立	—	—	—	—	—	—
鹤北	33	33	—	33	—	33
东方红	—	—	—	—	—	—
迎春	—	—	—	—	—	—
清河	—	—	—	—	—	—
双丰	—	—	—	—	—	—
铁力	—	—	—	—	—	—
桃山	—	—	—	—	—	—
朗乡	—	—	—	—	—	—
南岔	—	—	—	—	—	—
金山屯	—	—	—	—	—	—
美溪	—	—	—	—	—	—
乌马河	—	—	—	—	—	—
翠峦	—	—	—	—	—	—
友好	—	—	—	—	—	—
上甘岭	—	—	—	—	—	—
五营	—	—	—	—	—	—
红星	—	—	—	—	—	—
新青	—	—	—	—	—	—
汤旺河	—	—	—	—	—	—
乌伊岭	—	—	—	—	—	—
山河屯	—	—	—	—	—	—
苇河	—	—	—	—	—	—
亚布力	—	—	—	—	—	—
方正	—	—	—	—	—	—
兴隆	—	—	—	—	—	—
绥棱	—	—	—	—	—	—
通北	—	—	—	—	—	—
沾河	—	—	—	—	—	—
带岭	—	—	—	—	—	—
大兴安岭林业集团	**—**	**—**	**—**	**—**	**—**	**—**
松岭	—	—	—	—	—	—
新林	—	—	—	—	—	—
塔河	—	—	—	—	—	—
呼中	—	—	—	—	—	—
阿木尔	—	—	—	—	—	—
图强	—	—	—	—	—	—
西林吉	—	—	—	—	—	—
十八站	—	—	—	—	—	—
韩家园	—	—	—	—	—	—
加格达奇	—	—	—	—	—	—

森工企业主要产品产量（二）

单位：立方米

| 木材实际库存量 | 锯材产量 | 人造板产量 | | | | | 木片、木粒加工产品产量（实积立方米） | 木地板（平方米） | 卫生筷子（标准箱） |
| | | 合计 | 其中 | | | | | |
			胶合板	纤维板	刨花板			
—	—	—	—	—	—	—	—	—
—	1165	4065	—	—	—	—	10100	—
—	—	—	—	—	—	—	—	30000
—	2200	—	—	—	—	—	—	—
—	314	396	396	—	—	—	—	—
—	—	—	—	—	—	—	—	36770
—	1730	—	—	—	—	—	—	—
—	—	—	—	—	—	—	—	—
—	3300	1200	—	—	—	—	—	—
—	13000	220	110	—	—	—	—	—
—	—	630	630	—	—	—	—	—
—	—	1260	475	—	—	—	6770	—
—	—	1928	—	—	—	—	—	—
—	—	—	—	—	—	—	—	—
—	—	8044	—	—	—	—	—	—
—	—	—	—	—	—	9047	—	—
—	—	550	—	—	—	—	—	—
—	—	2204	—	—	—	—	—	—
—	—	890	—	—	—	—	—	—
—	—	3260	—	—	—	—	—	—
—	—	3080	—	—	—	—	—	—
—	8130	—	—	—	—	—	—	—
—	18025	223	223	—	—	—	—	—
—	6586	—	—	—	—	—	—	6345
—	1634	—	—	—	—	—	—	—
—	—	18564	—	—	—	—	—	—
—	—	1500	—	—	—	—	—	—
—	—	6600	—	—	—	—	—	—
—	32	—	—	—	—	3767	—	10140
—	—	—	—	—	—	—	—	10140
—	32	—	—	—	—	150	—	—
—	—	—	—	—	—	3617	—	—

东北、内蒙古重点国有林区森工企业非木材产品产量

指标名称	计量单位	企业合计
一、各类经济林产品产量合计	吨	358427
二、森林药材	吨	95220
三、食用菌	吨	156559
四、山野菜	吨	68401
五、年末大牲畜存栏数	万只	57.83
六、年末家禽存栏数	万只	733.75
七、森林旅游人数	万人次	1647.13

东北、内蒙古重点国有林区 87 个森工企业非木材产品产量（一）

企业名称	各类经济林产品产量合计（吨）	森林药材（吨）	食用菌（吨）	山野菜（吨）	年末大牲畜存栏数（万只）	年末家禽存栏数（万只）	森林旅游人数（万人次）
重点森工企业合计	358427	95220	156559	68401	57.83	733.75	1647.13
内蒙古森工集团	3308	242	213	187	5.54	12.87	36.27
阿尔山	65	—	5	58	0.99	0.14	4.06
绰尔	20	—	4	—	0.64	0.64	0.11
绰源	100	76	5	14	0.27	0.03	0.95
乌尔旗汉	—	—	—	—	0.42	—	1.14
库都尔	49	17	9	—	0.43	0.66	—
图里河	143	48	9	—	0.29	1.42	1.30
伊图里河	22	1	2	—	0.30	—	0.30
克一河	85	15	68	—	0.23	0.03	0.18
甘河	30	25	—	—	0.27	0.62	—
吉文	37	1	6	20	0.14	0.20	1.05
阿里河	35	—	13	—	0.22	0.66	1.20
根河	317	30	6	50	0.20	0.66	6.50
金河	211	—	1	—	0.21	0.10	1.20
阿龙山	635	—	25	—	0.14	3.80	0.85
满归	1230	—	30	—	0.42	1.88	3.00
得耳布尔	15	5	—	—	0.15	0.51	0.15
莫尔道嘎	158	24	20	20	0.10	1.26	12.50
大杨树	59	—	—	—	0.02	—	0.70
毕拉河	97	—	10	25	0.09	0.25	1.08
吉林森工集团	13374	2456	3383	729	0.70	6.73	29.85
临江	895	431	188	38	0.05	0.50	4.80
三岔子	489	105	15	42	0.15	1.25	0.30
湾沟	138	—	8	—	0.03	2.00	0.16
松江河	1840	987	80	285	0.19	0.29	2.99
泉阳	1011	570	45	90	0.27	2.62	5.42
露水河	1926	226	144	98	0.02	0.07	2.03
白石山	3290	30	2800	80	—	—	0.85
红石	3785	107	103	96	—	—	13.30
长白山森工集团	16876	617	9218	1437	2.06	15.98	35.34
黄泥河	1995	42	1312	327	0.13	—	5.50
敦化	1492	67	188	131	0.29	1.70	0.26
大石头	4845	193	3118	46	0.64	8.22	0.88
八家子	1745	11	364	353	0.34	0.95	1.60
和龙	626	—	455	103	0.31	0.11	—
汪清	677	47	402	48	0.06	—	0.50
大兴沟	1342	62	1000	14	0.03	—	—
天桥岭	2386	12	1964	350	0.02	—	—
白河	1337	183	400	11	0.07	5.00	24.79
珲春	431	—	15	54	0.17	—	1.81
龙江森工集团	317662	91116	139424	64391	35.95	649.53	1313.73
大海林	398	344	997	722	0.73	15.00	83.08
柴河	6251	55	1515	330	0.69	56.20	66.00
东京城	7770	40	5800	410	1.76	7.02	33.00
穆棱	5920	1042	3850	608	0.21	2.03	21.50
绥阳	10990	290	9500	1200	—	—	13.38

东北、内蒙古重点国有林区 87 个森工企业非木材产品产量（二）

企业名称	各类经济林产品产量合计(吨)	森林药材(吨)	食用菌(吨)	山野菜(吨)	年末大牲畜存栏数(万只)	年末家禽存栏数(万只)	森林旅游人数(万人次)
海林	2229	544	350	620	0.39	7.00	35.00
林口	4807	105	1939	214	0.34	—	12.00
八面通	1386	4	502	421	0.16	2.80	11.50
桦南	543	70	8	50	1.44	25.48	15.00
双鸭山	496	3	28	40	0.33	1.53	40.00
鹤立	1178	262	631	190	2.19	5.30	11.00
鹤北	1359	446	403	10	1.28	3.46	21.00
东方红	2460	510	1500	300	0.88	8.65	28.01
迎春	416	61	40	315	1.34	1.35	10.00
清河	10863	5219	3024	100	0.78	0.42	39.20
双丰	3130	2380	170	180	0.53	12.30	8.43
铁力	2139	—	392	702	0.03	3.36	63.93
桃山	3975	1860	485	896	2.01	2.35	11.99
朗乡	8004	600	4899	2145	1.79	19.08	55.05
南岔	141200	58000	59000	24200	1.09	30.31	35.11
金山屯	2232	129	1820	144	0.05	4.40	85.00
美溪	2840	—	2030	810	3.43	9.50	22.18
乌马河	4480	99	1350	3130	0.11	5.17	3.75
翠峦	2941	470	1082	842	1.55	19.93	27.83
友好	5049	200	2930	1919	0.29	61.20	8.00
上甘岭	3087	750	1775	432	1.28	9.85	22.65
五营	7494	419	3384	2984	0.05	8.10	80.00
红星	3459	533	1114	918	0.07	2.89	17.36
新青	5155	626	1890	2588	0.59	4.60	44.00
汤旺河	18014	10815	3230	1703	0.71	18.21	76.40
乌伊岭	9309	32	8453	790	0.21	1.37	1.22
山河屯	1254	2	350	900	2.05	220.50	53.00
苇河	6005	119	4510	1216	0.35	1.73	27.00
亚布力	7250	1550	4500	1200	0.24	5.16	50.00
方正	4872	306	2749	830	2.06	4.00	39.02
兴隆	2949	522	1746	506	0.19	2.26	37.00
绥棱	1742	215	800	50	0.85	8.20	30.00
通北	1344	376	28	897	—	—	8.00
沾河	9232	958	150	7879	0.89	0.39	24.12
带岭	3440	1160	500	1000	3.01	58.44	43.00
大兴安岭林业集团	**7207**	**789**	**4321**	**1657**	**13.59**	**48.65**	**231.95**
松岭	389	61	432	4	0.85	2.95	27.90
新林	1130	143	638	132	1.01	1.82	14.62
塔河	877	35	553	107	3.61	20.82	5.91
呼中	864	—	961	395	1.28	6.41	28.55
阿木尔	837	169	178	96	0.29	1.10	7.41
图强	665	20	255	5	1.00	1.10	14.00
西林吉	1850	24	790	470	1.15	8.13	116.82
十八站	17	116	145	110	0.95	1.66	1.30
韩家园	283	164	248	113	1.09	2.98	0.23
加格达奇	295	57	121	225	2.35	1.67	15.20

东北、内蒙古重点国有林区森工企业从业人员和劳动报酬情况

指标名称	计量单位	企业合计
一、年末人数	人	395015
其中:混岗职工人数	人	13056
1.在岗职工	人	309724
其中:混岗职工人数	人	2735
其中:非全日制	人	1478
2.其他从业人员	人	—
3.离开本单位仍保留劳动关系人员	人	85291
二、年末参加基本养老保险人数	人	376802
其中:混岗职工人数	人	9646
三、年末参加基本医疗保险人数	人	388260
其中:混岗职工人数	人	4231
四、在岗职工平均人数	人	279550
五、在岗职工工资总额	千元	11008003
六、年末离退休人员人数	人	465285
七、离退休人员年生活费	千元	14290938

东北、内蒙古重点国有林区 87 个

企业名称	年末人数					其他从业人员
	总计	其中：混岗职工人数	在岗职工			
			合计	其中		
				混岗职工人数	非全日制	
全国合计	395015	13056	309724	2735	1478	—
内蒙古森工集团	50085	—	50085	—	—	
阿尔山	2658	—	2658	—	—	
绰尔	2908	—	2908	—	—	
绰源	1572	—	1572	—	—	
乌尔旗汉	2517	—	2517	—	—	
库都尔	3555	—	3555	—	—	
图里河	2240	—	2240	—	—	
伊图里河	1774	—	1774	—	—	
克一河	2288	—	2288	—	—	
甘河	3306	—	3306	—	—	
吉文	2363	—	2363	—	—	
阿里河	3563	—	3563	—	—	
根河	4079	—	4079	—	—	
金河	2545	—	2545	—	—	
阿龙山	2988	—	2988	—	—	
满归	2622	—	2622	—	—	
得耳布尔	3145	—	3145	—	—	
莫尔道嘎	4018	—	4018	—	—	
大杨树	958	—	958	—	—	
毕拉河	986	—	986	—	—	
吉林森工集团	26402	—	16615	—	—	
临江	2467	—	1621	—	—	
三岔子	4302	—	2317	—	—	
湾沟	2172	—	1235	—	—	
松江河	3678	—	3028	—	—	
泉阳	2520	—	1575	—	—	
露水河	4546	—	1829	—	—	
白石山	2804	—	1908	—	—	
红石	3913	—	3102	—	—	
长白山森工集团	33159	580	21018	245	—	
黄泥河	3536	—	1948	—	—	
敦化	6671	—	3379	—	—	
大石头	3447	—	2494	—	—	
八家子	2359	276	1613	—	—	
和龙	2596	304	2153	245	—	
汪清	3603	—	2366	—	—	
大兴沟	2407	—	1399	—	—	
天桥岭	3490	—	1878	—	—	
白河	3086	—	2152	—	—	
珲春	1964	—	1636	—	—	
龙江森工集团	239873	10006	176800	20	1478	—
大海林	4424	—	4068	—	—	
柴河	3916	—	3782	—	—	
东京城	6046	—	5680	—	—	
穆棱	3737	—	3634	—	—	
绥阳	4339	—	4339	—	—	

森工企业从业人员和劳动报酬情况（一）

单位：人

离开本单位仍保留劳动关系人员	年末参加基本养老保险人数 合计	其中:混岗职工人数	年末参加基本医疗保险人数 合计	其中:混岗职工人数	在岗职工平均人数	在岗职工工资总额（千元）	年末离退休人员人数	离退休人员年生活费（千元）
85291	376802	9646	388260	4231	279550	11008003	465285	14290938
—	50085	—	50085	—	39534	2051578	90845	2985834
—	2658	—	2658	—	2025	102806	4320	149540
—	2908	—	2908	—	2110	97098	3114	103908
—	1572	—	1572	—	1146	63514	2251	70679
—	2517	—	2517	—	2049	107209	5004	175643
—	3555	—	3555	—	2498	122154	6428	204893
—	2240	—	2240	—	1523	76675	4357	156340
—	1774	—	1774	—	1620	88735	3564	119608
—	2288	—	2288	—	1691	91509	3375	100807
—	3306	—	3306	—	2874	139022	6825	221666
—	2363	—	2363	—	1790	87106	3715	117165
—	3563	—	3563	—	2166	111964	5863	181127
—	4079	—	4079	—	3646	192737	7812	250884
—	2545	—	2545	—	2163	110421	4963	174132
—	2988	—	2988	—	2479	134755	6604	223521
—	2622	—	2622	—	2357	126748	7369	238005
—	3145	—	3145	—	2427	129439	5738	204048
—	4018	—	4018	—	3264	176912	6778	206539
—	958	—	958	—	882	48369	2140	66825
—	986	—	986	—	824	44405	625	20504
9787	26402	—	26402	—	16826	680009	—	—
846	2467	—	2467	—	1608	68768	—	—
1985	4302	—	4302	—	2326	100085	—	—
937	2172	—	2172	—	1252	71662	—	—
650	3678	—	3678	—	3028	102920	—	—
945	2520	—	2520	—	1575	77713	—	—
2717	4546	—	4546	—	1898	88464	—	—
896	2804	—	2804	—	1968	65177	—	—
811	3913	—	3913	—	3171	105220	—	—
12141	31303	245	31254	245	21735	1055343	—	—
1588	3536	—	3536	—	1942	90520	—	—
3292	5632	—	5632	—	3833	161044	—	—
953	3094	—	3094	—	2621	129694	—	—
746	2046	—	2045	—	1659	86626	—	—
443	2587	245	2581	245	2203	107654	—	—
1237	3533	—	3603	—	2366	119963	—	—
1008	2407	—	2295	—	1397	65908	—	—
1612	3490	—	3490	—	1912	85097	—	—
934	3086	—	3086	—	2139	132254	—	—
328	1892	—	1892	—	1663	76584	—	—
63073	226400	7203	235280	1516	157239	5334892	308634	9399634
356	4424	—	4424	—	3690	154285	10041	289475
134	3081	—	3471	—	2943	132940	13426	413171
366	6046	—	6046	—	3820	170391	11189	324134
103	3389	—	3618	—	2164	95540	9871	306805
—	4339	—	4328	—	3612	158191	8288	242467

东北、内蒙古重点国有林区 87 个

企业名称	年末人数					其他从业人员
	总计	其中：混岗职工人数	在岗职工			
			合计	其中		
				混岗职工人数	非全日制	
海林	3420	—	3420	—	—	—
林口	3576	—	3221	—	—	—
八面通	4483	—	3016	—	—	—
桦南	6699	—	3987	—	—	—
双鸭山	3249	13	3055	—	—	—
鹤立	3102	—	2908	—	—	—
鹤北	5852	—	4704	—	—	—
东方红	4979	31	3852	20	—	—
迎春	2620	—	2608	—	—	—
清河	2296	—	2204	—	—	—
双丰	12172	—	6584	—	—	—
铁力	9281	1438	5018	—	—	—
桃山	7497	2057	4436	—	314	—
朗乡	7604	—	6963	—	—	—
南岔	9055	—	8465	—	—	—
金山屯	7788	—	4546	—	—	—
美溪	9765	793	5386	—	—	—
乌马河	10888	4717	4656	—	—	—
翠峦	9796	563	5118	—	—	—
友好	8855	—	5874	—	—	—
上甘岭	5446	48	3855	—	—	—
五营	7617	—	5429	—	—	—
红星	6093	—	5044	—	—	—
新青	9412	278	5200	—	1164	—
汤旺河	6823	—	4430	—	—	—
乌伊岭	6593	—	4536	—	—	—
山河屯	3797	—	3214	—	—	—
苇河	4787	—	4398	—	—	—
亚布力	4520	14	3202	—	—	—
方正	4872	—	3175	—	—	—
兴隆	5010	54	4496	—	—	—
绥棱	5256	—	5180	—	—	—
通北	4399	—	3730	—	—	—
沾河	5674	—	5288	—	—	—
带岭	4135	—	4099	—	—	—
大兴安岭林业集团	45496	2470	45206	2470	—	—
松岭	4632	649	4632	649	—	—
新林	5139	—	5139	—	—	—
塔河	7328	—	7328	—	—	—
呼中	5266	—	5266	—	—	—
阿木尔	3437	499	3404	499	—	—
图强	4063	1322	4063	1322	—	—
西林吉	6873	—	6873	—	—	—
十八站	2965	—	2965	—	—	—
韩家园	2715	—	2458	—	—	—
加格达奇	3078	—	3078	—	—	—

森工企业从业人员和劳动报酬情况(二)

单位:人

离开本单位仍保留劳动关系人员	年末参加基本养老保险人数 合计	其中:混岗职工人数	年末参加基本医疗保险人数 合计	其中:混岗职工人数	在岗职工平均人数	在岗职工工资总额(千元)	年末离退休人员人数	离退休人员年生活费(千元)
—	3420	—	3420	—	2029	80850	6500	192791
355	3576	—	3576	—	3221	121440	5498	155917
1467	4246	—	4246	—	2875	99069	2593	79994
2712	6479	—	6699	—	4014	124742	5046	179558
194	3249	13	3249	13	2645	86130	4186	131875
194	2988	—	3102	—	2995	68920	2593	90180
1148	5609	—	5852	—	4701	152173	4731	142017
1127	4698	31	4972	31	2904	124441	8866	286688
12	2484	—	2608	—	2239	86649	2514	80451
92	2296	—	2204	—	1363	65952	4423	131171
5588	12172	5687	12172	—	5757	107715	11087	304750
4263	9281	—	9281	—	4268	141531	12010	348175
3061	7497	—	7497	—	4436	142502	13943	457898
641	7604	—	7604	—	7002	189054	15494	472081
590	9055	—	9055	—	8456	213091	8086	184361
3242	7504	—	7788	—	5078	137124	12937	368879
4379	8972	793	8972	793	5308	176374	5475	177259
6232	6171	—	5292	—	4656	164425	5531	295867
4678	9796	563	9796	563	5115	180164	16767	475660
2981	7771	—	7313	—	4157	168202	9107	276909
1591	5446	48	5446	48	2401	98070	5237	137475
2188	7288	—	7617	—	5181	155558	3990	123506
1049	5845	—	6093	—	5044	129782	9319	263058
4212	8359	—	9134	—	4930	187473	8802	305357
2393	6391	—	6309	—	4234	147507	5902	216839
2057	6148	—	6593	—	4536	117470	3472	105650
583	3797	—	3797	—	3723	139302	6119	193023
389	4787	—	10525	—	3254	105820	16035	417094
1318	4520	14	4520	14	2750	118460	5718	195669
1697	4872	—	4872	—	3204	133218	7046	198384
514	5010	54	5010	54	2929	124358	7036	214206
76	4571	—	4571	—	4198	121295	6403	190116
669	4399	—	4399	—	3092	123374	5759	185381
386	5674	—	5674	—	4216	176524	3791	121432
36	3146	—	4135	—	4099	114787	3803	123910
290	**42612**	**2198**	**45239**	**2470**	**44216**	**1886180**	**65806**	**1905470**
—	4426	649	4632	649	4650	198740	9087	241140
—	4864	—	5139	—	5290	257700	16976	463780
—	6933	—	7328	—	6448	270360	6614	240810
—	5043	—	5266	—	5276	254150	7136	221860
33	3297	499	3437	499	3503	166630	3366	104600
—	3602	1050	4063	1322	3953	167000	5748	168220
—	6521	—	6873	—	6873	228910	7694	203520
—	2799	—	2965	—	2965	121490	4257	123630
257	2355	—	2458	—	2477	107680	1374	37590
—	2772	—	3078	—	2781	113520	3554	100320

东北、内蒙古重点国有林区森工企业林业投资完成情况(一)

指标名称	计量单位	企业合计
一、自年初累计完成投资	万元	**2227488**
1.生态建设与保护	万元	2038195
(1)造林抚育与森林质量提升	万元	2022013
(2)湿地保护与恢复	万元	4702
(3)防沙治沙	万元	—
(4)野生动植物保护	万元	6364
(5)自然保护地建设与修复	万元	5116
2.林业产业发展	万元	16999
(1)工业原料林	万元	—
(2)特色经济林(不含木本油料)	万元	65
(3)木本油料	万元	—
(4)花卉	万元	—
(5)林下经济	万元	111
(6)木竹制品加工制造	万元	—
(7)木竹家具制造	万元	—
(8)木竹浆造纸	万元	—
(9)非木质林产品加工制造	万元	24

东北、内蒙古重点国有林区森工企业林业投资完成情况(二)

指标名称	计量单位	企业合计
(10)林业旅游休闲康养	万元	3179
(11)其他	万元	13620
3.林业支撑与保障	万元	48521
(1)林业改革补助	万元	82
(2)林木种苗	万元	2453
(3)森林防火与森林公安	万元	41246
(4)林业有害生物防治	万元	1733
(5)林业科技、教育、法治、宣传等	万元	853
(6)林业信息化	万元	2154
(7)林业管理财政事业费	万元	—
4.林业基础设施建设	万元	123773
(1)棚户区(危旧房)改造	万元	47450
(2)林区公益性基础设施建设	万元	26033
(3)国有林场国有林区道路建设	万元	4301
(4)其他	万元	45989
二、本年房屋竣工面积	平方米	221094
本年房屋竣工价值	万元	18243
三、本年新增公路里程	千米	2947

东北、内蒙古重点国有林区87个

企业名称	总计	合计	造林抚育与森林质量提升	湿地保护与恢复	防沙治沙
全国合计	2227488	2038195	2022013	4702	—
内蒙古森工集团	508151	455591	451093	3975	—
阿尔山	20741	18997	18997	—	—
绰尔	28184	24506	23975	300	—
绰源	14543	13667	13367	300	—
乌尔旗汉	23563	22950	22800	150	—
库都尔	27386	26198	26168	30	—
图里河	20941	19426	19251	150	—
伊图里河	17511	16347	16347	—	—
克一河	18974	17941	17889	—	—
甘河	28151	27528	27108	420	—
吉文	19033	17671	17561	110	—
阿里河	24881	23388	23313	75	—
根河	44509	36142	35750	300	—
金河	23899	23085	22785	300	—
阿龙山	20238	19562	19562	—	—
满归	23188	19419	19119	300	—
得耳布尔	20078	19062	18537	500	—
莫尔道嘎	31875	30057	30057	—	—
大杨树	13155	12117	11479	540	—
毕拉河	87301	67528	67028	500	—
吉林森工集团	181812	166294	166058	2	—
临江	21762	18313	18313	—	—
三岔子	25927	25765	25763	2	—
湾沟	15471	13736	13736	—	—
松江河	27131	23148	23053	—	—
泉阳	15212	14973	14973	—	—
露水河	26126	24307	24307	—	—
白石山	20915	18749	18610	—	—
红石	29268	27303	27303	—	—
长白山森工集团	247070	219358	209601	725	—
黄泥河	25940	23175	22977	—	—
敦化	32343	29061	29061	—	—
大石头	30182	26511	26102	409	—
八家子	21227	17491	17389	102	—
和龙	20476	17982	17484	—	—
汪清	29063	26386	25832	—	—
大兴沟	15651	14481	14398	—	—
天桥岭	24922	23837	19732	112	—
白河	27018	22645	22543	102	—
珲春	20248	17789	14083	—	—
龙江森工集团	953757	894332	892641	—	—
大海林	25827	24051	24051	—	—
柴河	24976	24001	24001	—	—
东京城	30453	29505	29505	—	—
穆棱	23018	20851	20758	—	—
绥阳	26652	26200	26200	—	—

森工企业林业投资完成情况(一)

单位:万元

累计完成投资		林业产业发展				
野生动植物保护	自然保护地建设与修复	合计	工业原料林	特色经济林(不含木本油料)	木本油料	花 卉
6364	5116	16999	—	65	—	—
425	98	7250	—	—	—	—
—	—	—	—	—	—	—
231	—	20	—	—	—	—
—	—	100	—	—	—	—
—	—	—	—	—	—	—
25	—	—	—	—	—	—
—	—	—	—	—	—	—
52	—	—	—	—	—	—
—	—	—	—	—	—	—
—	—	368	—	—	—	—
92	—	519	—	—	—	—
—	—	20	—	—	—	—
—	—	—	—	—	—	—
—	—	20	—	—	—	—
25	—	—	—	—	—	—
—	—	271	—	—	—	—
—	98	—	—	—	—	—
—	—	5932	—	—	—	—
139	95	152	—	—	—	—
—	—	12	—	—	—	—
—	95	—	—	—	—	—
—	—	140	—	—	—	—
139	—	—	—	—	—	—
5710	3322	3561	—	65	—	—
63	135	93	—	—	—	—
—	—	119	—	65	—	—
—	—	640	—	—	—	—
—	—	2381	—	—	—	—
488	10	—	—	—	—	—
169	385	100	—	—	—	—
83	—	45	—	—	—	—
3993	—	—	—	—	—	—
—	—	—	—	—	—	—
914	2792	183	—	—	—	—
90	1601	6036	—	—	—	—
—	—	440	—	—	—	—
—	—	—	—	—	—	—
—	—	—	—	—	—	—
—	93	—	—	—	—	—
—	—	330	—	—	—	—

东北、内蒙古重点国有林区 87 个

企业名称	总 计	合计	造林抚育与森林质量提升	湿地保护与恢复	防沙治沙
海林	19048	18958	18958	—	—
林口	21893	20237	20227	—	—
八面通	18037	16707	16697	—	—
桦南	27941	25069	25059	—	—
双鸭山	16803	16398	16388	—	—
鹤立	18200	14823	14823	—	—
鹤北	25033	24151	24151	—	—
东方红	27762	26245	24902	—	—
迎春	18184	15479	15469	—	—
清河	17473	14643	14643	—	—
双丰	17733	17653	17653	—	—
铁力	25112	24359	24359	—	—
桃山	24064	21201	21201	—	—
朗乡	27473	27343	27343	—	—
南岔	32562	31260	31260	—	—
金山屯	25224	23925	23925	—	—
美溪	25859	24329	24329	—	—
乌马河	20832	20371	20371	—	—
翠峦	24493	24413	24413	—	—
友好	27945	26966	26966	—	—
上甘岭	17998	17211	17211	—	—
五营	21827	20874	20874	—	—
红星	21915	21835	21835	—	—
新青	27317	26874	26874	—	—
汤旺河	23460	21585	21585	—	—
乌伊岭	23287	21500	21500	—	—
山河屯	25919	21745	21745	—	—
苇河	31738	23377	23377	—	—
亚布力	24564	23944	23944	—	—
方正	23372	22926	22916	—	—
兴隆	25989	24862	24862	—	—
绥棱	22601	20717	20717	—	—
通北	22542	22412	22412	—	—
沾河	29311	27378	27378	—	—
带岭	19320	17954	17759	—	—
大兴安岭林业集团	**336698**	**302620**	**302620**	**—**	**—**
松岭	32690	28814	28814	—	—
新林	41223	32980	32980	—	—
塔河	54966	52039	52039	—	—
呼中	41075	36241	36241	—	—
阿木尔	22663	21381	21381	—	—
图强	24850	24483	24483	—	—
西林吉	35584	31041	31041	—	—
十八站	27130	24149	24149	—	—
韩家园	27304	23723	23723	—	—
加格达奇	29213	27769	27769	—	—

森工企业林业投资完成情况(二)

单位:万元

累计完成投资						
野生动植物保护	自然保护地建设与修复	林业产业发展				
		合计	工业原料林	特色经济林(不含木本油料)	木本油料	花 卉
—	—	—	—	—	—	—
10	—	20	—	—	—	—
10	—	—	—	—	—	—
10	—	440	—	—	—	—
10	—	300	—	—	—	—
—	—	440	—	—	—	—
—	—	249	—	—	—	—
30	1313	—	—	—	—	—
10	—	—	—	—	—	—
—	—	440	—	—	—	—
—	—	—	—	—	—	—
—	—	—	—	—	—	—
—	—	—	—	—	—	—
—	—	—	—	—	—	—
—	—	—	—	—	—	—
—	—	—	—	—	—	—
—	—	—	—	—	—	—
—	—	—	—	—	—	—
—	—	—	—	—	—	—
—	—	—	—	—	—	—
—	—	1200	—	—	—	—
—	—	1100	—	—	—	—
—	—	440	—	—	—	—
10	—	330	—	—	—	—
—	—	307	—	—	—	—
—	—	—	—	—	—	—
—	195	—	—	—	—	—
—	—	—	—	—	—	—
—	—	—	—	—	—	—
—	—	—	—	—	—	—
—	—	—	—	—	—	—
—	—	—	—	—	—	—

东北、内蒙古重点国有林区 87 个

企业名称	自年初 林业产业发展					
	林下经济	木竹制品加工制造	木竹家具制造	木竹浆造纸	非木质林产品加工制造
全国合计	111	—	—	—	24
内蒙古森工集团	—	—	—	—	24
阿尔山	—	—	—	—	—
绰尔	—	—	—	—	—
绰源	—	—	—	—	—
乌尔旗汉	—	—	—	—	—
库都尔	—	—	—	—	—
图里河	—	—	—	—	—
伊图里河	—	—	—	—	—
克一河	—	—	—	—	—
甘河	—	—	—	—	—
吉文	—	—	—	—	—
阿里河	—	—	—	—	—
根河	—	—	—	—	—
金河	—	—	—	—	—
阿龙山	—	—	—	—	—
满归	—	—	—	—	—
得耳布尔	—	—	—	—	—
莫尔道嘎	—	—	—	—	24
大杨树	—	—	—	—	—
毕拉河	—	—	—	—	—
吉林森工集团	12	—	—	—	—
临江	—	—	—	—	—
三岔子	12	—	—	—	—
湾沟	—	—	—	—	—
松江河	—	—	—	—	—
泉阳	—	—	—	—	—
露水河	—	—	—	—	—
白石山	—	—	—	—	—
红石	—	—	—	—	—
长白山森工集团	99	—	—	—	—
黄泥河	—	—	—	—	—
敦化	54	—	—	—	—
大石头	—	—	—	—	—
八家子	—	—	—	—	—
和龙	—	—	—	—	—
汪清	—	—	—	—	—
大兴沟	45	—	—	—	—
天桥岭	—	—	—	—	—
白河	—	—	—	—	—
珲春	—	—	—	—	—
龙江森工集团	—	—	—	—	—
大海林	—	—	—	—	—
柴河	—	—	—	—	—
东京城	—	—	—	—	—
穆棱	—	—	—	—	—
绥阳	—	—	—	—	—

森工企业林业投资完成情况（三）

单位：万元

累计完成投资		林业支撑与保障			
林业旅游休闲康养	其他	合计	林业改革补助	林木种苗	森林防火与森林公安
3179	13620	48521	82	2453	41246
1839	5387	20426	—	1570	15456
—	—	1275	—	—	1275
20	—	2486	—	99	2387
100	—	340	—	20	180
—	—	281	—	123	158
—	—	359	—	110	82
—	—	126	—	50	76
—	—	409	—	50	359
—	—	166	—	70	96
—	—	116	—	30	86
—	—	308	—	70	238
368	—	355	—	72	183
519	—	2459	—	199	1810
20	—	293	—	119	104
—	—	330	—	153	177
20	—	1404	—	118	1263
—	—	215	—	120	95
247	—	142	—	71	71
—	—	186	—	86	65
545	5387	9176	—	10	6751
140	—	7224	—	630	6116
—	—	1813	—	175	1379
—	—	150	—	105	29
—	—	630	—	—	622
—	—	102	—	55	17
—	—	239	—	30	184
140	—	1679	—	180	1425
—	—	1146	—	—	1115
—	—	1465	—	85	1345
—	3397	4259	82	213	3427
—	93	25	—	13	—
—	—	206	20	—	—
—	640	693	—	—	685
—	2381	1355	—	30	1316
—	—	436	—	—	270
—	100	177	—	162	—
—	—	31	—	8	—
—	—	60	—	—	—
—	—	779	—	—	769
—	183	497	62	—	387
1200	4836	10601	—	—	10321
—	440	—	—	—	—
—	—	—	—	—	—
—	—	1159	—	—	1159
—	330	—	—	—	—

东北、内蒙古重点国有林区 87 个

企业名称	自年初 林业产业发展				
	林下经济	木竹制品加工制造	木竹家具制造	木竹浆造纸	非木质林产品加工制造
海林	—	—	—	—	—
林口	—	—	—	—	—
八面通	—	—	—	—	—
桦南	—	—	—	—	—
双鸭山	—	—	—	—	—
鹤立	—	—	—	—	—
鹤北	—	—	—	—	—
东方红	—	—	—	—	—
迎春	—	—	—	—	—
清河	—	—	—	—	—
双丰	—	—	—	—	—
铁力	—	—	—	—	—
桃山	—	—	—	—	—
朗乡	—	—	—	—	—
南岔	—	—	—	—	—
金山屯	—	—	—	—	—
美溪	—	—	—	—	—
乌马河	—	—	—	—	—
翠峦	—	—	—	—	—
友好	—	—	—	—	—
上甘岭	—	—	—	—	—
五营	—	—	—	—	—
红星	—	—	—	—	—
新青	—	—	—	—	—
汤旺河	—	—	—	—	—
乌伊岭	—	—	—	—	—
山河屯	—	—	—	—	—
苇河	—	—	—	—	—
亚布力	—	—	—	—	—
方正	—	—	—	—	—
兴隆	—	—	—	—	—
绥棱	—	—	—	—	—
通北	—	—	—	—	—
沾河	—	—	—	—	—
带岭	—	—	—	—	—
大兴安岭林业集团	**—**	**—**	**—**	**—**	**—**
松岭	—	—	—	—	—
新林	—	—	—	—	—
塔河	—	—	—	—	—
呼中	—	—	—	—	—
阿木尔	—	—	—	—	—
图强	—	—	—	—	—
西林吉	—	—	—	—	—
十八站	—	—	—	—	—
韩家园	—	—	—	—	—
加格达奇	—	—	—	—	—

森工企业林业投资完成情况(四)

单位:万元

累计完成投资		林业支撑与保障			
林业旅游休闲康养	其他	合计	林业改革补助	林木种苗	森林防火与森林公安
—	—	—	—	—	—
—	20	600	—	—	600
—	—	663	—	—	663
—	440	798	—	—	798
—	300	—	—	—	—
—	440	459	—	—	459
—	249	—	—	—	—
—	—	—	—	—	—
—	—	622	—	—	622
—	440	—	—	—	—
—	—	—	—	—	—
—	—	—	—	—	—
—	—	50	—	—	—
—	—	—	—	—	—
—	—	405	—	—	405
—	—	—	—	—	—
—	—	—	—	—	—
—	—	615	—	—	615
—	—	873	—	—	823
—	—	—	—	—	—
—	—	1029	—	—	1029
—	—	812	—	—	812
1200	—	496	—	—	496
—	1100	—	—	—	—
—	440	50	—	—	—
—	330	—	—	—	—
—	—	50	—	—	—
—	307	756	—	—	756
—	—	50	—	—	—
—	—	418	—	—	418
—	—	696	—	—	666
—	**—**	**6011**	**—**	**40**	**5926**
—	—	1247	—	—	1247
—	—	1482	—	40	1442
—	—	1073	—	—	1073
—	—	—	—	—	—
—	—	—	—	—	—
—	—	—	—	—	—
—	—	1645	—	—	1600
—	—	564	—	—	564

东北、内蒙古重点国有林区 87 个

企业名称	林业支撑与保障				自年初
	林业有害生物防治	林业科技、教育、法治、宣传等	林业信息化	林业管理财政事业费	合计
全国合计	1733	853	2154	—	123773
内蒙古森工集团	**536**	**710**	**2154**	**—**	**24884**
阿尔山	—	—	—	—	469
绰尔	—	—	—	—	1172
绰源	—	140	—	—	436
乌尔旗汉	—	—	—	—	332
库都尔	167	—	—	—	829
图里河	—	—	—	—	1389
伊图里河	—	—	—	—	755
克一河	—	—	—	—	867
甘河	—	—	—	—	507
吉文	—	—	—	—	1054
阿里河	—	100	—	—	770
根河	—	450	—	—	5389
金河	70	—	—	—	501
阿龙山	—	—	—	—	346
满归	23	—	—	—	2345
得耳布尔	—	—	—	—	801
莫尔道嘎	—	—	—	—	1405
大杨树	35	—	—	—	852
毕拉河	241	20	2154	—	4665
吉林森工集团	**427**	**51**	**—**	**—**	**8142**
临江	208	51	—	—	1636
三岔子	16	—	—	—	—
湾沟	8	—	—	—	1105
松江河	30	—	—	—	3881
泉阳	25	—	—	—	—
露水河	74	—	—	—	—
白石山	31	—	—	—	1020
红石	35	—	—	—	500
长白山森工集团	**445**	**92**	**—**	**—**	**19892**
黄泥河	12	—	—	—	2647
敦化	186	—	—	—	2957
大石头	8	—	—	—	2338
八家子	9	—	—	—	—
和龙	108	58	—	—	2058
汪清	15	—	—	—	2400
大兴沟	23	—	—	—	1094
天桥岭	26	34	—	—	1025
白河	10	—	—	—	3594
珲春	48	—	—	—	1779
龙江森工集团	**280**	**—**	**—**	**—**	**42788**
大海林	—	—	—	—	1336
柴河	—	—	—	—	975
东京城	—	—	—	—	948
穆棱	—	—	—	—	1008
绥阳	—	—	—	—	122

森工企业林业投资完成情况(五)

单位:万元

累计完成投资				本年房屋竣工面积(平方米)	本年房屋竣工价值	本年新增公路里程(千米)
棚户区(危旧房)改造	林区公益性基础设施建设	国有林场国有林区道路建设	其他			
47450	**26033**	**4301**	**45989**	**221094**	**18243**	**2947**
7512	**4566**	—	**12806**	**18156**	**4206**	**27**
260	24	—	185	92	24	—
—	86	—	1086	—	—	—
18	10	—	408	494	212	—
—	12	—	320	128	15	—
—	364	—	465	120	35	—
655	205	—	529	262	71	—
494	—	—	261	4460	155	—
170	209	—	488	80	20	—
—	26	—	481	1120	1087	—
—	8	—	1046	433	93	—
258	—	—	512	93	22	—
4670	129	—	590	—	—	—
69	10	—	422	—	—	—
—	—	—	346	—	—	—
—	2126	—	219	1836	710	23
—	734	—	67	1715	350	—
918	26	—	461	4413	723	4
—	507	—	345	1213	240	—
—	90	—	4575	1697	449	—
793	**5137**	—	**2212**	**379**	**36**	**30**
—	—	—	1636	—	—	30
—	549	—	556	—	—	—
793	3088	—	—	379	36	—
—	—	—	—	—	—	—
—	1000	—	20	—	—	—
—	500	—	—	—	—	—
4332	**2781**	**1053**	**11726**	—	—	**615**
—	—	120	2527	—	—	—
648	918	510	881	—	—	35
1873	465	—	—	—	—	—
—	953	364	741	—	—	—
—	—	59	2341	—	—	—
—	445	—	649	—	—	—
291	—	—	734	—	—	—
202	—	—	3392	—	—	—
1318	—	—	461	—	—	580
19521	**9819**	**1242**	**12206**	**202474**	**13981**	**2275**
1216	—	—	120	—	—	—
758	—	143	74	—	—	—
828	—	—	120	—	—	—
—	1008	—	—	—	—	—
—	—	—	122	—	—	—

东北、内蒙古重点国有林区 87 个

企业名称	林业支撑与保障				自年初
	林业有害生物防治	林业科技、教育、法治、宣传等	林业信息化	林业管理财政事业费	合 计
海林	—	—	—	—	90
林口	—	—	—	—	1036
八面通	—	—	—	—	667
桦南	—	—	—	—	1634
双鸭山	—	—	—	—	105
鹤立	—	—	—	—	2478
鹤北	—	—	—	—	633
东方红	—	—	—	—	1517
迎春	—	—	—	—	2083
清河	—	—	—	—	2390
双丰	—	—	—	—	80
铁力	—	—	—	—	753
桃山	—	—	—	—	2863
朗乡	50	—	—	—	80
南岔	—	—	—	—	1302
金山屯	—	—	—	—	1299
美溪	—	—	—	—	1125
乌马河	—	—	—	—	461
翠峦	—	—	—	—	80
友好	—	—	—	—	364
上甘岭	—	—	—	—	787
五营	50	—	—	—	80
红星	—	—	—	—	80
新青	—	—	—	—	443
汤旺河	—	—	—	—	846
乌伊岭	—	—	—	—	975
山河屯	—	—	—	—	2478
苇河	—	—	—	—	7261
亚布力	50	—	—	—	130
方正	—	—	—	—	116
兴隆	50	—	—	—	1077
绥棱	—	—	—	—	821
通北	50	—	—	—	80
沾河	—	—	—	—	1515
带岭	30	—	—	—	670
大兴安岭林业集团	**45**	—	—	—	**28067**
松岭	—	—	—	—	2629
新林	—	—	—	—	6761
塔河	—	—	—	—	1854
呼中	—	—	—	—	4834
阿木尔	—	—	—	—	1282
图强	—	—	—	—	367
西林吉	—	—	—	—	4543
十八站	—	—	—	—	2981
韩家园	45	—	—	—	1936
加格达奇	—	—	—	—	880

森工企业林业投资完成情况(六)

单位:万元

累计完成投资				本年房屋竣工面积(平方米)	本年房屋竣工价值	本年新增公路里程(千米)
棚户区(危旧房)改造	林业基础设施建设					
	林区公益性基础设施建设	国有林场国有林区道路建设	其他			
—	10	—	80	201	41	—
1036	—	—	—	—	—	—
—	667	—	—	—	—	—
705	—	—	929	17515	705	11
—	—	—	105	—	—	—
—	531	—	1947	776	142	—
—	—	—	633	230	82	—
—	—	—	1517	—	—	—
1740	—	—	343	—	—	—
1403	—	—	987	—	—	—
—	—	—	80	—	—	—
—	397	276	80	—	—	—
2783	—	—	80	21400	2783	—
—	—	—	80	—	—	—
—	1222	—	80	—	—	—
—	956	—	343	—	—	—
—	—	—	1125	—	—	14
—	—	381	80	—	—	—
—	—	—	80	—	—	—
—	—	284	80	—	—	2250
—	667	—	120	—	—	—
—	—	—	80	1998	300	—
—	—	—	80	—	—	—
—	—	—	443	—	—	—
—	—	—	846	2786	420	—
—	—	—	975	—	—	—
2478	—	—	—	17751	2140	—
4629	2512	—	120	130582	6409	—
—	10	—	120	9025	920	—
—	—	—	116	210	39	—
839	80	158	—	—	—	—
760	—	—	61	—	—	—
—	—	—	80	—	—	—
346	1099	—	70	—	—	—
—	660	—	10	—	—	—
15292	**3730**	**2006**	**7039**	**85**	**20**	**—**
1815	—	350	464	—	—	—
5491	—	350	920	—	—	—
—	1658	196	—	—	—	—
2654	1272	350	558	—	—	—
695	—	100	487	—	—	—
—	—	100	267	—	—	—
3240	—	560	743	85	20	—
1148	—	—	1833	—	—	—
249	800	—	887	—	—	—
—	—	—	880	—	—	—

附录二

林业工作站和乡村林场基本情况

ANNEX II

中国
林业和草原统计年鉴 2018

各地区乡镇林业

地区	至本年底实有站数					管理体制			本年新建站数	已加挂野保站牌子站数
	合计	乡镇独立设站	区域(跨乡镇)设站	农业综合服务中心加挂林业站牌子	其他	垂直管理	双重领导	乡镇管理		
全国总计	23704	12185	1754	5240	4525	7070	4741	11893	214	5221
北　京	165	112	1	50	2	29	53	83	—	4
天　津	96	57	—	3	36	—	14	82	1	3
河　北	736	179	324	102	131	333	165	238	10	39
山　西	1100	279	39	505	277	39	427	634	5	99
内蒙古	712	580	13	52	67	442	126	144	14	27
辽　宁	862	571	—	123	168	32	170	660	13	296
吉　林	673	637	7	9	20	474	136	63	—	195
黑龙江	819	345	19	209	246	209	282	328	—	105
上　海	106	—	—	80	26	—	18	88	1	1
江　苏	220	12	2	98	108	7	10	203	2	1
浙　江	368	122	36	88	122	111	98	159	2	21
安　徽	749	485	134	37	93	476	140	133	19	157
福　建	906	877	23	2	4	906	—	—	—	613
江　西	899	606	227	11	55	575	269	55	7	581
山　东	861	289	—	166	406	31	126	704	8	39
河　南	1667	149	40	1052	426	129	169	1369	57	68
湖　北	883	687	120	28	48	681	136	66	5	171
湖　南	1562	1244	100	162	56	739	148	675	14	784
广　东	1032	660	30	173	169	362	82	588	1	102
广　西	1108	1047	9	21	31	316	318	474	1	2
海　南	114	—	—	114	—	—	—	114	—	—
重　庆	357	148	11	127	71	1	105	251	8	46
四　川	1566	686	459	272	149	736	522	308	21	453
贵　州	1314	1148	—	61	105	2	331	981	6	472
云　南	1385	637	—	737	11	19	94	1272	3	474
西　藏	684	—	—	—	684	—	—	684	—	—
陕　西	780	133	25	166	456	156	139	485	—	193
甘　肃	606	120	86	150	250	105	224	277	4	55
青　海	265	35	—	138	92	6	129	130	—	6
宁　夏	190	58	49	1	82	154	9	27	3	21
新　疆	919	282	—	503	134	—	301	618	9	193
新疆兵团	147	92	—	51	4	—	147	—	4	5

工作站基本情况

单位:个、人

已加挂科技推广站牌子站数	已加挂公益林管护站牌子站数	已加挂森林防火指挥部牌子站数	已加挂病虫害防治站牌子站数	已加挂仲裁委员会牌子站数	年末在岗职工总数			经费渠道			
					合计	长期职工	其中工勤岗人数	财政全额	财政差额	林业经费	自收自支
3577	4288	3556	2960	130	86106	82444	15982	74654	3466	4128	3174
1	4	14	7	—	1040	956	100	715	134	63	128
2	3	4	3	—	200	198	8	155	13	1	31
219	58	102	51	2	2407	2308	424	1536	367	21	483
110	285	165	131	6	1993	1915	418	1610	107	90	186
125	209	72	55	13	2451	2322	264	2273	20	155	3
71	286	78	84	2	2859	2748	251	2352	155	144	208
166	95	63	129	—	3344	3242	401	2922	20	302	100
127	17	31	57	15	2112	2044	129	1659	197	69	187
—	1	—	1	—	369	364	41	343	8	—	18
4	3	2	3	—	598	533	30	463	110	6	19
19	90	32	7	1	1241	1174	102	1119	68	17	37
37	8	41	78	—	2431	2400	216	2245	81	36	69
269	46	213	57	10	3189	3090	728	2673	88	252	176
125	397	87	368	6	3965	3892	1209	3047	195	317	406
68	42	65	66	—	2063	1989	218	1913	63	21	66
317	130	201	134	4	4482	4212	753	3812	176	235	259
63	99	151	53	—	4523	4443	750	2944	498	794	287
690	1033	683	606	43	8912	8785	3752	8317	470	23	102
174	85	106	31	2	4756	4511	435	4064	315	307	70
16	25	27	4	—	3760	3692	768	3370	39	197	154
—											
29	32	51	36	3	1176	1137	139	1167	3	6	—
212	206	272	215	2	6236	6092	1182	5482	133	526	95
71	184	344	129	3	4456	4096	569	4344	24	84	4
254	413	602	220	—	7179	7020	1309	7140	—	25	14
—	—	—	—	—	684	—	—	—	—	—	—
112	115	58	113	2	2748	2658	842	2468	5	269	6
51	101	15	34	—	2020	1916	368	1826	60	79	55
11	120	—	5	—	497	489	38	453	34	8	2
38	17	3	19	—	797	796	84	791	4	2	—
196	184	74	264	16	3618	3422	454	3451	79	79	9
6	82	5	29	—	779	749	11	779	—	—	—

各地区地、县级林业

地 区	林业站总数	地(市) 管理人员 合计	文化程度 大专以上学历	中专学历	高中以下文化	专业技术人员 合计	高级	中级	初级
全国总计	223	2187	2042	89	56	1563	510	656	397
北　京	—	—	—	—	—	—	—	—	—
天　津	—	—	—	—	—	—	—	—	—
河　北	11	78	68	8	2	62	43	17	2
山　西	10	95	87	6	2	71	18	40	13
内蒙古	13	202	183	9	10	124	43	56	25
辽　宁	13	69	65	2	2	44	15	20	9
吉　林	9	54	50	4	—	18	6	9	3
黑龙江	7	48	46	2	—	38	15	16	7
上　海	—	—	—	—	—	—	—	—	—
江　苏	13	109	105	1	3	90	48	23	19
浙　江	2	29	28	1	—	21	9	9	3
安　徽	9	58	56	2	—	40	18	17	5
福　建	9	21	21	—	—	17	4	12	1
江　西	11	62	58	1	3	33	8	18	7
山　东	12	74	68	5	1	57	25	24	8
河　南	17	262	250	6	6	209	72	93	44
湖　北	4	38	37	—	1	21	2	12	7
湖　南	3	32	32	—	—	19	3	10	6
广　东	—	48	47	1	—	10	1	8	1
广　西	13	71	65	3	3	39	4	21	14
海　南	—	—	—	—	—	—	—	—	—
重　庆	—	—	—	—	—	—	—	—	—
四　川	9	47	47	—	—	24	11	9	4
贵　州	3	26	26	—	—	16	2	11	3
云　南	—	47	47	—	—	10	4	4	2
西　藏	—	—	—	—	—	—	—	—	—
陕　西	10	212	188	13	11	170	50	59	61
甘　肃	11	134	118	13	3	117	27	56	34
青　海	8	77	72	1	4	75	27	27	21
宁　夏	5	75	69	5	1	57	24	11	22
新　疆	21	219	209	6	4	181	31	74	76
新疆兵团	13	99	95	2	2	77	15	24	38

工作站及管理人员情况

单位:个、人

林业站总数	县(市、区)							
	管理人员				专业技术人员			
	合计	文化程度			合计	高级	中级	初级
		大专以上学历	中专学历	高中以下文化				
1692	20440	16278	2377	1785	13680	2727	6293	4660
11	215	190	11	14	142	18	55	69
6	58	57	1	—	50	9	20	21
127	764	668	63	33	582	171	272	139
106	1102	841	128	133	702	72	346	284
99	1036	871	85	80	585	165	205	215
59	363	323	21	19	244	27	171	46
61	519	418	84	17	415	96	175	144
82	667	545	88	34	546	153	254	139
9	236	217	3	16	197	42	79	76
77	735	665	49	21	660	248	274	138
44	467	428	17	22	352	82	177	93
42	552	464	78	10	406	104	201	101
59	329	272	38	19	281	53	108	120
82	808	552	80	176	471	43	200	228
121	620	572	34	14	501	103	265	133
138	1820	1295	280	245	1024	136	451	437
10	608	392	87	129	288	21	161	106
33	467	383	52	32	268	32	172	64
6	503	409	37	57	155	9	71	75
79	428	368	44	16	285	8	160	117
—	—	—	—	—	—	—	—	—
5	285	248	32	5	166	17	96	53
62	1147	669	281	197	882	277	413	192
40	476	425	39	12	347	60	180	107
2	389	380	9	—	206	90	87	29
26	114	108	3	3	64	2	18	44
99	2781	2072	401	308	1826	307	797	722
72	1043	877	96	70	730	102	369	259
39	461	388	39	34	358	58	160	140
21	371	350	17	4	306	140	103	63
75	1076	831	180	65	641	82	253	306
—	—	—	—	—	—	—	—	—

各地区乡镇林业工作站

地 区	在岗职工总数	文化程度情况				专业技术人员			本(专)科班		
		大专以上学历人数	中专学历人数	高中文化人数	初中以下文化人数	高级	中级	初级	本年毕业生数	在校生总数	本年入学人数
全国总计	86106	56600	14024	11559	3239	5414	20657	19383	1032	1489	483
北　京	1040	825	74	66	75	25	71	72	10	9	5
天　津	200	147	29	23	1	13	39	22	1	3	1
河　北	2407	1691	344	282	90	240	592	337	49	31	18
山　西	1993	970	342	591	90	101	203	236	15	4	2
内蒙古	2451	1896	323	204	28	286	586	373	35	35	14
辽　宁	2859	2145	379	160	175	77	862	534	10	39	13
吉　林	3344	1958	998	318	70	233	932	1070	31	62	9
黑龙江	2112	1508	473	107	24	262	778	433	19	13	7
上　海	369	305	29	26	9	24	62	54	2	6	—
江　苏	598	483	76	36	3	54	214	188	7	2	1
浙　江	1241	999	131	105	6	23	660	300	19	32	14
安　徽	2431	1726	497	172	36	346	970	619	18	44	21
福　建	3189	2242	457	424	66	257	903	891	51	136	53
江　西	3965	1882	607	1186	290	220	675	823	78	52	32
山　东	2063	1426	373	202	62	79	501	550	51	29	1
河　南	4482	2642	892	846	102	236	545	679	12	12	4
湖　北	4523	2460	919	841	303	138	1476	964	49	106	50
湖　南	8912	4784	1829	2055	244	252	1777	1799	59	111	51
广　东	4756	2525	909	997	325	21	593	941	28	98	18
广　西	3760	2578	602	438	142	17	709	1290	29	50	17
海　南	—										
重　庆	1176	1031	65	72	8	62	326	164	14	8	2
四　川	6236	4235	736	841	424	499	1696	1310	58	81	22
贵　州	4456	3645	538	189	84	220	954	1181	82	93	25
云　南	7179	5828	806	321	224	1215	2247	1923	215	354	81
西　藏	684		—	—		—					
陕　西	2748	1699	527	469	53	171	644	516	31	42	13
甘　肃	2020	1355	181	302	182	56	343	468	42	8	3
青　海	497	406	52	31	8	24	157	160	1	3	—
宁　夏	797	627	124	29	17	152	292	158	4	10	5
新　疆	3618	2582	712	226	98	111	850	1328	12	16	1
新疆兵团	779	650	55	35	39	53	218	248	1	7	1

注：本表经费渠道、年龄结构、文化程度、专业技术职称里均未含西藏684人。

人员素质和培训情况

单位:人

学历教育情况			年龄结构情况			年度培训情况			
中专班			35岁以下	36~50岁	51岁以上	站长			站员
本年毕业生数	在校生总数	本年入学人数				合计	初任培训人次数	能力提升培训人次数	
69	**31**	**21**	**15601**	**51074**	**18747**	**53410**	**16170**	**36231**	**94242**
—	—	—	349	420	271	247	49	198	1054
—	—	—	46	107	47	131	11	120	13
3	—	—	554	1525	328	3829	1880	1939	3561
1	—	—	340	1012	641	2002	502	500	972
1	1	1	367	1579	505	847	230	617	1387
1	4	—	462	1752	645	1286	386	900	1479
2	1	—	422	1734	1188	599	148	452	2864
2	—	—	216	1264	632	831	262	569	644
—	—	—	125	153	91	141	35	106	334
—	—	—	66	293	239	469	177	292	806
—	1	—	311	330	600	362	70	292	644
1	1	—	282	1584	565	1172	270	902	1750
1	2	—	693	1507	989	891	235	656	2583
3	1	3	532	2390	1043	1722	545	1177	2856
1	1	—	268	1428	367	4923	1694	3229	2731
6	1	2	690	3046	746	4267	1716	2551	4776
1	1	1	354	3009	1160	1841	586	1255	2912
11	5	3	1203	5772	1937	2295	732	1563	7442
—	2	4	889	2570	1297	956	235	721	1809
3	—	1	745	2168	847	1528	284	1244	4114
—	—	—	—	—	—	—	—	—	—
—	—	—	209	715	252	382	147	235	841
16	2	3	1021	3875	1340	2777	710	2067	5735
1	2	—	1479	2465	512	3213	1059	2154	4076
8	3	1	1900	4228	1051	10078	3064	7014	24553
—	—	—	—	—	—	—	—	—	—
7	3	1	544	1729	475	4401	435	3966	7275
—	—	—	691	1030	299	404	132	272	735
—	—	—	92	352	53	163	48	115	80
—	—	1	78	556	163	527	57	470	4168
—	—	—	673	2481	464	1126	471	655	2048
—	—	—	191	363	225	205	70	135	1158

各地区乡镇林业工作站建设完成投资情况

单位：万元

地区	本年累计完成投资							
	合计	国家投资			地方投资			
		小计	局投资	其他	小计	省(区、市)	地(市)、县、乡	林业站自筹
全国总计	37941	9876	8200	1676	28065	7899	18788	1378
北京	850	180	180	—	670	—	670	—
天津	—	—	—	—	—	—	—	—
河北	559	300	300	—	259	—	217	42
山西	615	320	300	20	295	10	274	11
内蒙古	786	548	500	48	238	54	173	11
辽宁	626	460	460	—	166	—	166	—
吉林	942	520	520	—	422	372	29	22
黑龙江	589	440	360	80	149	3	146	—
上海	110	—	—	—	110	100	2	8
江苏	247	120	120	—	127	120	7	—
浙江	640	118	60	58	522	3	496	23
安徽	1721	492	360	132	1229	79	1136	14
福建	4643	800	460	340	3843	2108	1359	375
江西	2005	674	420	254	1331	70	1120	140
山东	857	60	60	—	797	16	781	—
河南	2180	400	400	—	1780	490	1152	138
湖北	1565	420	420	—	1145	—	915	230
湖南	3018	450	440	10	2568	240	2221	107
广东	3382	349	200	149	3033	1700	1289	44
广西	1046	463	380	83	583	217	328	38
海南	—	—	—	—	—	—	—	—
重庆	967	372	80	292	595	360	224	11
四川	2073	350	340	10	1723	1000	698	25
贵州	1336	295	180	115	1041	334	609	98
云南	4470	300	300	—	4170	619	3537	15
西藏	—	—	—	—	—	—	—	—
陕西	1304	200	200	—	1104	—	1085	18
甘肃	413	300	300	—	113	—	113	—
青海	180	180	180	—	—	—	—	—
宁夏	300	285	200	85	15	4	2	9
新疆	518	480	480	—	38	—	38	—
新疆兵团	185	180	180	—	5	—	5	—

各地区乡镇林业工作站职能作用主要指标情况（一）

单位：公顷、个、件

地 区	营林情况			森林抚育面积	四旁植树株数（万株）	本年育苗面积	受委托行使林业行政执法权站数	直接受理林政案件数
	本年新造林面积							
	合计	林业重点工程造林面积	其中本年新封山育林面积					
全国总计	4279471	1492378	1020897	3661060	127663	287322	8192	24628
北 京	27281	10749	9020	62726	224	2894	—	37
天 津	7839	1663	—	22777	201	3910	1	1
河 北	339348	102631	83491	183990	3873	36863	83	247
山 西	165221	94280	16734	31317	4680	18625	64	140
内蒙古	343813	172248	43765	190701	713	18159	186	300
辽 宁	117624	42812	45058	49797	3444	5233	431	1636
吉 林	57274	16157	—	30129	403	3352	501	2332
黑龙江	28366	20312	4024	16179	351	2440	262	184
上 海	2928	—	—	14225	50	1180	1	—
江 苏	5609	711	—	8085	4664	6414	27	3
浙 江	62219	—	1681	60993	740	1018	100	251
安 徽	81594	16131	27057	257999	10174	7034	187	147
福 建	161613	3996	92577	160823	3713	6561	405	978
江 西	253534	58969	62157	154763	4068	6624	725	2607
山 东	70967	11694	—	78212	7094	16997	44	33
河 南	154309	45940	17432	147304	11724	51472	99	402
湖 北	258840	67245	51970	172146	10723	15610	451	1943
湖 南	268969	47819	151068	185258	15043	9306	882	1692
广 东	248879	1027	78051	236479	7105	2908	290	433
广 西	219076	28370	28796	408149	4225	9271	212	1101
海 南	—	—	—	—	—	—	—	—
重 庆	65395	38701	14524	32055	785	2362	236	580
四 川	148970	61047	18182	136530	9268	6283	529	1907
贵 州	317341	91820	76560	185127	2785	6101	767	1883
云 南	286306	248011	65808	154153	9791	3368	1134	5377
西 藏	—	—	—	—	—	—	—	—
陕 西	140448	91261	21479	53069	3703	17658	214	315
甘 肃	183332	96421	56587	114448	5697	6758	79	25
青 海	86245	52309	25045	12588	471	797	19	4
宁 夏	48695	29712	12600	25310	660	7394	43	22
新 疆	127437	40341	17229	475726	1290	10730	220	48
新疆兵团	14942	4142	2031	131049	191	1855	146	20

各地区乡镇林业工作站

地　区	协助受理林政案件数	具有林业行政执法证人数（人）	林业有害生物防治面积	参与开展科技推广项目	现有站办示范基地面积	扶持指导科技推广面积	培训林农（人次）
全国总计	55377	29523	6677705	10746	236656	1533636	7520811
北　京	390	74	27840	5	86.33	6540.7	50384
天　津	73	39	49982	8	1205	1967	14905
河　北	575	321	398969	138	6634	73255	279014
山　西	539	126	99144	111	12779	22385	80141
内蒙古	3175	465	339335	120	4092	33691	108169
辽　宁	1824	959	496853	60	345	8311	71896
吉　林	2002	1713	147283	74	385	4369	29432
黑龙江	792	628	29173	56	—	1972	21098
上　海	17	1	10417	7	46	1486	4888
江　苏	68	102	53364	42	780	5907	11831
浙　江	785	487	188832	229	2128	31938	74484
安　徽	2723	1309	380755	440	9581	84018	130127
福　建	3619	1659	147449	450	3651	44283	62694
江　西	2366	2503	282624	338	4976	44345	68808
山　东	1203	99	465673	2831	2681	44634	201731
河　南	2098	281	291579	368	3667	30816	236153
湖　北	3366	2517	341187	608	9802	127586	419506
湖　南	3597	3056	241763	1043	16069	87356	329348
广　东	1359	1042	164371	50	2709	16109	12743
广　西	5282	1389	51948	211	783	15619	344678
海　南	—	—	—	—	—	—	—
重　庆	511	568	172630	116	2680	29496	177296
四　川	3077	2599	295640	622	12083	151984	1163660
贵　州	3972	1565	182441	379	23641	104405	419514
云　南	9054	4716	429514	1252	11232	281254	1468421
西　藏	—	—	—	—	—	—	—
陕　西	1685	583	100494	615	33550	78801	260502
甘　肃	479	203	135129	89	3495	16024	285877
青　海	46	53	95250	4	49	32	21124
宁　夏	272	46	117307	60	1557	11748	67680
新　疆	428	420	940759	420	65971	173308	1104707
新疆兵团	114	214	24301	27	1857	35777	72928

职能作用主要指标情况（二）

单位：公顷、个、件

协助办理林业有关证件份数（份）	参与调处林权纠纷	受理林业承包合同纠纷	参与森林保险工作站数	参保情况		查勘定损		设立森林保险服务站站数
				户数（户）	面积	数量（起）	面积	
1386185	80337	15285	8559	23210878	52529153	60007	297172	1112
2439	144	5	17	8104	39387	118	377	2
632	4	11	1	—	—	—	—	—
6256	798	374	169	356038	1678380	112	1828	13
22904	1779	202	293	180425	626575	699	1335	40
30898	1195	339	353	393084	5278680	4311	115533	73
60588	2270	551	618	561551	2577877	503	1925	5
13625	936	327	45	10673	264673	19	21	12
5768	403	215	—	—	—	6	9	—
115	3	—	102	102	38256	2	155	—
14310	108	25	4	17836	16322	28	29	—
16239	923	154	124	400515	580082	29	7546	5
98973	2136	747	430	2815311	2224945	2644	27031	68
74291	2084	724	601	1473948	4077045	418	8827	13
24224	4632	684	554	1785096	3688880	394	16716	124
42278	4765	101	146	195326	276634	266	10733	14
14700	2148	699	265	309443	827729	92	409	33
118254	5644	1238	226	533864	1364916	939	16452	91
158161	7074	1695	1013	3434816	5183040	20577	16016	139
68663	2173	193	283	285815	949175	386	7563	16
196049	7450	618	496	1169277	3462180	291	3212	87
—	—	—	—	—	—	—	—	—
13689	1022	256	116	607171	700455	28	2036	8
172818	4636	1179	798	3481316	6238066	534	10206	193
38225	5754	3138	963	2560697	4497690	12983	29014	96
162629	5721	1062	726	2220545	7123361	1911	6141	55
—	—	—	—	—	—	—	—	—
21246	1474	529	104	171795	518039	897	4355	16
1489	317	87	46	166336	138175	5	101	—
26	21	21	51	49670	120808	804	1372	3
1475	302	5	6	11853	6045	10446	4707	—
5221	14421	106	9	10271	31739	565	3523	6
255	31	16	1	46	23963	—	—	1

各地区乡村

地区	护林员总人数 合计	其中:生态护林员	人员类别 专职	兼职	文化程度 大专以上	中专高中
全国总计	843854	469165	432667	411187	15025	137516
北　京	51306	29919	43460	7846	1733	11217
天　津	1015	—	242	773	15	192
河　北	46029	26217	30123	15906	829	5596
山　西	38141	17256	20969	17172	563	9184
内蒙古	40297	13583	27280	13017	1357	10116
辽　宁	13842	6799	11980	1862	609	2371
吉　林	7323	2491	3349	3974	232	1332
黑龙江	17993	17073	12554	5439	50	486
上　海	8155	—	8040	115	162	1502
江　苏	1908	564	607	1301	73	484
浙　江	9491	2094	4863	4628	132	2409
安　徽	25573	11930	6570	19003	121	2272
福　建	17058	5182	7622	9436	466	5456
江　西	29885	17963	17592	12293	211	4932
山　东	13949	—	6400	7549	164	2976
河　南	42695	22746	12952	29743	1191	13799
湖　北	42741	27760	9226	33515	812	7664
湖　南	38193	17805	20372	17821	631	7633
广　东	22772	9404	16559	6213	715	6806
广　西	39844	34687	3254	36590	443	5554
海　南	—	—	—	—	—	—
重　庆	15423	11304	4343	11080	490	2938
四　川	44339	21856	12909	31430	756	6029
贵　州	67222	51531	41473	25749	720	4584
云　南	114589	58193	56065	58524	1294	10395
西　藏	—	—	—	—	—	—
陕　西	24779	18989	11809	12970	448	4677
甘　肃	21579	15573	8313	13266	308	3343
青　海	20135	4758	17619	2516	128	1230
宁　夏	13094	11025	10342	2752	41	673
新　疆	14484	12463	5780	8704	331	1666
新疆兵团	3129	1748	1145	1984	259	1125

护林员情况

单位:人

	年龄结构			报酬来源		
初中以下	45岁以下	46~60岁	61岁以上	财政补助	林业经费	村组自筹
691313	**278028**	**506027**	**59799**	**598344**	**198402**	**47108**
38356	9308	32210	9788	43586	4747	2973
808	222	758	35	232	52	731
39604	6975	31265	7789	31252	10308	4469
28394	7359	26232	4550	22072	13507	2562
28824	14649	24068	1580	29425	10735	137
10862	7294	6450	98	7900	5716	226
5759	2065	4465	793	3477	1635	2211
17457	4414	12732	847	17119	19	855
6491	1123	6906	126	7903	90	162
1351	104	1130	674	606	504	798
6950	1248	6762	1481	6616	2440	435
23180	4041	16987	4545	17951	1364	6258
11136	5067	11096	895	9891	6507	660
24742	6457	21927	1501	21306	7668	911
10809	2520	9060	2369	9694	2057	2198
27705	9081	27340	6274	28594	9231	4870
34265	10206	29341	3194	24104	9785	8852
29929	10896	25146	2151	30398	6322	1473
15251	9180	13082	510	18463	3886	423
33847	17147	21420	1277	33000	6785	59
—	—	—	—	—	—	—
11995	5083	9480	860	6933	8282	208
37554	16500	25302	2537	34881	7710	1748
61918	28760	36959	1503	50224	16379	619
102900	62845	49415	2329	78156	34470	1963
—	—	—	—	—	—	—
19654	7879	16408	492	18582	6134	63
17928	7111	13551	917	15829	5604	146
18777	6545	13318	272	9762	9390	983
12380	4857	7993	244	8974	4120	—
12487	9092	5224	168	11414	2955	115
1745	1480	1598	51	425	2589	115

各地区乡村

地 区	林场个数				管辖面积		
	合计	按经营形式分			合计	公益林	商品林
		集体林场	联办林场	户办林场			
全国总计	20374	10294	2327	7753	10381517	4477061	3200161
北 京	18	15	—	3	40096	36724	3157
天 津	5	5	—	—	507	507	—
河 北	194	45	4	145	527910	117507	68968
山 西	77	43	2	32	545210	425053	12484
内蒙古	84	18	5	61	1389100	764955	10440
辽 宁	591	79	229	283	222758	98504	119350
吉 林	68	30	3	35	128631	22304	60500
黑龙江	187	143	3	41	43204	12442	30090
上 海	—	—	—	—	—	—	—
江 苏	29	29	—	—	13570	6496	1280
浙 江	327	137	23	167	76764	32509	33252
安 徽	3476	1633	445	1398	421054	111514	275004
福 建	784	367	113	304	445568	120757	287586
江 西	1137	471	160	506	1096162	232740	500141
山 东	451	242	24	185	174053	126056	33094
河 南	647	212	36	399	259949	97711	54165
湖 北	3370	1923	304	1143	786125	241024	309946
湖 南	4027	2746	516	765	1086693	393246	486916
广 东	502	220	45	237	353628	144674	199837
广 西	319	259	31	29	212569	20859	139406
海 南	—	—	—	—	—	—	—
重 庆	53	36	11	6	72586	38103	21564
四 川	1504	390	48	1066	681439	366400	130419
贵 州	1238	757	256	225	756526	452921	214657
云 南	195	119	34	42	474772	286951	131025
西 藏	—	—	—	—	—	—	—
陕 西	256	201	26	29	271225	138043	65763
甘 肃	281	96	2	183	175907	68469	8176
青 海	77	75	1	1	119708	118806	344
宁 夏	477	3	6	468	5802	1786	2597
新 疆	—	—	—	—	—	—	—
新疆兵团	—	—	—	—	—	—	—

林场基本情况

单位：个、公顷

其他	本年林业生产						年末实有从业人员（人）	年经营收入（万元）
	造林面积	发展经济林面积	森林抚育面积	育苗面积	木材产量（百立方米）	毛竹产量（百根）		
2704296	**282594**	**128375**	**368075**	**29355**	**585931**	**15570108**	**263683**	**619081**
214	3218	23	4306	2	9	—	77	80
—	82	—	210	18	—	—	24	10
341435	13273	5883	13148	1021	2081	300	4812	6372
107673	7875	5377	8673	1231	1092	—	2721	3858
613705	18336	1554	3784	414	738.14	—	1521	302
4905	1921	820	5705	70	15002	—	1088	3196
45827	1053	25	1166	67	1885	—	338	540
671.1	239	13	125	146	200	—	265	35.9529
—	—	—	—	—	—	—	5	—
5794	1365	256	996	2083	20130	300	4225	14885
11003	2643	939	3990	426	514	32671	2607	12259
34536	7540	4418	56210	1187	73435	534285	48508	99726
37225	10240	2014	25372	135	17450	346238	16981	93165
363282	16648	5288	22771	364	73249	9536168	20130	40962
14903	9527	2409	5628	1484	4596	—	19508	32571
108073	20059	9820	17169	5764	9090	55260	20135	128918
235156	23276	7482	35802	3515	21300	178270	52806	58978
206530	24032	10390	31646	1689	48026	452723	21971	27318
9117	7188	1615	13089	19	6367	82910	4008	5909
52304	3698	2398	21903	116	30772	10814	4496	8865
—	—	—	—	—	—	—	—	—
12920	3144	3637	5969	63	1879	37870	569	2574
184620	13726	7163	17873	516	228611	249737	16515	40593
88948	60617	39814	48787	3636	27146	37172	6765	11762
56796	12925	8103	8226	53	2012	8264	1778	3866
—	—	—	—	—	—	—	—	—
67420	4505	4378	3142	2243	345	4000828	2914	3553
99262	13742	3969	4254	2060	3	6300	6431	17576
558	1197	87	3837	35	—	—	737	214.26
1418	526	502	4294	1001	—	—	1748	992
—	—	—	—	—	—	—	—	—

附录三
林业主要灾害情况
ANNEX III

全国林业主要灾害情况(一)

指 标 名 称	单 位	2018年	2017年	2018年比2017年增减%
林业有害生物				
1.发生面积	千公顷	12195	12531	-2.68
2.防治面积	千公顷	9489	9622	-1.38
3.防治率	%	77.81	76.78	1.34
(一)林业病害				
1.发生面积	千公顷	1769	1331	32.90
2.防治面积	千公顷	1345	1017	32.28
3.防治率	%	76.07	76.42	-0.47
(二)林业虫害				
1.发生面积	千公顷	8404	9060	-7.24
2.防治面积	千公顷	6652	7144	-6.88
3.防治率	%	79.16	78.86	0.38

全国林业主要灾害情况(二)

指 标 名 称	单 位	2018年	2017年	2018年比2017年增减%
(三)林业鼠(兔)害				
1.发生面积	千公顷	1844	1942	-5.05
2.防治面积	千公顷	1386	1332	4.02
3.防治率	%	75.17	68.61	9.55
(四)有害植物				
1.发生面积	千公顷	179	199	-10.19
2.防治面积	千公顷	105	128	-17.80
3.防治率	%	59.02	64.48	-8.47

各地区林业有害

地　区	发生面积 总计	发生面积 轻度	发生面积 中度	发生面积 重度	寄主树种面积	发生率（%）	总　计
全国合计	12195249	9335975	2037084	822190	268967217	4.53	9489279
北　京	29117	29077	40	—	1641080	1.77	29117
天　津	51061	45359	3439	2263	245079	20.83	51060
河　北	468626	400690	44789	23147	4933333	9.50	440897
山　西	239252	208338	24519	6395	3604000	6.64	195324
内蒙古	1019762	562563	327762	129437	24099616	4.23	604445
辽　宁	560063	472194	74855	13014	5977573	9.37	514272
吉　林	231911	179287	30465	22159	8237285	2.82	222046
黑龙江	414260	191798	201608	20854	21047409	1.97	327000
上　海	12649	11697	841	111	102800	12.30	12037
江　苏	150963	131148	13820	5995	1815333	8.32	145756
浙　江	211376	201590	6993	2793	5378160	3.93	197982
安　徽	419769	397784	17319	4666	4411709	9.51	385033
福　建	176530	164827	7957	3746	8012700	2.20	168980
江　西	310731	232323	27411	50997	9909861	3.14	289043
山　东	485020	457866	19266	7888	3850480	12.60	472815
河　南	570725	507653	53649	9423	4598883	12.41	515386
湖　北	535294	368017	77082	90195	9367205	5.71	393540
湖　南	422763	321890	87336	13537	11123600	3.80	278534
广　东	346139	319550	24773	1816	8414204	4.11	221322
广　西	345649	275287	49353	21009	13159590	2.63	56033
海　南	22708	16918	3820	1970	1983006	1.15	6594
重　庆	413677	214724	48550	150403	3045147	13.58	413108
四　川	692552	474446	146598	71508	24790000	2.79	451131
贵　州	205010	189169	13464	2377	8343120	2.46	195699
云　南	452459	326837	95442	30180	22329871	2.03	446919
西　藏	376046	239026	90480	46540	15443441	2.43	72577
陕　西	411905	347917	52147	11841	10941345	3.76	318271
甘　肃	393778	316786	64754	12238	7483925	5.26	282624
青　海	267760	178815	69287	19658	5853265	4.57	221260
宁　夏	303243	225741	62077	15425	1404016	21.60	163506
新　疆	1517200	1269570	217025	30605	11143136	13.62	1375105
大兴安岭	137251	57088	80163	—	6277045	2.19	21863

生物发生防治情况

单位：公顷

防治面积						累计防治面积（公顷次）	防治率（%）	无公害防治率（%）
化学药剂防治	无公害防治							
	生物化学农药防治	人工物理防治	生物防治	营造林措施防治	其他			
667409	4342871	2171247	1369020	938732	—	16917389	77.81	92.97
125	18238	10196	558	—	—	51584	100.00	99.57
2375	41850	4986	515	1334	—	293310	100.00	95.35
38292	358749	36027	6599	1230	—	868253	94.08	91.31
10143	85562	91636	3922	4061	—	242186	81.64	94.81
48787	447597	72371	32997	2693	—	695010	59.27	91.93
28898	224185	63939	165598	31652	—	680173	91.82	94.38
16310	151057	37981	10824	5874	—	285664	95.75	92.65
20025	121525	130381	37762	17307	—	373903	78.94	93.88
1256	8988	1408	77	308	—	30363	95.16	89.57
16913	99490	10656	14482	4215	—	666914	96.55	88.40
3476	33746	26795	11371	122594	—	244413	93.66	98.24
25363	223128	60109	39665	36768	—	1158180	91.72	93.41
238	11023	30248	88221	39250	—	280269	95.72	99.86
17885	27357	95790	47808	100203	—	370815	93.02	93.81
34935	371883	39408	11189	15400	—	3294781	97.48	92.61
62393	409847	26689	6964	9493	—	1122601	90.30	87.89
53817	134829	94141	46834	63919	—	546281	73.52	86.32
28529	112782	36634	88473	12116	—	301301	65.88	89.76
34160	41779	44338	21612	79433	—	383846	63.94	84.57
4586	2531	2331	29627	16958	—	86596	16.21	91.82
1554	1608	743	2677	12	—	8259	29.04	76.43
—	37143	237961	21359	116645	—	511273	99.86	100
21216	109839	214600	21455	84021	—	561271	65.14	95.30
5012	21658	123847	26178	19004	—	357778	95.46	97.44
29575	185269	153327	28538	50210	—	459085	98.78	93.38
—	—	—	72577	—	—	72577	19.30	100
17056	75785	159981	13498	51951	—	396717	77.27	94.64
59029	87496	93950	7461	34688	—	341327	71.77	79.11
13415	74978	104708	19648	8511	—	230573	82.63	93.94
20118	40269	94567	2008	6544	—	192549	53.92	87.70
49168	765112	69964	488523	2338	—	1778077	90.63	96.42
2760	17568	1535	—	—	—	31460	15.93	87.38

各地区林业病害

地　区	发生面积				寄主树种面积	发生率（%）	总　计
	总计	轻度	中度	重度			
全国合计	1768711	1221261	226780	320670	268967217	0.66	1345403
北　京	1338	1338	—	—	1641080	0.08	1338
天　津	6663	5835	628	200	245079	2.72	6662
河　北	20979	19436	1152	391	4933333	0.43	20230
山　西	16635	11311	2275	3049	3604000	0.46	8735
内蒙古	148851	73929	57807	17115	24099616	0.62	81434
辽　宁	49997	37194	8832	3971	5977573	0.84	42950
吉　林	22444	21534	899	11	8237285	0.27	20825
黑龙江	28901	20584	7324	993	21047409	0.14	18499
上　海	1181	1113	58	10	102800	1.15	1155
江　苏	6415	2763	304	3348	1815333	0.35	6414
浙　江	58291	56242	1651	398	5378160	1.08	54536
安　徽	71532	66289	3306	1937	4411709	1.62	61060
福　建	9865	6113	900	2852	8012700	0.12	9832
江　西	104973	63791	3586	37596	9909861	1.06	99701
山　东	77573	75280	1892	401	3850480	2.01	74159
河　南	107424	94592	10643	2189	4598883	2.34	97631
湖　北	132520	60599	9815	62106	9367205	1.41	94425
湖　南	31243	23421	3968	3854	11123600	0.28	20040
广　东	104015	96761	6033	1221	8414204	1.24	88267
广　西	56370	38111	11731	6528	13159590	0.43	19831
海　南	94	88	5	1	1983006	—	12
重　庆	146610	5556	1954	139100	3045147	4.81	146513
四　川	87966	65570	13320	9076	24790000	0.35	47798
贵　州	19253	16494	2380	379	8343120	0.23	18784
云　南	72339	61428	8912	1999	22329871	0.32	71280
西　藏	84645	53906	18793	11946	15443441	0.55	16336
陕　西	81724	70596	7950	3178	10941345	0.75	52312
甘　肃	69911	54283	13485	2143	7483925	0.93	46451
青　海	26630	17006	8024	1600	5853265	0.45	23638
宁　夏	9531	8392	975	164	1404016	0.68	8764
新　疆	91566	78321	10331	2914	11143136	0.82	83951
大兴安岭	21232	13385	7847	—	6277045	0.34	1840

发生防治情况

单位:公顷

防治面积						累计防治面积（公顷次）	防治率（%）	无公害防治率（%）
化学药剂防治	无公害防治				其他			
	生物化学农药防治	人工物理防治	生物防治	营造林措施防治				
229814	365601	244788	36282	468918	—	1799864	76.07	82.92
—	—	1338	—	—	—	1338	100	100
1883	3535	1244	—	—	—	13026	100	71.74
8756	7428	2963	467	616	—	21782	96.43	56.72
1697	4166	2848	1	23	—	9397	52.51	80.57
14144	60425	4480	1448	937	—	89256	54.71	82.63
6106	21326	8396	—	7122	—	44271	85.91	85.78
9912	5491	3588	—	1834	—	25366	92.79	52.40
2943	9955	4252	—	1349	—	19154	64.01	84.09
726	183	—	9	237	—	4043	97.80	37.14
175	77	2552	—	3610	—	8597	99.98	97.27
420	2106	7158	—	44852	—	75284	93.56	99.23
14618	17272	9459	933	18778	—	79747	85.36	76.06
—	2752	2139	3	4938	—	14765	99.67	100.00
10306	4409	34098	1659	49229	—	131520	94.98	89.66
15939	38137	9751	—	10332	—	129424	95.60	78.51
36165	51072	4436	—	5958	—	113009	90.88	62.96
8629	9901	26160	—	49735	—	108206	71.25	90.86
3706	1067	3494	3682	8091	—	21039	64.14	81.51
12350	1553	6719	—	67645	—	157486	84.86	86.01
1840	1015	529	3331	13116	—	19845	35.18	90.72
—	—	—	—	12	—	12	12.77	100
—	1533	45086	—	99894	—	228084	99.93	100
4345	3172	11403	405	28473	—	78396	54.34	90.91
3632	1639	6873	2266	4374	—	33688	97.56	80.66
17277	21800	17969	209	14025	—	73417	98.54	75.76
—	—	—	16336	—	—	16336	19.30	100
2566	7177	15495	1039	26035	—	57342	64.01	95.09
20061	13459	6779	207	5945	—	58892	66.44	56.81
9231	10632	1536	733	1506	—	26228	88.76	60.95
1820	6213	731	—	—	—	12944	91.95	79
18727	58106	3312	3554	252	—	125996	91.68	77.69
1840	—	—	—	—	—	1974	8.67	—

各地区林业虫害

地　区	发生面积				寄主树种面积	发生率（%）	总　计
	总计	轻度	中度	重度			
全国合计	8404058	6547531	1414492	442035	268967217	3.12	6652490
北　京	27779	27739	40	—	1641080	1.69	27779
天　津	44398	39524	2811	2063	245079	18.12	44398
河　北	409547	354514	35568	19465	4933333	8.30	387284
山　西	166340	145549	17831	2960	3604000	4.62	138342
内蒙古	673247	366273	209850	97124	24099616	2.79	411138
辽　宁	498567	426001	63589	8977	5977573	8.34	462510
吉　林	164773	115763	27084	21926	8237285	2.00	156743
黑龙江	211112	102067	93824	15221	21047409	1.00	160921
上　海	11468	10584	783	101	102800	11.16	10882
江　苏	143117	127027	13443	2647	1815333	7.88	137985
浙　江	153085	145348	5342	2395	5378160	2.85	143446
安　徽	348237	331495	14013	2729	4411709	7.89	323973
福　建	166665	158714	7057	894	8012700	2.08	159148
江　西	205757	168531	23825	13401	9909861	2.08	189341
山　东	407447	382586	17374	7487	3850480	10.58	398656
河　南	463301	413061	43006	7234	4598883	10.07	417755
湖　北	311471	230552	57028	23891	9367205	3.33	253011
湖　南	391063	298083	83320	9660	11123600	3.52	258041
广　东	206665	192665	13930	70	8414204	2.46	105644
广　西	283877	233362	36576	13939	13159590	2.16	31499
海　南	9303	8008	1089	206	1983006	0.47	5311
重　庆	237055	179929	45823	11303	3045147	7.78	236616
四　川	567774	380454	125477	61843	24790000	2.29	373348
贵　州	172759	162295	9494	970	8343120	2.07	166004
云　南	355117	243269	84021	27827	22329871	1.59	351654
西　藏	237356	146694	59541	31121	15443441	1.54	45811
陕　西	243893	200210	36386	7297	10941345	2.23	204407
甘　肃	188283	144890	36107	7286	7483925	2.52	137600
青　海	108562	72901	28808	6853	5853265	1.85	84755
宁　夏	119541	84972	23855	10714	1404016	8.51	54569
新　疆	847915	641067	182417	24431	11143136	7.61	767152
大兴安岭	28584	13404	15180	—	6277045	0.46	6767

发生防治情况

单位：公顷

防治面积						累计防治面积（公顷次）	防治率（%）	无公害防治率（%）
化学药剂防治	无公害防治							
	生物化学农药防治	人工物理防治	生物防治	营造林措施防治	其他			
360109	3762493	1324058	804284	401546	—	13252818	79.16	94.59
125	18238	8858	558	—	—	50246	100.00	99.55
492	38315	3742	515	1334	—	280284	100.00	98.89
25105	343415	18211	360	193	—	813086	94.56	93.52
7138	76840	47000	3921	3443	—	177225	83.17	94.84
6146	323848	51172	28216	1756	—	481657	61.07	98.51
21954	202761	47865	165400	24530	—	626795	92.77	95.25
5606	103100	33253	10744	4040	—	195169	95.13	96.42
12412	87350	40729	17939	2491	—	164506	76.23	92.29
530	8805	1408	68	71	—	26320	94.89	95.13
16738	99413	7000	14482	352	—	656920	96.41	87.87
3056	31640	19637	11371	77742	—	169129	93.70	97.87
10745	205856	50650	38732	17990	—	1078433	93.03	96.68
238	8271	28109	88218	34312	—	265504	95.49	99.85
7579	22948	61691	46149	50974	—	239294	92.02	96.00
18996	333746	29657	11189	5068	—	3165357	97.84	95.23
26228	358775	22253	6964	3535	—	1009592	90.17	93.72
45188	124928	30723	46535	5637	—	391724	81.23	82.14
24823	111715	32687	84791	4025	—	279809	65.98	90.38
11320	40226	21453	21612	11033	—	187224	51.12	89.28
2029	1035	1622	26296	517	—	62015	11.10	93.56
1009	1608	17	2677	—	—	6655	57.09	81.00
—	35610	173342	14759	12905	—	253203	99.81	100.00
15740	106151	185416	20970	45071	—	430805	65.76	95.78
1378	19673	107792	23912	13249	—	240849	96.09	99.17
12051	162276	115454	28329	33544	—	360112	99.02	96.57
—	—	—	45811	—	—	45811	19.30	100
14446	67376	86247	11837	24501	—	233910	83.81	92.93
25762	65603	23511	6961	15763	—	165031	73.08	81.28
4184	51579	21256	2340	5396	—	90863	78.07	95.06
12527	27156	14169	35	682	—	68370	45.65	77.04
26564	678172	38431	22593	1392	—	1027252	90.48	96.54
—	6064	703	—	—	—	9668	23.67	100

各地区林业鼠(兔)害

地 区	发生面积				寄主树种面积	发生率(%)	总 计
	总计	轻度	中度	重度			
全国合计	1843971	1421329	371853	50789	218603922	0.84	1386034
北 京	—	—	—	—	—	—	—
天 津	—	—	—	—	—	—	—
河 北	38100	26740	8069	3291	4933333	0.77	33383
山 西	54678	49879	4413	386	3604000	1.52	46742
内蒙古	197664	122361	60105	15198	24099616	0.82	111873
辽 宁	11499	8999	2434	66	5977573	0.19	8812
吉 林	44694	41990	2482	222	8237285	0.54	44478
黑龙江	174247	69147	100460	4640	21047409	0.83	147580
上 海	—	—	—	—	—	—	—
江 苏	—	—	—	—	—	—	—
浙 江	—	—	—	—	—	—	—
安 徽	—	—	—	—	—	—	—
福 建	—	—	—	—	—	—	—
江 西	—	—	—	—	—	—	—
山 东	—	—	—	—	—	—	—
河 南	—	—	—	—	—	—	—
湖 北	3855	3343	372	140	9367205	0.04	3558
湖 南	120	120	—	—	11123600	—	120
广 东	—	—	—	—	—	—	—
广 西	178	178	—	—	13159590	—	178
海 南	—	—	—	—	—	—	—
重 庆	29879	29106	773	—	3045147	0.98	29846
四 川	36791	28408	7794	589	24790000	0.15	29964
贵 州	3782	3782	—	—	8343120	0.05	3565
云 南	7079	5738	1147	194	22329871	0.03	7000
西 藏	53426	38140	11893	3393	15443441	0.35	10311
陕 西	86288	77111	7811	1366	10941345	0.79	61552
甘 肃	135584	117613	15162	2809	7483925	1.81	98573
青 海	126782	85816	30278	10688	5853265	2.17	111068
宁 夏	174171	132377	37247	4547	1404016	12.41	100173
新 疆	577719	550182	24277	3260	11143136	5.18	524002
大兴安岭	87435	30299	57136	—	6277045	1.39	13256

发生防治情况

单位:公顷

防治面积						累计防治面积（公顷次）	防治率（%）	无公害防治率（%）
化学药剂防治	无公害防治							
	生物化学农药防治	人工物理防治	生物防治	营造林措施防治	其他			
65403	**214296**	**527695**	**528036**	**50604**	**—**	**1743692**	**75.17**	**95.28**
—	—	—	—	—	—	—	—	—
—	—	—	—	—	—	—	—	—
4431	7906	14853	5772	421	—	33385	87.62	86.73
1142	4556	40449	—	595	—	54058	85.49	97.56
28497	63324	16719	3333	—	—	124097	56.60	74.53
838	98	7678	198	—	—	9107	76.63	90.49
792	42466	1140	80	—	—	65129	99.52	98.22
4670	24220	85400	19823	13467	—	190243	84.70	96.84
—	—	—	—	—	—	—	—	—
—	—	—	—	—	—	—	—	—
—	—	—	—	—	—	—	—	—
—	—	—	—	—	—	—	—	—
—	—	—	—	—	—	—	—	—
—	—	3558	—	—	—	3648	92.30	100
—	—	120	—	—	—	120	100	100
—	—	178	—	—	—	178	100	100
—	—	19400	6600	3846	—	29853	99.89	100
1131	516	17760	80	10477	—	52048	81.44	96.23
—	346	3048	—	171	—	74340	94.26	100
84	1193	5283	—	440	—	7008	98.88	98.80
—	—	—	10311	—	—	10311	19.30	100
44	1232	58239	622	1415	—	105465	71.33	99.93
13206	8434	63660	293	12980	—	117404	72.70	86.60
—	12767	81490	16575	236	—	111416	87.61	100
5771	6900	79667	1973	5862	—	111235	57.51	94.24
3877	28834	28221	462376	694	—	624829	90.70	99.26
920	11504	832	—	—	—	19818	15.16	93.06

各地区林业有害植物

地 区	发生面积				寄主树种面积	发生率（%）	总 计
	总计	轻度	中度	重度			
全国合计	178509	145854	23959	8696	139181643	0.13	105352
北　京	—	—	—	—	—	—	—
天　津							
河　北	—	—	—	—	—	—	—
山　西	1599	1599	—	—	3604000	0.04	1505
内蒙古	—	—	—	—	—	—	—
辽　宁	—	—	—	—	—	—	—
吉　林							
黑龙江							
上　海	—	—	—	—	—	—	—
江　苏	1431	1358	73	—	1815333	0.08	1357
浙　江	—	—	—	—	—	—	—
安　徽	—	—	—	—	—	—	—
福　建	—	—	—	—	—	—	—
江　西	1	1	—	—	9909861	—	1
山　东	—	—	—	—	—	—	—
河　南	—	—	—	—	—	—	—
湖　北	87448	73523	9867	4058	9367205	0.93	42546
湖　南	337	266	48	23	11123600	—	333
广　东	35459	30124	4810	525	8414204	0.42	27411
广　西	5224	3636	1046	542	13159590	0.04	4525
海　南	13311	8822	2726	1763	1983006	0.67	1271
重　庆	133	133	—	—	3045147	—	133
四　川	21	14	7	—	24790000	—	21
贵　州	9216	6598	1590	1028	8343120	0.11	7346
云　南	17924	16402	1362	160	22329871	0.08	16985
西　藏	619	286	253	80	15443441	—	119
陕　西	—	—	—	—	—	—	—
甘　肃	—	—	—	—	—	—	—
青　海	5786	3092	2177	517	5853265	0.10	1799
宁　夏	—	—	—	—	—	—	—
新　疆	—	—	—	—	—	—	—
大兴安岭	—	—	—	—	—	—	—

发生防治情况

单位:公顷

防治面积						累计防治面积(公顷次)	防治率(%)	无公害防治率(%)
化学药剂防治	无公害防治				其他			
	生物化学农药防治	人工物理防治	生物防治	营造林措施防治				
12083	481	74706	418	17664	—	121015	59.02	88.53
—	—	—	—	—	—	—	—	—
—	—	—	—	—	—	—	—	—
—	—	—	—	—	—	—	—	—
166	—	1339	—	—	—	1506	94.12	88.97
—	—	—	—	—	—	—	—	—
—	—	—	—	—	—	—	—	—
—	—	—	—	—	—	—	—	—
—	—	—	—	—	—	—	—	—
—	—	1104	—	253	—	1397	94.83	100
—	—	—	—	—	—	—	—	—
—	—	—	—	—	—	—	—	—
—	—	1	—	—	—	1	100.00	100
—	—	—	—	—	—	—	—	—
—	—	—	—	—	—	—	—	—
—	—	33700	299	8547	—	42703	48.65	100.00
—	—	333	—	—	—	333	98.81	100
10490	—	16166	—	755	—	39136	77.30	61.73
717	481	2	—	3325	—	4558	86.62	84.15
545	—	726	—	—	—	1592	9.55	57.12
—	—	133	—	—	—	133	100	100
—	—	21	—	—	—	22	100	100
2	—	6134	—	1210	—	8901	79.71	99.97
163	—	14621	—	2201	—	18548	94.76	99.04
—	—	—	119	—	—	119	19.22	100.00
—	—	—	—	—	—	—	—	—
—	—	—	—	—	—	—	—	—
—	—	426	—	1373	—	2066	31.09	100
—	—	—	—	—	—	—	—	—
—	—	—	—	—	—	—	—	—

各地区林业有害生物

地　区	林业有害生物防治检疫机构						林业植物检疫检查站 检疫检查站		
	省级		地级		县级		合计	固定	临时
	站数	人数	站数	人数	站数	人数			
全国合计	35	650	346	2769	2729	17130	3287	1450	1837
北　京	1	31	—	—	13	178	7	7	—
天　津	1	10	—	—	8	82	6	6	—
河　北	1	18	10	114	158	882	52	39	13
山　西	1	21	11	72	117	530	36	16	20
内蒙古	2	31	12	159	127	1387	227	154	73
辽　宁	1	33	14	95	75	446	91	39	52
吉　林	1	7	8	70	76	534	16	12	4
黑龙江	2	17	16	82	108	535	133	79	54
上　海	1	17	—	—	9	232	10	10	—
江　苏	1	16	12	127	77	647	71	50	21
浙　江	1	15	11	66	81	386	63	38	25
安　徽	1	27	16	127	99	495	122	109	13
福　建	1	17	9	45	80	334	43	25	18
江　西	1	39	11	82	101	463	132	55	77
山　东	1	22	17	127	157	773	76	39	37
河　南	1	17	17	156	147	1022	18	1	17
湖　北	1	23	13	122	91	548	118	55	63
湖　南	1	7	14	58	101	545	381	181	200
广　东	1	13	19	134	104	411	98	54	44
广　西	1	14	14	98	108	586	67	29	38
海　南	1	20	2	14	16	62	40	17	23
重　庆	1	52	—	—	39	304	165	39	126
四　川	1	19	20	117	167	1045	287	4	283
贵　州	1	9	9	55	88	348	112	12	100
云　南	1	21	16	133	137	633	102	51	51
西　藏	1	7	6	18	—	—	—	—	—
陕　西	1	22	11	119	110	1552	380	164	216
甘　肃	1	29	14	170	109	793	340	116	224
青　海	1	6	8	98	31	240	14	14	—
宁　夏	1	21	5	56	23	207	14	12	2
新　疆	2	33	31	255	155	753	42	11	31
大兴安岭	1	16	—	—	17	177	24	12	12

防治检疫机构情况

单位:个、人

检疫员			林业有害生物基层测报站点						
			基层测报站、点				测报员		
合计	专职	兼职	合计	国家级	省级	市(县)级	合计	专职	兼职
37427	17584	19843	33678	1000	723	31955	76660	10509	66151
544	291	253	4372	10	—	4362	1121	117	1004
96	80	16	141	8	1	132	188	58	130
1219	757	462	2278	37	12	2229	3434	815	2619
456	256	200	566	34	20	512	1850	374	1476
1978	1046	932	916	45	32	839	6962	613	6349
1273	441	832	578	44	12	522	2866	186	2680
1542	366	1176	510	33	5	472	1149	151	998
1268	409	859	989	48	38	903	1357	407	950
178	124	54	87	7	24	56	136	73	63
1281	680	601	699	31	19	649	1081	275	806
1615	836	779	805	42	2	761	2965	304	2661
2002	1356	646	1729	37	6	1686	2744	386	2358
1179	668	511	2063	40	50	1973	2179	428	1751
1925	1101	824	2090	36	64	1990	3391	533	2858
1546	768	778	1934	43	36	1855	3148	774	2374
1518	804	714	1554	38	12	1504	3540	558	2982
927	380	547	1192	36	30	1126	1718	312	1406
1997	552	1445	1130	40	12	1078	2419	354	2065
683	443	240	931	43	2	886	2121	288	1833
1083	540	543	603	39	20	544	2975	485	2490
352	98	254	141	10	—	131	511	42	469
2139	639	1500	520	23	15	482	5544	223	5321
2252	790	1462	2022	40	50	1932	10366	706	9660
1382	386	996	853	35	103	715	1493	94	1399
1840	753	1087	1725	35	—	1690	5050	444	4606
179	52	127	31	7	24	—	116	14	102
1801	1127	674	1080	35	30	1015	1989	425	1564
1192	622	570	1422	35	24	1363	1783	314	1469
587	414	173	209	28		181	504	141	363
293	184	109	312	15	2	295	420	93	327
963	538	425	170	38	77	55	1321	418	903
137	83	54	26	8	1	17	219	104	115

各地区林业有害生物

地 区	全国合计			
	合 计	地方财政资金	中央财政拨付资金	社会投入
全国合计	572662	364709	45227	162726
北 京	9923	8773	490	660
天 津	4366	2053	432	1881
河 北	20364	7904	998	11462
山 西	5021	2478	936	1607
内蒙古	12651	5949	1625	5077
辽 宁	14651	4834	1876	7941
吉 林	5285	3075	1032	1178
黑龙江	4268	1066	1940	1262
上 海	1992	1732	28	232
江 苏	16590	9987	1724	4879
浙 江	37496	30361	2368	4767
安 徽	30701	21803	1948	6950
福 建	28562	23274	2296	2992
江 西	39574	34002	2080	3492
山 东	56306	40117	2222	13967
河 南	19744	12178	1490	6076
湖 北	30783	23211	1580	5992
湖 南	23436	15482	2000	5954
广 东	22478	15739	2572	4167
广 西	10233	6092	1795	2346
海 南	2759	1867	400	492
重 庆	29086	26132	1765	1189
四 川	28448	22484	1800	4164
贵 州	7944	5756	1375	813
云 南	8787	3788	1475	3524
西 藏	1666	731	935	—
陕 西	12797	8985	1725	2087
甘 肃	4000	2137	875	988
青 海	2581	1719	840	22
宁 夏	9909	1528	575	7806
新 疆	69071	18922	1390	48759
大兴安岭	1190	550	640	—

防治资金投入情况

单位:万元

省级		地(市)级		县(市、区)级	
本级财政资金投入	社会投入	本级财政资金投入	社会投入	本级财政资金投入	社会投入
74450	—	37240	1145	253019	161581
3261	—	—	—	5512	660
1217	—	—	—	836	1881
810	—	1900	—	5194	11462
1848	—	177	—	453	1607
1616	—	860	—	3473	5077
1400	—	1892	—	1542	7941
1000	—	445	—	1630	1178
60	—	46	138	960	1124
575	—	—	—	1157	232
4000	—	1204	120	4783	4759
2000	—	1947	—	26414	4767
3201	—	1125	3	17477	6947
6299	—	2255	—	14720	2992
3100	—	1344	—	29558	3492
3566	—	7614	—	28937	13967
1600	—	1641	60	8937	6016
3900	—	3068	100	16243	5892
1600	—	2330	359	11552	5595
3000	—	2391	123	10348	4044
2695	—	782	—	2615	2346
153	—	527	20	1187	472
6650	—	—	—	19482	1189
4722	—	1178	82	16584	4082
2770	—	607	1	2379	812
1700	—	250	—	1838	3524
188	—	50	—	493	—
2040	—	636	100	6309	1987
65	—	460	—	1612	988
1000	—	91	—	628	22
390	—	113	13	1025	7793
7600	—	2307	26	9015	48733
424	—	—	—	126	—

附录四
全国分县造林情况
ANNEX IV

中国
林业和草原统计年鉴 2018

分县造林完成情况

单位：公顷

地 区	人工造林	飞播造林	新封山育林	退化林修复	人工更新
全国合计	**3677952**	**135429**	**1785067**	**1329166**	**371859**
北京市	**18427**	**—**	**10001**	**744**	**807**
朝阳区	382	—	—	—	663
丰台区	198	—	—	—	46
海淀区	105	—	—	158	—
门头沟区	4080	—	—	—	—
房山区	2307	—	2000	—	—
通州区	2831	—	—	—	13
顺义区	525	—	—	—	—
昌平区	490	—	2000	—	—
大兴区	889	—	—	—	35
怀柔区	1645	—	2000	—	—
平谷区	1091	—	667	—	34
密云区	1614	—	2000	—	—
延庆区	2117	—	667	—	16
八达岭林场	—	—	—	586	—
京西林场	153	—	667	—	—
天津市	**8648**	**—**	**—**	**—**	**—**
东丽区	505	—	—	—	—
西青区	467	—	—	—	—
津南区	539	—	—	—	—
北辰区	399	—	—	—	—
武清区	1998	—	—	—	—
宝坻区	280	—	—	—	—
滨海新区	134	—	—	—	—
宁河区	1433	—	—	—	—
静海区	2101	—	—	—	—
蓟州区	792	—	—	—	—
河北省	**359045**	**14934**	**223827**	**238**	**2912**
石家庄市	**30848**	**—**	**17880**	**—**	**214**
井陉矿区	73	—	—	—	—
藁城区	2167	—	—	—	—
鹿泉区	2888	—	1333	—	—
栾城区	639	—	—	—	61
井陉县	4573	—	3513	—	—
正定县	847	—	—	—	120
行唐县	2867	—	2667	—	—
灵寿县	2733	—	3333	—	—
高邑县	310	—	—	—	—
深泽县	640	—	—	—	—
赞皇县	3467	—	3333	—	—
无极县	733	—	—	—	—
平山县	4334	—	3334	—	33
元氏县	1926	—	367	—	—
赵县	693	—	—	—	—
循环化工园区	406	—	—	—	—
晋州市	660	—	—	—	—

分县造林完成情况

单位:公顷

地 区	人工造林	飞播造林	新封山育林	退化林修复	人工更新
新乐市	892	—	—	—	—
辛集市	**800**	**—**	**—**	**—**	**—**
唐山市	**20427**	**—**	**6867**	**6**	**522**
路南区	182	—	—	—	20
路北区	333	—	—	—	—
古冶区	399	—	267	—	—
开平区	1686	—	333	—	—
丰南区	1073	—	—	—	400
丰润区	2566	—	1067	—	—
曹妃甸区	867	—	—	—	—
滦州市	2668	—	—	—	—
滦南县	1039	—	—	—	—
乐亭县	1000	—	—	—	—
迁西县	1506	—	2000	—	—
玉田县	1533	—	1000	—	—
芦台经济开发区	75	—	—	—	—
汉沽管理区	80	—	—	—	—
高新技术产业开发区	479	—	—	—	—
海港开发区	74	—	—	—	—
唐山湾国际旅游岛	67	—	—	—	—
遵化市	3000	—	1200	—	—
迁安市	1800	—	1000	6	102
秦皇岛市	**20620**	**—**	**6134**	**120**	**32**
海港区	2017	—	—	—	—
山海关区	267	—	—	—	—
北戴河区	304	—	—	120	32
抚宁区	3587	—	2467	—	—
青龙满族自治县	6637	—	1667	—	—
昌黎县	3133	—	667	—	—
卢龙县	3867	—	1333	—	—
经济技术开发区	134	—	—	—	—
北戴河新区	674	—	—	—	—
邯郸市	**24230**	**6935**	**14634**	**—**	**—**
邯山区	314	—	—	—	—
丛台区	477	—	—	—	—
复兴区	1277	—	—	—	—
峰峰矿区	1200	400	1136	—	—
肥乡区	823	—	—	—	—
永年区	1781	—	1012	—	—
临漳县	756	—	—	—	—
成安县	649	—	—	—	—
大名县	966	—	—	—	—
涉县	4147	2934	6000	—	—
磁县	1803	934	1533	—	—
邱县	1150	—	—	—	—
鸡泽县	1251	—	—	—	—
广平县	745	—	—	—	—

分县造林完成情况

单位：公顷

地　　区	人工造林	飞播造林	新封山育林	退化林修复	人工更新
馆陶县	517	—	—	—	—
魏县	810	—	—	—	—
曲周县	931	—	—	—	—
经济技术开发区	144	—	—	—	—
冀南新区	549	—	—	—	—
武安市	3940	2667	4953	—	—
邢台市	**16569**	**4666**	**4333**	**—**	**—**
桥东区	143	—	—	—	—
桥西区	78	—	—	—	—
邢台县	2266	2333	2667	—	—
临城县	342	—	333	—	—
内丘县	883	2333	1333	—	—
柏乡县	354	—	—	—	—
隆尧县	2467	—	—	—	—
任县	1042	—	—	—	—
南和县	500	—	—	—	—
宁晋县	1133	—	—	—	—
巨鹿县	413	—	—	—	—
新河县	253	—	—	—	—
广宗县	707	—	—	—	—
平乡县	900	—	—	—	—
威县	1330	—	—	—	—
清河县	599	—	—	—	—
临西县	1093	—	—	—	—
南宫市	1000	—	—	—	—
沙河市	532	—	—	—	—
高开区	534	—	—	—	—
保定市	**37779**	**3333**	**12332**	**100**	**24**
竞秀区	75	—	—	—	—
莲池区	79	—	—	—	—
满城区	1667	—	666	—	—
清苑区	1000	—	—	—	—
徐水区	1173	—	—	—	—
涞水县	2667	—	3333	—	—
阜平县	4000	—	2000	—	—
定兴县	747	—	—	—	—
唐县	3247	—	2000	—	—
高阳县	1006	—	—	—	—
容城县	467	—	—	—	—
涞源县	4000	2000	1333	—	—
望都县	667	—	—	—	—
易县	4000	1333	1000	—	—
曲阳县	2333	—	1333	—	—
蠡县	1229	—	—	—	—
顺平县	1667	—	667	—	—
博野县	667	—	—	—	—
雄县	4628	—	—	—	—

分县造林完成情况

单位:公顷

地 区	人工造林	飞播造林	新封山育林	退化林修复	人工更新
涿州市	1000	—	—	—	24
安国市	667	—	—	—	—
高碑店市	700	—	—	100	—
高新区	7	—	—	—	—
白沟新城	86	—	—	—	—
定州市	**430**	—	—	—	—
张家口市	**119563**	—	**126383**	—	—
桥东区	407	—	3027	—	—
桥西区	277	—	—	—	—
宣化区	6753	—	13959	—	—
下花园区	333	—	—	—	—
万全区	3653	—	10393	—	—
崇礼区	27079	—	—	—	—
张北县	5287	—	13440	—	—
康保县	6909	—	7625	—	—
沽源县	23400	—	7320	—	—
尚义县	2748	—	10172	—	—
蔚县	12742	—	7488	—	—
阳原县	9133	—	9333	—	—
怀安县	7218	—	10793	—	—
怀来县	4000	—	7293	—	—
涿鹿县	5086	—	12847	—	—
赤城县	4333	—	12693	—	—
高新技术产业开发区	205	—	—	—	—
承德市	**23887**	—	**34597**	**12**	**1272**
双桥区	232	—	209	—	—
双滦区	173	—	—	—	—
鹰手营子矿区	187	—	—	—	—
承德县	1267	—	—	12	580
兴隆县	1533	—	—	—	—
滦平县	3793	—	14928	—	15
隆化县	3273	—	4707	—	37
丰宁满族自治县	5466	—	3334	—	—
宽城满族自治县	667	—	533	—	—
围场满族蒙古族自治县	6053	—	9553	—	640
平泉市	1110	—	1333	—	—
高新区	133	—	—	—	—
沧州市	**23597**	—	—	—	—
新华区	533	—	—	—	—
运河区	574	—	—	—	—
开发区	679	—	—	—	—
沧县	4872	—	—	—	—
青县	2181	—	—	—	—
东光县	1664	—	—	—	—
海兴县	145	—	—	—	—
盐山县	168	—	—	—	—
肃宁县	1105	—	—	—	—

分县造林完成情况

单位:公顷

地 区	人工造林	飞播造林	新封山育林	退化林修复	人工更新
南皮县	1479	—	—	—	—
吴桥县	4582	—	—	—	—
献县	717	—	—	—	—
孟村回族自治县	306	—	—	—	—
中捷农场	400	—	—	—	—
南大港农场	366	—	—	—	—
泊头市	2400	—	—	—	—
任丘市	340	—	—	—	—
黄骅市	664	—	—	—	—
河间市	422	—	—	—	—
廊坊市	18356	—	—	—	—
安次区	1193	—	—	—	—
广阳区	410	—	—	—	—
固安县	1460	—	—	—	—
永清县	1254	—	—	—	—
香河县	773	—	—	—	—
大城县	3869	—	—	—	—
文安县	4802	—	—	—	—
大厂回族自治县	715	—	—	—	—
霸州市	2766	—	—	—	—
三河市	937	—	—	—	—
开发区	177	—	—	—	—
衡水市	19887	—	—	—	624
桃城区	1115	—	—	—	—
冀州区	2507	—	—	—	—
枣强县	1231	—	—	—	—
武邑县	1370	—	—	—	—
武强县	1068	—	—	—	—
饶阳县	838	—	—	—	—
安平县	935	—	—	—	—
故城县	1056	—	—	—	—
景县	2190	—	—	—	590
阜城县	2267	—	—	—	25
深州市	2745	—	—	—	—
经济开发区	1932	—	—	—	—
滨湖新区	633	—	—	—	9
木兰林管局	505	—	—	—	—
塞罕坝机械林场	1054	—	—	—	224
洪崖山国有林场管理局	493	—	667	—	—
山西省	308020	—	32128	—	—
太原市	15078	—	2200	—	—
清徐县	400	—	—	—	—
阳曲县	2790	—	533	—	—
娄烦县	7910	—	667	—	—
古交市	3974	—	867	—	—
市直属单位	4	—	133	—	—
大同市	11713	—	1334	—	—

分县造林完成情况

单位:公顷

地 区	人工造林	飞播造林	新封山育林	退化林修复	人工更新
新荣区	800	—	—	—	—
云冈区	538	—	—	—	—
云州区	1714	—	—	—	—
阳高县	1427	—	—	—	—
天镇县	1486	—	—	—	—
广灵县	1581	—	667	—	—
灵丘县	1813	—	—	—	—
浑源县	1300	—	667	—	—
左云县	1017	—	—	—	—
市直属单位	37	—	—	—	—
阳泉市	**3915**	**—**	**333**	**—**	**—**
郊区	927	—	—	—	—
平定县	1534	—	333	—	—
盂县	1454	—	—	—	—
长治市	**9944**	**—**	**1066**	**—**	**—**
长治县	14	—	—	—	—
屯留县	533	—	134	—	—
平顺县	3620	—	333	—	—
黎城县	467	—	133	—	—
壶关县	280	—	200	—	—
长子县	881	—	—	—	—
武乡县	1457	—	—	—	—
沁县	1477	—	133	—	—
沁源县	794	—	133	—	—
潞城市	421	—	—	—	—
晋城市	**1360**	**—**	**266**	**—**	**—**
沁水县	627	—	133	—	—
阳城县	267	—	—	—	—
陵川县	100	—	133	—	—
泽州县	133	—	—	—	—
高平市	233	—	—	—	—
朔州市	**5459**	**—**	**1332**	**—**	**—**
朔城区	1493	—	—	—	—
平鲁区	1493	—	333	—	—
山阴县	133	—	—	—	—
应县	633	—	333	—	—
右玉县	1480	—	666	—	—
怀仁市	227	—	—	—	—
晋中市	**23399**	**—**	**666**	**—**	**—**
榆次区	849	—	133	—	—
榆社县	4657	—	333	—	—
左权县	4071	—	—	—	—
和顺县	4267	—	—	—	—
昔阳县	3533	—	—	—	—
寿阳县	1429	—	—	—	—
太谷县	1221	—	200	—	—
祁县	770	—	—	—	—

分县造林完成情况

单位:公顷

地　区	人工造林	飞播造林	新封山育林	退化林修复	人工更新
平遥县	1100	—	—	—	—
灵石县	1269	—	—	—	—
介休市	233	—	—	—	—
运城市	**10887**	**—**	**1000**	**—**	**—**
盐湖区	549	—	133	—	—
万荣县	200	—	67	—	—
闻喜县	3733	—	67	—	—
稷山县	359	—	200	—	—
新绛县	311	—	—	—	—
绛县	647	—	133	—	—
垣曲县	3770	—	200	—	—
平陆县	363	—	—	—	—
芮城县	465	—	200	—	—
永济市	267	—	—	—	—
河津市	223	—	—	—	—
忻州市	**39323**	**—**	**1566**	**—**	**—**
忻府区	1013	—	—	—	—
定襄县	493	—	200	—	—
五台县	1105	—	133	—	—
代县	2767	—	—	—	—
繁峙县	1494	—	—	—	—
宁武县	3122	—	333	—	—
静乐县	8838	—	500	—	—
神池县	3517	—	—	—	—
五寨县	2520	—	—	—	—
岢岚县	4375	—	200	—	—
河曲县	2986	—	—	—	—
保德县	1560	—	—	—	—
偏关县	3987	—	200	—	—
原平市	1546	—	—	—	—
临汾市	**29008**	**—**	**5065**	**—**	**—**
尧都区	333	—	200	—	—
曲沃县	67	—	—	—	—
翼城县	200	—	—	—	—
襄汾县	600	—	333	—	—
洪洞县	567	—	333	—	—
古县	293	—	200	—	—
安泽县	400	—	133	—	—
浮山县	527	—	133	—	—
吉县	1734	—	533	—	—
乡宁县	2613	—	533	—	—
大宁县	2193	—	667	—	—
隰县	7907	—	667	—	—
永和县	8460	—	533	—	—
蒲县	2047	—	333	—	—
汾西县	933	—	467	—	—
侯马市	67	—	—	—	—

分县造林完成情况

单位：公顷

地　区	人工造林	飞播造林	新封山育林	退化林修复	人工更新
霍州市	67	—	—	—	—
吕梁市	**104143**	**—**	**3397**	**—**	**—**
离石区	2614	—	133	—	—
文水县	347	—	133	—	—
交城县	866	—	466	—	—
兴县	29260	—	600	—	—
临县	38060	—	333	—	—
柳林县	4887	—	333	—	—
石楼县	10434	—	200	—	—
岚县	8693	—	—	—	—
方山县	4514	—	333	—	—
中阳县	600	—	133	—	—
交口县	1867	—	467	—	—
孝义市	1067	—	133	—	—
汾阳市	934	—	133	—	—
管涔山林局	4940	—	2734	—	—
五台山林局	9060	—	2867	—	—
关帝山林局	7773	—	2367	—	—
太行山林局	5100	—	67	—	—
太岳山林局	5360	—	1267	—	—
吕梁山林局	4113	—	1300	—	—
中条山林局	2467	—	1234	—	—
黑茶山林局	4433	—	2000	—	—
杨树局	10412	—	—	—	—
省直其他单位	133	—	67	—	—
内蒙古自治区	**317967**	**61146**	**107537**	**92497**	**20832**
呼和浩特市	**14667**	**—**	**667**	**2667**	**—**
托克托县	400	—	—	—	—
和林格尔县	3333	—	—	—	—
清水河县	6934	—	667	2667	—
武川县	4000	—	—	—	—
包头市	**30673**	**—**	**—**	**—**	**—**
昆都仑区	68	—	—	—	—
青山区	367	—	—	—	—
石拐区	633	—	—	—	—
九原区	110	—	—	—	—
土默特右旗	3533	—	—	—	—
固阳县	23848	—	—	—	—
达尔罕茂明安联合旗	2113	—	—	—	—
稀土高新技术开发区	1	—	—	—	—
乌海市	**609**	—	—	—	—
海勃湾区	116	—	—	—	—
海南区	459	—	—	—	—
乌达区	34	—	—	—	—
赤峰市	**40897**	**—**	**11332**	**15594**	**752**
红山区	120	—	—	—	—
元宝山区	580	—	—	—	—

分县造林完成情况

单位:公顷

地　　区	人工造林	飞播造林	新封山育林	退化林修复	人工更新
松山区	644	—	—	840	13
阿鲁科尔沁旗	14047	—	2000	1480	353
巴林左旗	3893	—	—	2467	200
巴林右旗	4327	—	3333	2000	—
林西县	1700	—	—	1547	—
克什克腾旗	3073	—	1333	1733	—
翁牛特旗	7793	—	3333	1760	—
喀喇沁旗	780	—	—	1447	53
宁城县	1680	—	—	560	133
敖汉旗	2260	—	1333	1760	—
通辽市	**42577**	**3333**	**19000**	**10000**	**20080**
科尔沁区	2547	—	—	2667	5333
科尔沁左翼中旗	6666	—	1333	—	—
科尔沁左翼后旗	13333	—	10000	4666	5200
开鲁县	5533	—	—	2667	8000
库伦旗	2000	—	1667	—	—
奈曼旗	8000	3333	4000	—	747
扎鲁特旗	4133	—	1333	—	800
霍林郭勒市	365	—	667	—	—
鄂尔多斯市	**29185**	**8147**	**4867**	**18611**	**—**
东胜区	1000	—	—	—	—
康巴什新区	100	—	—	—	—
达拉特旗	4317	—	—	—	—
准格尔旗	2895	—	1000	—	—
鄂托克前旗	1958	—	—	3676	—
鄂托克旗	5300	6147	1667	—	—
杭锦旗	5899	2000	2200	10000	—
乌审旗	4844	—	—	4535	—
伊金霍洛旗	1466	—	—	400	—
造林总场	1406	—	—	—	—
呼伦贝尔市	**20170**	**—**	**14000**	—	—
海拉尔区	800	—	—	—	—
阿荣旗	2667	—	—	—	—
莫力达瓦达斡尔族自治旗	4393	—	—	—	—
鄂伦春自治旗	267	—	—	—	—
鄂温克族自治旗	2000	—	—	—	—
陈巴尔虎旗	667	—	1333	—	—
新巴尔虎左旗	333	—	4667	—	—
新巴尔虎右旗	69	—	2333	—	—
牙克石市	2100	—	1200	—	—
扎兰屯市	2666	—	667	—	—
额尔古纳市	333	—	1000	—	—
根河市	200	—	—	—	—
免渡河	1335	—	—	—	—
乌奴耳	533	—	—	—	—
巴林	667	—	1667	—	—
南木	467	—	—	—	—

分县造林完成情况

单位：公顷

地 区	人工造林	飞播造林	新封山育林	退化林修复	人工更新
红花尔基	673	—	1133	—	—
巴彦淖尔市	**10001**	**8000**	**9336**	**6670**	**—**
临河区	1466	—	—	667	—
五原县	1667	—	—	667	—
磴口县	1066	2667	667	667	—
乌拉特前旗	1200	—	—	667	—
乌拉特中旗	3135	—	3669	2668	—
乌拉特后旗	1067	4000	5000	667	—
杭锦后旗	400	1333	—	667	—
乌兰察布市	**30552**	**—**	**5668**	**2200**	**—**
集宁区	1310	—	—	—	—
卓资县	4188	—	333	—	—
化德县	3664	—	667	—	—
商都县	2317	—	—	—	—
兴和县	3834	—	—	—	—
凉城县	3601	—	667	333	—
察哈尔右翼前旗	2850	—	—	—	—
察哈尔右翼中旗	3231	—	667	667	—
察哈尔右翼后旗	1887	—	667	667	—
四子王旗	1593	—	2000	333	—
丰镇市	2077	—	667	200	—
兴安盟	**22973**	**3333**	**20000**	**4000**	**—**
乌兰浩特市	1673	—	—	—	—
阿尔山市	1134	—	3333	333	—
科尔沁右翼前旗	4933	—	2667	667	—
科尔沁右翼中旗	9313	3333	1334	2667	—
扎赉特旗	2719	—	3334	—	—
突泉县	2801	—	2000	333	—
五岔沟	333	—	3999	—	—
白狼	67	—	3333	—	—
锡林郭勒盟	**14052**	**8333**	**10334**	**12000**	**—**
锡林浩特市	200	—	667	—	—
阿巴嘎旗	367	1000	667	—	—
苏尼特左旗	27	2000	—	—	—
苏尼特右旗	73	1333	1333	—	—
东乌珠穆沁旗	553	—	667	—	—
西乌珠穆沁旗	153	—	667	—	—
太仆寺旗	600	—	—	667	—
镶黄旗	660	—	1466	—	—
正镶白旗	366	2000	1200	—	—
正蓝旗	2680	2000	2000	8000	—
多伦县	8267	—	—	3333	—
乌拉盖开发区	33	—	—	—	—
二连浩特市	73	—	1667	—	—
阿拉善盟	**57667**	**30000**	**12333**	**—**	**—**
阿拉善左旗	23667	20000	4667	—	—
阿拉善右旗	6666	4667	—	—	—

分县造林完成情况

单位:公顷

地 区	人工造林	飞播造林	新封山育林	退化林修复	人工更新
额济纳旗	20000	—	5333	—	—
经济开发区	2667	—	—	—	—
生态示范区	4000	5333	2333	—	—
乌兰布和生态沙产业示范区	667	—	—	—	—
内蒙古森工集团	**3944**	—	—	**20755**	—
辽宁省	**62353**	**13333**	**55334**	**25673**	**11285**
沈阳市	**10334**	—	—	**133**	**513**
康平县	867	—	—	—	133
法库县	4800	—	—	—	180
新民市	4667	—	—	133	200
大连市	**400**	—	—	**1934**	—
瓦房店市	267	—	—	667	—
普兰店区	133	—	—	800	—
庄河市	—	—	—	467	—
鞍山市	**2033**	—	—	**1499**	**474**
台安县	1600	—	—	—	—
岫岩满族自治县	400	—	—	1466	334
海城市	33	—	—	33	140
抚顺市	**7914**	—	**533**	**3193**	**3100**
市直属单位	—	—	—	986	—
东洲区	207	—	—	320	167
望花区	6	—	—	—	—
顺城区	66	—	—	—	47
开发区	148	—	—	—	—
抚顺县	820	—	—	134	533
新宾满族自治县	667	—	533	420	1153
清原满族自治县	6000	—	—	1333	1200
本溪市	**220**	—	—	**520**	**379**
市直属单位	13	—	—	20	153
平山区	—	—	—	67	—
溪湖区	7	—	—	—	—
南芬区	—	—	—	—	93
本溪满族自治县	200	—	—	300	100
桓仁满族自治县	—	—	—	133	33
丹东市	**987**	—	**5800**	**1867**	**1000**
宽甸满族自治县	267	—	2133	667	333
东港市	320	—	1067	533	—
凤城市	400	—	2600	667	667
锦州市	**4853**	—	**2667**	**13**	**1013**
市直属单位	53	—	—	13	14
黑山县	2133	—	—	—	333
义县	1800	—	1600	—	—
凌海市	667	—	—	—	533
北镇市	200	—	1067	—	133
营口市	**47**	—	—	**173**	**53**
鲅鱼圈区	14	—	—	7	—
盖州市	—	—	—	133	53

分县造林完成情况

单位:公顷

地 区	人工造林	飞播造林	新封山育林	退化林修复	人工更新
大石桥市	33	—	—	33	—
阜新市	**4093**	—	—	**1633**	**2720**
新邱区	53	—	—	—	—
清河门区	40	—	—	—	53
阜矿集团	—	—	—	100	—
阜新蒙古族自治县	1333	—	—	200	2000
彰武县	2667	—	—	1333	667
辽阳市	**240**	—	**2134**	**133**	**13**
文圣区	20	—	—	—	13
宏伟区	54	—	—	—	—
弓长岭区	100	—	—	—	—
太子河区	13	—	—	—	—
辽阳县	—	—	2134	133	—
灯塔市	53	—	—	—	—
铁岭市	**3426**	—	**8400**	**1741**	**833**
银州区	—	—	—	7	—
开发区	—	—	—	—	33
清河区	200	—	—	—	27
铁岭县	413	—	3667	667	267
西丰县	333	—	3133	667	433
昌图县	2000	—	—	333	33
调兵山市	13	—	—	67	7
开原市	467	—	1600	—	33
朝阳市	**16293**	**11333**	**26334**	**8867**	**974**
双塔区	413	—	533	200	—
龙城区	567	—	1067	667	20
朝阳县	4467	3333	6333	2000	333
建平县	2667	—	4200	1000	334
喀喇沁左翼蒙古族自治县	2399	4667	5267	2000	67
北票市	3200	3333	3667	2000	—
凌源市	2580	—	5267	1000	220
葫芦岛市	**11513**	**2000**	**9466**	**3733**	**60**
市直属单位	—	—	—	133	13
连山区	667	—	533	400	27
龙港区	67	—	—	—	—
南票区	667	—	1067	1000	—
绥中县	1113	—	2666	200	—
建昌县	8333	2000	2133	1333	—
兴城市	666	—	3067	667	20
厅直属单位	—	—	—	234	153
实验林场	—	—	—	67	87
生态实验林场	—	—	—	33	53
林业职业技术学院	—	—	—	—	13
森林经营研究所实验林场	—	—	—	67	—
彰武章古台固沙造林实验林场	—	—	—	67	—
吉林省	**48260**	—	—	**62685**	**11712**
长春市	**2880**	—	—	**292**	**1298**

分县造林完成情况

单位：公顷

地　区	人工造林	飞播造林	新封山育林	退化林修复	人工更新
绿园区	—	—	—	—	8
双阳区	466	—	—	—	65
九台区	—	—	—	—	96
农安县	633	—	—	126	741
榆树市	1066	—	—	103	115
德惠市	715	—	—	63	273
吉林市	**8660**	—	—	**1067**	**763**
昌邑区	58	—	—	—	13
龙潭区	77	—	—	—	20
船营区	83	—	—	—	14
丰满区	67	—	—	—	26
永吉县	2617	—	—	—	293
蛟河市	1708	—	—	—	78
桦甸市	—	—	—	—	57
舒兰市	1281	—	—	—	135
磐石市	2766	—	—	—	127
上营森林经营局	—	—	—	1067	—
松花湖国有林保护中心	3	—	—	—	—
四平市	**5193**	—	—	**766**	**1690**
铁西区	100	—	—	—	—
铁东区	300	—	—	—	9
梨树县	1045	—	—	133	779
伊通满族自治县	840	—	—	—	64
公主岭市	1093	—	—	—	491
双辽市	1511	—	—	633	347
国有林总场	304	—	—	—	—
辽源市	**2149**	—	—	**7**	**916**
龙山区	83	—	—	—	11
西安区	4	—	—	—	7
东丰县	1000	—	—	—	473
东辽县	1023	—	—	7	425
国有林保护中心	27	—	—	—	—
经济开发区	12	—	—	—	—
通化市	**5019**	—	—	**2**	**980**
东昌区	20	—	—	2	31
二道江区	80	—	—	—	67
通化县	—	—	—	—	354
辉南县	4698	—	—	—	224
柳河县	—	—	—	—	131
梅河口市	88	—	—	—	58
集安市	133	—	—	—	115
白山市	**460**	—	—	**493**	**133**
江源区	41	—	—	—	—
抚松县	312	—	—	—	22
靖宇县	104	—	—	—	37
长白朝鲜族自治县	—	—	—	—	60
临江市	3	—	—	93	14

分县造林完成情况

单位:公顷

地 区	人工造林	飞播造林	新封山育林	退化林修复	人工更新
长白森林经营局	—	—	—	400	—
松原市	**11346**	—	—	—	**2023**
宁江区	85	—	—	—	106
前郭尔罗斯蒙古族自治县	1631	—	—	—	1647
长岭县	8308	—	—	—	32
乾安县	667	—	—	—	—
扶余市	383	—	—	—	42
市直属单位	272	—	—	—	196
白城市	**9837**	—	—	**2834**	**1629**
洮北区	351	—	—	—	296
镇赉县	1433	—	—	667	—
通榆县	5247	—	—	1500	467
洮南市	2148	—	—	667	605
大安市	501	—	—	—	257
市直属单位	33	—	—	—	—
工业园区	33	—	—	—	—
经济开发区	18	—	—	—	1
查干浩特旅游经济开发区	73	—	—	—	3
延边朝鲜族自治州	**1558**	—	—	**65**	**698**
延吉市	83	—	—	—	130
图们市	10	—	—	65	61
敦化市	167	—	—	—	8
珲春市	327	—	—	—	27
龙井市	21	—	—	—	293
和龙市	93	—	—	—	141
汪清县	50	—	—	—	17
安图县	807	—	—	—	21
长白山森工集团	**817**	—	—	**29759**	**1461**
吉林森工集团	**156**	—	—	**26797**	**121**
省直属单位	**185**	—	—	**603**	—
黑龙江省	**45678**	—	**30863**	**19692**	**406**
哈尔滨市	**10988**	—	**8401**	**287**	**267**
市直市郊	387	—	780	—	—
五常市	1026	—	667	87	—
尚志市	333	—	—	47	—
巴彦县	500	—	1000	—	—
宾县	1360	—	667	153	—
依兰县	306	—	667	—	—
延寿县	2307	—	2820	—	—
木兰县	296	—	667	—	—
通河县	4340	—	133	—	267
方正县	133	—	1000	—	—
齐齐哈尔市	**3940**	—	**1207**	**987**	**107**
市局单位	180	—	7	606	—
龙江县	260	—	—	154	107
依安县	287	—	—	—	—
泰来县	480	—	—	—	—

分县造林完成情况

单位：公顷

地　　区	人工造林	飞播造林	新封山育林	退化林修复	人工更新
甘南县	127	—	—	114	—
富裕县	273	—	—	—	—
克山县	334	—	—	—	—
克东县	333	—	—	—	—
拜泉县	333	—	200	113	—
讷河市	1333	—	1000	—	—
鸡西市	**919**	—	—	—	**19**
市局单位	146	—	—	—	19
虎林市	200	—	—	—	—
密山市	573	—	—	—	—
鹤岗市	**1847**	—	**867**	**20**	—
市局单位	67	—	—	—	—
萝北县	67	—	400	—	—
绥滨县	1713	—	467	20	—
双鸭山市	**201**	—	**1835**	**162**	—
市局单位	107	—	668	—	—
集贤县	87	—	333	—	—
饶河县	—	—	667	7	—
宝清县	7	—	167	155	—
大庆市	**2239**	—	**667**	**480**	—
市局单位	533	—	—	—	—
肇州县	320	—	—	—	—
肇源县	333	—	—	—	—
林甸县	320	—	—	—	—
杜尔伯特蒙古族自治县	733	—	667	480	—
伊春市	**420**	—	**2200**	—	—
嘉荫县	87	—	—	—	—
铁力市	333	—	1333	—	—
市区	—	—	867	—	—
佳木斯市	**2730**	—	**3794**	**13**	—
市局单位	486	—	600	—	—
郊区	53	—	100	—	—
桦南县	363	—	200	13	—
桦川县	626	—	400	—	—
汤原县	623	—	667	—	—
同江市	173	—	667	—	—
富锦市	273	—	300	—	—
抚远市	133	—	860	—	—
七台河市	**1292**	—	**1925**	—	**13**
市局单位	1025	—	1925	—	13
勃利县	267	—	—	—	—
牡丹江市	**2725**	—	**4021**	**100**	—
市局单位	266	—	67	—	—
东宁市	473	—	267	—	—
林口县	1346	—	2200	—	—
海林市	73	—	273	—	—
宁安市	367	—	667	—	—

分县造林完成情况

单位:公顷

地　区	人工造林	飞播造林	新封山育林	退化林修复	人工更新
穆棱市	200	—	547	100	—
黑河市	**2280**	—	**2599**	—	—
市局单位	467	—	—	—	—
爱辉区	852	—	—	—	—
嫩江县	107	—	666	—	—
逊克县	120	—	—	—	—
孙吴县	420	—	—	—	—
北安市	154	—	1000	—	—
五大连池市	160	—	600	—	—
五大连池风景名胜区自然保护区	—	—	333	—	—
绥化市	7227	—	1866	20	—
市局单位	67	—	—	—	—
海伦市	714	—	—	—	—
海伦市国有林场管理局	100	—	667	—	—
绥棱县	53	—	—	—	—
绥棱国有林场管理局	413	—	533	—	—
庆安县	334	—	333	—	—
北林区	393	—	—	—	—
望奎县	1067	—	—	—	—
兰西县	1433	—	—	—	—
青冈县	1067	—	—	—	—
明水县	1093	—	333	20	—
安达市	160	—	—	—	—
肇东市	333	—	—	—	—
尚志国有林场管理局	257	—	—	—	—
庆安国有林场管理局	1299	—	334	—	—
伊春森林经营有限公司	3013	—	—	1913	—
黑龙江省方正林业局	447	—	—	—	—
新江林场	73	—	200	40	—
黑瞎子岛管委会	433	—	—	—	—
桦南林业局	300	—	—	—	—
双鸭山新苑林业有限公司	36	—	440	—	—
鹤岗绿森林业有限公司	—	—	507	—	—
绿海林业公司	203	—	—	—	—
龙江森工集团	2809	—	—	15670	—
上海市	**3183**	—	—	—	—
闵行区	160	—	—	—	—
宝山区	43	—	—	—	—
嘉定区	54	—	—	—	—
浦东新区	910	—	—	—	—
金山区	33	—	—	—	—
松江区	590	—	—	—	—
青浦区	49	—	—	—	—
奉贤区	633	—	—	—	—
崇明区	711	—	—	—	—
江苏省	**41283**	—	—	124	1949
南京市	**1134**	—	—	—	—

分县造林完成情况

单位:公顷

地 区	人工造林	飞播造林	新封山育林	退化林修复	人工更新
栖霞区	48	—	—	—	—
六合区	214	—	—	—	—
溧水区	307	—	—	—	—
高淳区	303	—	—	—	—
雨花台区	3	—	—	—	—
浦口区	44	—	—	—	—
江宁区	215	—	—	—	—
无锡市	**464**	**—**	**—**	**—**	**46**
市直单位	24	—	—	—	—
锡山区	63	—	—	—	—
江阴市	210	—	—	—	—
惠山区	60	—	—	—	—
滨湖区	6	—	—	—	1
宜兴市	101	—	—	—	45
徐州市	**3904**	**—**	**—**	**55**	**243**
贾汪区	135	—	—	—	—
沛县	445	—	—	—	—
睢宁县	561	—	—	—	84
新沂市	770	—	—	—	125
丰县	602	—	—	—	—
铜山区	323	—	—	43	34
邳州市	1068	—	—	12	—
常州市	**867**	**—**	**—**	**5**	**—**
溧阳市	197	—	—	5	—
金坛区	247	—	—	—	—
新北区	206	—	—	—	—
武进区	217	—	—	—	—
苏州市	**501**	**—**	**—**	**—**	**—**
张家港市	70	—	—	—	—
常熟市	58	—	—	—	—
太仓市	53	—	—	—	—
吴江区	61	—	—	—	—
吴中区	27	—	—	—	—
高新区	3	—	—	—	—
相城区	18	—	—	—	—
昆山市	208	—	—	—	—
工业园区	3	—	—	—	—
南通市	**6706**	**—**	**—**	**—**	**—**
通州湾江海联动开发示范区	501	—	—	—	—
市直单位	893	—	—	—	—
如皋市	684	—	—	—	—
如东县	798	—	—	—	—
海门市	1036	—	—	—	—
港闸区	263	—	—	—	—
海安市	760	—	—	—	—
崇川区	100	—	—	—	—
启东市	887	—	—	—	—

分县造林完成情况

单位:公顷

地 区	人工造林	飞播造林	新封山育林	退化林修复	人工更新
通州区	784	—	—	—	—
连云港市	**5300**	—	—	31	21
市直单位	595	—	—	—	—
连云区	100	—	—	31	3
海州区	670	—	—	—	—
赣榆区	999	—	—	—	18
东海县	1122	—	—	—	—
灌云县	1008	—	—	—	—
灌南县	806	—	—	—	—
淮安市	**2117**	—	—	—	496
盱眙县	538	—	—	—	126
淮阴区	198	—	—	—	70
清江浦区	—	—	—	—	23
淮安区	434	—	—	—	—
涟水县	551	—	—	—	—
金湖县	168	—	—	—	137
洪泽区	228	—	—	—	140
盐城市	**10069**	—	—	—	237
阜宁县	807	—	—	—	—
亭湖区	1442	—	—	—	—
射阳县	1585	—	—	—	60
盐都区	1251	—	—	—	—
东台市	1020	—	—	—	—
大丰区	1689	—	—	—	—
建湖县	629	—	—	—	—
滨海县	902	—	—	—	53
响水县	744	—	—	—	124
扬州市	**2080**	—	—	23	295
江都区	332	—	—	23	76
邗江区	180	—	—	—	—
广陵区	78	—	—	—	—
仪征市	535	—	—	—	—
高邮市	580	—	—	—	55
宝应县	375	—	—	—	164
镇江市	**876**	—	—	10	118
扬中市	24	—	—	—	6
句容市	381	—	—	—	64
丹阳市	331	—	—	6	26
丹徒区	109	—	—	—	16
润州区	9	—	—	—	—
京口区	8	—	—	—	6
镇江新区	14	—	—	4	—
泰州市	**2432**	—	—	—	38
姜堰区	305	—	—	—	—
高港区	119	—	—	—	—
靖江市	183	—	—	—	29
泰兴市	509	—	—	—	—

分县造林完成情况

单位:公顷

地 区	人工造林	飞播造林	新封山育林	退化林修复	人工更新
兴化市	1172	—	—	—	9
海陵区	144	—	—	—	—
宿迁市	**4833**	**—**	**—**	**—**	**455**
沭阳县	562	—	—	—	—
泗洪县	2580	—	—	—	273
泗阳县	771	—	—	—	182
宿城区	614	—	—	—	—
宿豫区	306	—	—	—	—
浙江省	**7462**	**—**	**1798**	**46964**	**7419**
杭州市	**693**	**—**	**636**	**2676**	**1738**
萧山区	34	—	—	—	—
余杭区	7	—	—	33	33
富阳区	133	—	—	67	120
临安区	59	—	336	3	323
桐庐县	73	—	—	1373	169
淳安县	127	—	100	—	509
建德市	260	—	200	1200	584
宁波市	**527**	**—**	**116**	**650**	**232**
海曙区	20	—	—	43	—
江北区	15	—	—	—	—
北仑区	—	—	—	64	—
镇海区	120	—	—	—	—
鄞州区	—	—	—	92	—
奉化区	37	—	4	33	214
象山县	125	—	—	200	—
宁海县	132	—	—	49	18
余姚市	58	—	112	151	—
慈溪市	20	—	—	18	—
温州市	**1342**	**—**	**—**	**11445**	**320**
鹿城区	14	—	—	—	—
龙湾区	16	—	—	1	—
瓯海区	155	—	—	1360	—
永嘉县	—	—	—	1682	115
平阳县	364	—	—	2414	—
苍南县	466	—	—	1867	14
文成县	35	—	—	3387	67
泰顺县	—	—	—	667	105
瑞安市	178	—	—	—	—
乐清市	114	—	—	67	19
嘉兴市	**601**	**—**	**—**	**—**	**8**
南湖区	80	—	—	—	—
秀洲区	41	—	—	—	—
嘉善县	42	—	—	—	—
海盐县	49	—	—	—	8
海宁市	47	—	—	—	—
平湖市	275	—	—	—	—
桐乡市	67	—	—	—	—

分县造林完成情况

单位:公顷

地 区	人工造林	飞播造林	新封山育林	退化林修复	人工更新
湖州市	**573**	**—**	**809**	**3385**	**45**
吴兴区	43	—	—	557	7
南浔区	306	—	—	—	—
德清县	40	—	—	467	10
长兴县	91	—	—	591	5
安吉县	93	—	809	1770	23
绍兴市	**1563**	**—**	**140**	**6457**	**7**
越城区	37	—	—	373	—
上虞区	192	—	—	2000	7
柯桥区	153	—	140	1333	—
新昌县	166	—	—	100	—
诸暨市	835	—	—	851	—
嵊州市	180	—	—	1800	—
金华市	**485**	**—**	**22**	**1001**	**958**
婺城区	79	—	—	1	343
金东区	73	—	—	—	105
武义县	19	—	—	1000	272
浦江县	22	—	7	—	20
磐安县	14	—	—	—	103
兰溪市	—	—	—	—	44
义乌市	118	—	—	—	13
东阳市	22	—	—	—	35
永康市	138	—	15	—	23
衢州市	**563**	**—**	**—**	**—**	**736**
柯城区	21	—	—	—	10
衢江区	52	—	—	—	21
常山县	56	—	—	—	91
开化县	100	—	—	—	320
龙游县	77	—	—	—	73
江山市	257	—	—	—	221
舟山市	**52**	**—**	**—**	**—**	**—**
普陀区	20	—	—	—	—
岱山县	24	—	—	—	—
嵊泗县	8	—	—	—	—
台州市	**464**	**—**	**—**	**1792**	**481**
椒江区	42	—	—	73	—
黄岩区	76	—	—	—	9
路桥区	68	—	—	51	—
三门县	21	—	—	—	14
天台县	94	—	—	400	67
仙居县	36	—	—	481	272
温岭市	22	—	—	240	13
临海市	40	—	—	400	81
玉环市	65	—	—	147	25
丽水市	**599**	**—**	**75**	**19558**	**2894**
莲都区	113	—	—	1493	110
青田县	—	—	—	—	267

分县造林完成情况

单位:公顷

地区	人工造林	飞播造林	新封山育林	退化林修复	人工更新
缙云县	35	—	—	13477	101
遂昌县	76	—	—	4499	390
松阳县	109	—	3	47	349
云和县	42	—	—	42	163
庆元县	17	—	4	—	483
景宁畲族自治县	72	—	68	—	170
龙泉市	135	—	—	—	861
安徽省	**55718**	**—**	**39965**	**38815**	**3995**
合肥市	3992	—	1500	943	—
长丰县	1144	—	—	200	—
肥东县	803	—	500	—	—
肥西县	552	—	300	200	—
庐江县	997	—	300	343	—
巢湖市	496	—	400	200	—
芜湖市	3403	—	996	1199	25
市直单位	40	—	—	—	—
镜湖区	45	—	—	—	—
弋江区	69	—	—	—	—
鸠江区	258	—	—	—	—
三山区	149	—	—	—	—
芜湖县	532	—	—	133	—
繁昌县	213	—	227	227	25
南陵县	670	—	267	400	—
无为县	1427	—	502	439	—
蚌埠市	1580	—	—	—	—
龙子湖区	40	—	—	—	—
蚌山区	79	—	—	—	—
禹会区	72	—	—	—	—
淮上区	72	—	—	—	—
怀远县	629	—	—	—	—
五河县	487	—	—	—	—
固镇县	201	—	—	—	—
淮南市	1021	—	—	—	—
大通区	41	—	—	—	—
田家庵区	24	—	—	—	—
谢家集区	12	—	—	—	—
八公山区	5	—	—	—	—
潘集区	71	—	—	—	—
毛集区	38	—	—	—	—
凤台县	243	—	—	—	—
寿县	587	—	—	—	—
马鞍山市	1157	—	1358	950	—
花山区	24	—	—	—	—
雨山区	23	—	—	—	—
博望区	103	—	—	133	—
当涂县	160	—	333	137	—
含山县	369	—	680	267	—

分县造林完成情况

单位:公顷

地　区	人工造林	飞播造林	新封山育林	退化林修复	人工更新
和县	478	—	345	413	—
淮北市	**1430**	—	—	—	—
杜集区	102	—	—	—	—
相山区	151	—	—	—	—
烈山区	97	—	—	—	—
濉溪县	1080	—	—	—	—
铜陵市	**608**	—	**667**	**1200**	—
义安区	210	—	—	400	—
郊区	35	—	—	133	—
枞阳县	363	—	667	667	—
安庆市	**8055**	—	**8147**	**5334**	**25**
迎江区	67	—	—	—	25
大观区	201	—	—	—	—
宜秀区	167	—	733	200	—
怀宁县	560	—	800	200	—
太湖县	3459	—	1600	1000	—
宿松县	1341	—	1147	800	—
望江县	600	—	1000	667	—
岳西县	469	—	1000	1200	—
桐城市	551	—	800	400	—
潜山县	640	—	1067	867	—
黄山市	**815**	—	**5668**	**8470**	—
市直单位	4	—	—	—	—
屯溪区	20	—	533	133	—
黄山区	219	—	1000	1000	—
徽州区	30	—	533	333	—
歙县	63	—	1002	2004	—
休宁县	130	—	1000	2000	—
黟县	193	—	600	1000	—
祁门县	156	—	1000	2000	—
滁州市	**6590**	—	**4066**	**1538**	—
市直单位	184	—	—	—	—
琅琊区	34	—	—	—	—
南谯区	125	—	533	267	—
来安县	905	—	800	200	—
全椒县	488	—	533	404	—
定远县	2402	—	1133	—	—
凤阳县	1268	—	867	267	—
天长市	348	—	—	—	—
明光市	836	—	200	400	—
阜阳市	**4266**	—	—	—	—
颍州区	155	—	—	—	—
颍东区	135	—	—	—	—
颍泉区	206	—	—	—	—
临泉县	1011	—	—	—	—
太和县	529	—	—	—	—
阜南县	868	—	—	—	—

分县造林完成情况

单位：公顷

地　区	人工造林	飞播造林	新封山育林	退化林修复	人工更新
颍上县	415	—	—	—	—
界首市	947	—	—	—	—
宿州市	**4344**	**—**	**2100**	**1432**	**—**
市直单位	38	—	—	—	—
埇桥区	1952	—	700	699	—
砀山县	71	—	—	333	—
萧县	546	—	1200	400	—
灵璧县	571	—	—	—	—
泗县	1166	—	200	—	—
六安市	**7086**	**—**	**5129**	**9333**	**90**
金安区	642	—	867	533	—
裕安区	468	—	667	—	90
叶集区	344	—	—	—	—
霍邱县	407	—	933	133	—
舒城县	227	—	462	2000	—
金寨县	4665	—	1267	4000	—
霍山县	333	—	933	2667	—
亳州市	**7179**	**—**	**—**	**—**	**—**
谯城区	1172	—	—	—	—
涡阳县	1918	—	—	—	—
蒙城县	1363	—	—	—	—
利辛县	2726	—	—	—	—
池州市	**2371**	**—**	**4134**	**5000**	**3855**
贵池区	914	—	1067	1000	—
九华山风景区	6	—	—	—	—
东至县	1114	—	1000	2000	3855
石台县	42	—	1067	1333	—
青阳县	295	—	1000	667	—
宣城市	**1821**	**—**	**6200**	**3416**	**—**
宣州区	301	—	1067	410	—
郎溪县	358	—	—	333	—
广德县	205	—	1133	—	—
泾县	301	—	1133	1010	—
绩溪县	137	—	867	129	—
旌德县	260	—	867	200	—
宁国市	259	—	1133	1334	—
福建省	**6517**	**—**	**112846**	**18882**	**55148**
福州市	**594**	**—**	**13199**	**1324**	**5679**
仓山区	27	—	—	—	—
马尾区	—	—	256	90	70
晋安区	81	—	692	—	409
长乐区	27	—	1031	—	501
闽侯县	188	—	1886	—	900
连江县	29	—	1210	115	1030
罗源县	63	—	813	401	1059
闽清县	24	—	2771	—	789
永泰县	50	—	1940	333	607

分县造林完成情况

单位:公顷

地 区	人工造林	飞播造林	新封山育林	退化林修复	人工更新
平潭综合实验区	17	—	1467	307	—
福清市	88	—	1133	78	314
厦门市	**—**	**—**	**—**	**1232**	**667**
海沧区	—	—	—	140	289
集美区	—	—	—	589	118
同安区	—	—	—	446	192
翔安区	—	—	—	57	68
莆田市	**164**	**—**	**3153**	**1391**	**2207**
城厢区	3	—	382	114	91
涵江区	35	—	245	148	576
荔城区	1	—	—	—	24
秀屿区	97	—	333	98	30
仙游县	25	—	2193	970	1486
湄洲岛国家旅游度假区	2	—	—	40	—
北岸管委会	1	—	—	21	—
三明市	**896**	**—**	**27443**	**2098**	**11433**
梅列区	9	—	85	—	179
三元区	—	—	139	81	418
明溪县	26	—	1722	90	1525
清流县	18	—	2808	70	1140
宁化县	240	—	2800	188	281
大田县	102	—	4515	246	1232
尤溪县	120	—	1810	334	1864
沙县	108	—	1760	143	1024
将乐县	124	—	2933	—	1215
泰宁县	125	—	3252	—	554
建宁县	13	—	3294	911	525
永安市	11	—	2325	35	1476
泉州市	**1378**	**—**	**11495**	**2432**	**3450**
丰泽区	1	—	23	3	6
洛江区	3	—	23	—	105
泉港区	13	—	47	160	23
惠安县	119	—	812	80	54
安溪县	676	—	3295	1425	667
永春县	262	—	3140	213	667
德化县	88	—	3056	252	823
台商投资区	16	—	—	107	—
石狮市	16	—	25	—	—
晋江市	167	—	181	91	—
南安市	17	—	893	101	1105
漳州市	**243**	**—**	**3197**	**833**	**9408**
芗城区	—	—	—	—	23
龙文区	—	—	80	—	35
云霄县	3	—	200	169	881
漳浦县	12	—	1025	126	1699
诏安县	1	—	—	80	955
长泰县	10	—	289	13	867

分县造林完成情况

单位:公顷

地 区	人工造林	飞播造林	新封山育林	退化林修复	人工更新
东山县	32	—	202	94	15
南靖县	67	—	587	106	1618
平和县	90	—	434	97	1376
华安县	1	—	233	73	1034
龙海市	27	—	147	75	905
南平市	**353**	**—**	**20438**	**2818**	**13223**
延平区	60	—	900	284	2070
顺昌县	23	—	1237	330	1049
浦城县	49	—	1264	167	1509
光泽县	2	—	3698	355	780
松溪县	30	—	168	142	671
政和县	4	—	4200	400	405
邵武市	17	—	3300	357	1169
武夷山市	144	—	979	274	531
建瓯市	8	—	3025	306	3299
建阳区	16	—	1667	203	1740
龙岩市	**1052**	**—**	**24604**	**3695**	**6232**
新罗区	105	—	4799	151	528
永定区	201	—	4933	1764	393
长汀县	17	—	—	597	1300
上杭县	557	—	5551	399	802
武平县	—	—	—	441	1631
连城县	97	—	4649	276	560
漳平市	75	—	4672	67	1018
宁德市	**1837**	**—**	**9317**	**3059**	**2849**
蕉城区	98	—	2609	428	212
霞浦县	193	—	1692	580	652
古田县	397	—	556	—	168
屏南县	20	—	500	—	380
寿宁县	200	—	646	—	236
周宁县	155	—	288	—	280
柘荣县	345	—	206	54	400
福安市	104	—	986	248	51
福鼎市	325	—	1834	1749	470
江西省	**88556**	**—**	**70193**	**144835**	**4559**
南昌市	**1374**	**—**	**1000**	**900**	**40**
湾里区	27	—	200	127	—
南昌县	320	—	—	—	—
新建区	147	—	267	133	—
安义县	333	—	200	333	40
进贤县	547	—	333	307	—
景德镇市	**1370**	**—**	**1266**	**959**	**253**
市辖区	286	—	133	133	—
昌江区	20	—	133	20	—
浮梁县	400	—	667	473	253
乐平市	664	—	333	333	—
萍乡市	**2959**	**—**	**4626**	**6948**	**—**

分县造林完成情况

单位:公顷

地 区	人工造林	飞播造林	新封山育林	退化林修复	人工更新
市辖区	13	—	667	207	—
安源林业局	33	—	360	433	—
安源经济开发区	13	—	—	213	—
湘东区	733	—	700	1200	—
莲花县	1227	—	1333	2086	—
上栗县	400	—	633	1107	—
芦溪县	540	—	933	1702	—
九江市	9787	—	8826	11745	15
市辖区	—	—	200	—	—
濂溪区	213	—	—	—	—
柴桑区	240	—	—	280	—
武宁县	1860	—	2667	2000	—
修水县	2000	—	3333	3333	—
永修县	1400	—	—	280	—
德安县	333	—	467	833	—
都昌县	1067	—	400	313	—
湖口县	460	—	133	533	15
彭泽县	868	—	600	2133	—
瑞昌市	893	—	793	1840	—
共青城市	100	—	100	67	—
庐山市	353	—	133	133	—
新余市	2545	—	1170	2235	—
渝水区	1053	—	400	534	—
仙女湖	357	—	253	267	—
高新开发区	200	—	—	100	—
分宜县	935	—	517	1334	—
鹰潭市	1890	—	1466	2627	—
月湖区	47	—	—	20	—
龙虎山	146	—	133	500	—
余江区	627	—	333	867	—
贵溪市	1070	—	1000	1240	—
赣州市	23759	—	23228	55648	444
市辖区	27	—	133	153	—
章贡区	200	—	67	370	—
南康区	1000	—	—	3533	—
经济开发区	—	—	—	276	—
赣县区	1313	—	467	4355	—
信丰县	1511	—	613	4819	—
大余县	1667	—	1000	2911	—
上犹县	667	—	727	2373	—
崇义县	1866	—	1667	2530	—
安远县	2244	—	4853	4740	—
龙南县	916	—	747	1780	—
定南县	1733	—	1573	1780	—
全南县	1040	—	2400	1640	—
宁都县	2000	—	2533	3195	334
于都县	1333	—	1667	4942	—

分县造林完成情况

单位：公顷

地　区	人工造林	飞播造林	新封山育林	退化林修复	人工更新
兴国县	2038	—	1667	5200	—
会昌县	740	—	667	4087	—
寻乌县	1067	—	667	1322	—
石城县	717	—	880	1806	—
瑞金市	1680	—	900	3836	110
吉安市	**14907**	**—**	**8193**	**21407**	**859**
市辖区	55	—	—	53	—
吉州区	80	—	—	213	—
青原区	406	—	—	333	—
吉安县	1427	—	691	3000	680
吉水县	1994	—	836	1200	—
峡江县	1017	—	233	1500	100
新干县	1114	—	686	2467	—
永丰县	1200	—	267	2467	—
泰和县	1080	—	1033	2000	60
遂川县	1667	—	1813	1667	—
万安县	667	—	1000	1200	—
安福县	2133	—	700	2867	—
永新县	1333	—	667	2267	12
井冈山市	734	—	267	173	7
宜春市	**11820**	**—**	**9678**	**13143**	**2560**
袁州区	2067	—	1733	2400	2000
明月山温泉风景名胜区	50	—	600	367	—
奉新县	800	—	380	467	60
万载县	1000	—	800	2434	93
上高县	1119	—	667	954	74
宜丰县	2233	—	1000	1600	333
靖安县	340	—	680	1234	—
铜鼓县	582	—	1334	1700	—
丰城市	1067	—	1334	820	—
樟树市	1255	—	200	367	—
高安市	1307	—	950	800	—
抚州市	**6942**	**—**	**4002**	**8943**	**—**
临川区	547	—	400	567	—
东乡区	500	—	467	1067	—
南城县	527	—	400	1000	—
黎川县	834	—	400	587	—
南丰县	532	—	667	820	—
崇仁县	867	—	400	1334	—
乐安县	1006	—	—	727	—
宜黄县	702	—	334	920	—
金溪县	623	—	134	594	—
资溪县	354	—	467	200	—
广昌县	450	—	333	1127	—
上饶市	**11203**	**—**	**6738**	**20280**	**388**
信州区	67	—	67	1000	—
三清山	53	—	67	667	—

分县造林完成情况

单位:公顷

地 区	人工造林	飞播造林	新封山育林	退化林修复	人工更新
广丰区	1023	—	467	2800	58
上饶县	1633	—	667	3200	—
玉山县	487	—	400	800	—
铅山县	560	—	367	1400	—
横峰县	540	—	467	1133	300
弋阳县	467	—	233	667	—
余干县	1718	—	333	700	—
鄱阳县	2158	—	670	2580	30
万年县	953	—	1000	1333	—
婺源县	731	—	2000	2333	—
德兴市	813	—	—	1667	—
山东省	118745	—	—	3188	25548
济南市	4091	—	—	—	811
历下区	65	—	—	—	4
市中区	400	—	—	—	183
历城区	200	—	—	—	—
长清区	418	—	—	—	86
章丘区	768	—	—	—	—
济阳区	406	—	—	—	136
平阴县	165	—	—	—	44
商河县	669	—	—	—	358
南部山区	1000	—	—	—	—
青岛市	7881	—	—	—	1137
黄岛区	1357	—	—	—	156
崂山区	—	—	—	—	80
城阳区	124	—	—	—	67
即墨区	1100	—	—	—	265
胶州市	1080	—	—	—	180
平度市	913	—	—	—	112
莱西市	3307	—	—	—	277
淄博市	2393	—	—	—	444
高新区	34	—	—	—	—
市直属单位	30	—	—	—	190
淄川区	434	—	—	—	54
张店区	27	—	—	—	—
博山区	347	—	—	—	—
临淄区	247	—	—	—	—
周村区	41	—	—	—	—
桓台县	273	—	—	—	—
高青县	227	—	—	—	200
沂源县	733	—	—	—	—
枣庄市	4489	—	—	986	1564
高新技术产业开发区	73	—	—	—	30
市中区	400	—	—	33	153
薛城区	400	—	—	—	107
峄城区	400	—	—	134	134
台儿庄区	403	—	—	—	135

分县造林完成情况

单位：公顷

地　区	人工造林	飞播造林	新封山育林	退化林修复	人工更新
山亭区	1697	—	—	266	466
滕州市	1116	—	—	553	539
东营市	**5828**	**—**	**—**	**—**	**219**
东营区	1496	—	—	—	6
河口区	1786	—	—	—	—
垦利区	947	—	—	—	102
利津县	683	—	—	—	—
广饶县	916	—	—	—	111
烟台市	**7278**	**—**	**—**	**167**	**510**
高新技术产业开发区	—	—	—	—	7
芝罘区	20	—	—	100	—
福山区	227	—	—	—	—
牟平区	560	—	—	—	13
莱山区	80	—	—	—	—
长岛保护区	20	—	—	67	—
龙口市	266	—	—	—	240
莱阳市	932	—	—	—	99
莱州市	935	—	—	—	51
蓬莱市	379	—	—	—	33
招远市	893	—	—	—	—
栖霞市	1106	—	—	—	—
海阳市	1706	—	—	—	67
昆嵛山保护区	20	—	—	—	—
开发区	134	—	—	—	—
潍坊市	**7381**	**—**	**—**	**—**	**2685**
高新区	27	—	—	—	10
滨海区	520	—	—	—	20
峡山区	493	—	—	—	67
保税区	1	—	—	—	1
潍城区	37	—	—	—	28
寒亭区	164	—	—	—	86
坊子区	95	—	—	—	64
奎文区	—	—	—	—	8
临朐县	1052	—	—	—	271
昌乐县	358	—	—	—	269
青州市	954	—	—	—	151
诸城市	1013	—	—	—	386
寿光市	674	—	—	—	325
安丘市	832	—	—	—	129
高密市	443	—	—	—	200
昌邑市	718	—	—	—	670
济宁市	**5885**	**—**	**—**	**—**	**5156**
任城区	239	—	—	—	203
兖州区	214	—	—	—	175
微山县	217	—	—	—	452
鱼台县	328	—	—	—	269
金乡县	393	—	—	—	237

分县造林完成情况

单位：公顷

地 区	人工造林	飞播造林	新封山育林	退化林修复	人工更新
嘉祥县	797	—	—	—	720
汶上县	374	—	—	—	382
泗水县	1108	—	—	—	868
梁山县	415	—	—	—	260
曲阜市	833	—	—	—	441
邹城市	967	—	—	—	1149
泰安市	**4508**	**—**	**—**	**—**	**1170**
市直属单位	326	—	—	—	93
泰山区	—	—	—	—	14
岱岳区	224	—	—	—	136
宁阳县	1171	—	—	—	336
东平县	224	—	—	—	303
新泰市	1368	—	—	—	155
肥城市	1195	—	—	—	133
威海市	**2338**	**—**	**—**	**950**	**745**
环翠区	73	—	—	174	213
文登区	541	—	—	272	135
荣成市	707	—	—	200	160
乳山市	817	—	—	133	167
临港区	120	—	—	134	34
经济开发区	47	—	—	—	35
高新区	33	—	—	37	—
海滨林场	—	—	—	—	1
日照市	**5837**	**—**	**—**	**1085**	**1598**
山海天旅游度假区	67	—	—	—	—
经济技术开发区	70	—	—	—	—
东港区	1600	—	—	—	103
岚山区	1267	—	—	933	293
五莲县	1410	—	—	152	350
莒县	1423	—	—	—	852
莱芜市	**2852**	**—**	**—**	**—**	**—**
经济开发区	26	—	—	—	—
高新区	68	—	—	—	—
莱城区	1012	—	—	—	—
农高区	13	—	—	—	—
雪野旅游区	800	—	—	—	—
钢城区	933	—	—	—	—
临沂市	**9322**	**—**	**—**	**—**	**2123**
高新区	132	—	—	—	—
经济技术开发区	69	—	—	—	58
临港区	241	—	—	—	13
蒙山旅游区	432	—	—	—	35
兰山区	315	—	—	—	28
罗庄区	239	—	—	—	123
河东区	177	—	—	—	23
沂南县	562	—	—	—	400
郯城县	313	—	—	—	320

分县造林完成情况

单位：公顷

地　　区	人工造林	飞播造林	新封山育林	退化林修复	人工更新
沂水县	961	—	—	—	519
兰陵县	1273	—	—	—	114
费县	1283	—	—	—	94
平邑县	1105	—	—	—	174
莒南县	587	—	—	—	141
蒙阴县	1236	—	—	—	47
临沭县	397	—	—	—	34
德州市	**13569**	**—**	**—**	**—**	**1742**
经济技术开发区	280	—	—	—	106
德城区	134	—	—	—	—
陵城区	1333	—	—	—	—
宁津县	667	—	—	—	—
庆云县	1500	—	—	—	—
临邑县	1608	—	—	—	—
齐河县	2210	—	—	—	—
平原县	1200	—	—	—	—
夏津县	959	—	—	—	—
武城县	1108	—	—	—	100
乐陵市	1000	—	—	—	1536
禹城市	1570	—	—	—	—
聊城市	**12474**	**—**	**—**	**—**	**1672**
江北水城旅游度假区	746	—	—	—	—
经济技术开发区	550	—	—	—	20
高新区	668	—	—	—	—
东昌府区	1472	—	—	—	—
阳谷县	562	—	—	—	109
莘县	1866	—	—	—	127
茌平县	1847	—	—	—	166
东阿县	1241	—	—	—	158
冠县	676	—	—	—	34
高唐县	1987	—	—	—	925
临清市	859	—	—	—	133
滨州市	**16534**	**—**	**—**	**—**	**2188**
经济开发区	390	—	—	—	27
滨城区	2402	—	—	—	—
沾化区	2735	—	—	—	—
惠民县	2308	—	—	—	667
阳信县	2447	—	—	—	—
无棣县	2604	—	—	—	—
博兴县	1921	—	—	—	200
邹平市	1043	—	—	—	1294
北海新区	350	—	—	—	—
高新区	334	—	—	—	—
菏泽市	**6085**	**—**	**—**	**—**	**1784**
开发区	138	—	—	—	—
牡丹区	562	—	—	—	112
定陶区	591	—	—	—	263

分县造林完成情况

单位:公顷

地 区	人工造林	飞播造林	新封山育林	退化林修复	人工更新
曹县	1063	—	—	—	242
单县	697	—	—	—	797
成武县	510	—	—	—	103
巨野县	855	—	—	—	64
郓城县	672	—	—	—	152
鄄城县	287	—	—	—	51
东明县	710	—	—	—	—
河南省	**137272**	**13336**	**18890**	**4098**	**—**
郑州市	**4193**	—	—	73	—
中牟县	652	—	—	—	—
巩义市	653	—	—	73	—
荥阳市	273	—	—	—	—
新密市	1311	—	—	—	—
新郑市	268	—	—	—	—
登封市	1036	—	—	—	—
开封市	**7672**	—	—	—	—
龙亭区	49	—	—	—	—
顺河回族区	21	—	—	—	—
鼓楼区	15	—	—	—	—
禹王台区	31	—	—	—	—
祥符区	1588	—	—	—	—
杞县	878	—	—	—	—
通许县	816	—	—	—	—
尉氏县	1540	—	—	—	—
兰考县	2734	—	—	—	—
洛阳市	**7667**	**2001**	—	**879**	—
孟津县	670	—	—	—	—
新安县	1766	667	—	178	—
栾川县	488	667	—	—	—
嵩县	1551	—	—	227	—
汝阳县	402	667	—	—	—
宜阳县	679	—	—	—	—
洛宁县	1659	—	—	295	—
伊川县	138	—	—	—	—
偃师市	314	—	—	179	—
平顶山市	**9315**	—	—	—	—
新华区	13	—	—	—	—
卫东区	7	—	—	—	—
石龙区	34	—	—	—	—
湛河区	14	—	—	—	—
城乡一体化示范区	7	—	—	—	—
高新区	7	—	—	—	—
宝丰县	1779	—	—	—	—
叶县	1964	—	—	—	—
鲁山县	1166	—	—	—	—
郏县	1098	—	—	—	—
舞钢市	980	—	—	—	—

分县造林完成情况

单位:公顷

地 区	人工造林	飞播造林	新封山育林	退化林修复	人工更新
汝州市	2246	—	—	—	—
安阳市	**5091**	**—**	**941**	**—**	**—**
殷都区	101	—	67	—	—
龙安区	—	—	67	—	—
安阳县	65	—	—	—	—
汤阴县	1265	—	—	—	—
滑县	644	—	—	—	—
内黄县	594	—	—	—	—
林州市	2422	—	807	—	—
鹤壁市	**6374**	**667**	**646**	**50**	**—**
鹤山区	735	—	—	—	—
山城区	67	—	—	—	—
淇滨区	1354	—	—	—	—
浚县	1399	—	—	—	—
淇县	2819	667	646	50	—
新乡市	**5510**	**2000**	**876**	**—**	**—**
红旗区	11	—	—	—	—
凤泉区	170	—	—	—	—
牧野区	44	—	—	—	—
新乡县	179	—	—	—	—
获嘉县	224	—	—	—	—
原阳县	318	—	—	—	—
延津县	214	—	—	—	—
封丘县	168	—	—	—	—
长垣县	758	—	—	—	—
卫辉市	1606	667	280	—	—
辉县市	1818	1333	596	—	—
焦作市	**3542**	**2001**	**766**	**—**	**—**
市辖区	26	—	—	—	—
解放区	70	—	35	—	—
中站区	154	—	97	—	—
马村区	28	—	—	—	—
高新区	274	—	—	—	—
山阳区	154	—	—	—	—
修武县	1046	667	350	—	—
博爱县	635	667	284	—	—
武陟县	632	—	—	—	—
温县	198	—	—	—	—
沁阳市	200	667	—	—	—
孟州市	125	—	—	—	—
濮阳市	**2381**	**—**	**—**	**—**	**—**
华龙区	49	—	—	—	—
开发区	53	—	—	—	—
清丰县	313	—	—	—	—
南乐县	1060	—	—	—	—
范县	55	—	—	—	—
台前县	253	—	—	—	—

分县造林完成情况

单位:公顷

地　　区	人工造林	飞播造林	新封山育林	退化林修复	人工更新
濮阳县	598	—	—	—	—
许昌市	**3914**	**—**	**—**	**203**	**—**
魏都区	49	—	—	—	—
东城区	221	—	—	—	—
开发区	7	—	—	—	—
城乡一体化示范区	203	—	—	—	—
建安区	480	—	—	—	—
鄢陵县	314	—	—	—	—
襄城县	491	—	—	—	—
禹州市	1776	—	—	203	—
长葛市	373	—	—	—	—
漯河市	**1010**	**—**	**—**	**—**	**—**
源汇区	42	—	—	—	—
郾城区	450	—	—	—	—
召陵区	82	—	—	—	—
舞阳县	158	—	—	—	—
临颍县	278	—	—	—	—
三门峡市	**14136**	**2000**	**—**	**100**	**—**
市直属单位	133	—	—	—	—
湖滨区	366	—	—	—	—
陕州区	1193	—	—	—	—
渑池县	2889	—	—	—	—
卢氏县	6523	667	—	100	—
义马市	487	—	—	—	—
灵宝市	2545	1333	—	—	—
南阳市	**30078**	**3334**	**8393**	**189**	**—**
市辖区	183	—	—	—	—
宛城区	210	—	—	—	—
卧龙区	210	—	—	—	—
南召县	2978	667	1400	—	—
方城县	847	—	—	—	—
西峡县	2352	—	1712	—	—
镇平县	438	—	1456	—	—
内乡县	834	—	126	—	—
淅川县	13026	2000	1047	—	—
社旗县	915	—	—	—	—
唐河县	999	—	—	—	—
新野县	372	—	—	—	—
桐柏县	4487	—	2652	189	—
邓州市	2227	667	—	—	—
商丘市	**3385**	**—**	**—**	**—**	**—**
民权林场	86	—	—	—	—
梁园区	370	—	—	—	—
睢阳区	214	—	—	—	—
民权县	314	—	—	—	—
宁陵县	239	—	—	—	—
柘城县	324	—	—	—	—

分县造林完成情况

单位:公顷

地 区	人工造林	飞播造林	新封山育林	退化林修复	人工更新
虞城县	517	—	—	—	—
夏邑县	452	—	—	—	—
永城市	869	—	—	—	—
信阳市	**18857**	**—**	**4989**	**2367**	**—**
浉河区	2674	—	1245	400	—
平桥区	2747	—	715	—	—
罗山县	2064	—	—	23	—
光山县	3285	—	1372	—	—
新县	1945	—	1022	1232	—
商城县	1580	—	635	700	—
固始县	1307	—	—	—	—
潢川县	1353	—	—	12	—
淮滨县	786	—	—	—	—
息县	1116	—	—	—	—
周口市	**3640**	**—**	**—**	**237**	**—**
市辖区	35	—	—	—	—
川汇区	70	—	—	—	—
扶沟县	588	—	—	—	—
西华县	280	—	—	—	—
商水县	301	—	—	—	—
沈丘县	393	—	—	—	—
郸城县	404	—	—	—	—
淮阳县	347	—	—	237	—
太康县	276	—	—	—	—
鹿邑县	302	—	—	—	—
项城市	644	—	—	—	—
驻马店市	**8331**	**—**	**1852**	**—**	**—**
驿城区	785	—	209	—	—
西平县	706	—	—	—	—
上蔡县	896	—	—	—	—
平舆县	696	—	—	—	—
正阳县	307	—	—	—	—
确山县	513	—	410	—	—
泌阳县	2152	—	1233	—	—
汝南县	692	—	—	—	—
遂平县	722	—	—	—	—
新蔡县	862	—	—	—	—
济源市	**2176**	**1333**	**427**	**—**	**—**
湖北省	**143803**	**—**	**63178**	**119578**	**4098**
武汉市	**3009**	**—**	**3360**	**2253**	**241**
东西湖区	21	—	—	—	—
汉南区	157	—	—	—	—
蔡甸区	423	—	—	233	—
江夏区	370	—	1360	467	241
黄陂区	1333	—	2000	1040	—
新洲区	705	—	—	513	—
黄石市	**6704**	**—**	**1733**	**3096**	**—**

分县造林完成情况

单位：公顷

地　区	人工造林	飞播造林	新封山育林	退化林修复	人工更新
阳新县	3325	—	1333	1200	—
大冶市	3379	—	400	1896	—
十堰市	**12744**	**—**	**15703**	**18510**	**—**
市直属单位	15	—	334	—	—
茅箭区	109	—	233	447	—
张湾区	14	—	—	10	—
郧阳区	4000	—	3493	2993	—
郧西县	2027	—	1327	—	—
竹山县	1533	—	2787	3767	—
竹溪县	1159	—	3100	—	—
房县	1197	—	1622	8733	—
丹江口市	2680	—	2807	2560	—
武当山特区	10	—	—	—	—
宜昌市	**1262**	**—**	**8761**	**21413**	**41**
点军区	—	—	75	—	—
猇亭区	39	—	—	—	—
夷陵区	41	—	1264	4113	41
远安县	40	—	533	2847	—
兴山县	—	—	1440	3733	—
秭归县	134	—	1520	3033	—
长阳土家族自治县	400	—	467	4500	—
五峰土家族自治县	219	—	1849	—	—
宜都市	123	—	1147	1494	—
当阳市	53	—	333	1533	—
枝江市	213	—	133	160	—
襄阳市	**6728**	**—**	**3826**	**15599**	**400**
市直属单位	31	—	—	—	—
高新区	61	—	—	—	—
襄城区	420	—	—	333	—
樊城区	113	—	—	200	—
襄州区	707	—	—	—	—
南漳县	1624	—	2024	4813	340
谷城县	411	—	868	2620	—
保康县	167	—	667	4807	—
老河口市	300	—	—	273	—
枣阳市	1013	—	67	1373	—
宜城市	1795	—	200	1180	60
东津新区	86	—	—	—	—
鄂州市	**653**	**—**	**—**	**—**	**—**
荆门市	**5819**	**—**	**767**	**5040**	**742**
东宝区	846	—	—	—	—
掇刀区	479	—	34	227	—
漳河新区	370	—	—	—	—
沙洋县	1310	—	—	800	20
钟祥市	1518	—	333	800	154
京山市	1006	—	400	3213	568
屈家岭管理区	290	—	—	—	—

分县造林完成情况

单位:公顷

地 区	人工造林	飞播造林	新封山育林	退化林修复	人工更新
孝感市	**5993**	**—**	**933**	**1350**	**107**
市直属单位	7	—	—	—	7
孝南区	840	—	—	100	70
孝昌县	1343	—	333	—	—
大悟县	2219	—	400	200	—
云梦县	335	—	—	—	—
应城市	300	—	—	186	—
安陆市	670	—	200	530	—
汉川市	279	—	—	334	30
荆州市	**45474**	**—**	**133**	**1626**	**176**
市直属单位	1602	—	—	—	—
沙市区	2365	—	—	—	—
荆州区	4546	—	—	—	—
公安县	6588	—	—	453	—
监利县	9334	—	—	—	—
江陵县	4534	—	—	—	—
石首市	6000	—	—	—	—
洪湖市	6920	—	—	—	—
松滋市	3585	—	133	1173	176
黄冈市	**14257**	**—**	**4467**	**6973**	**400**
黄州区	266	—	—	—	—
团风县	1344	—	—	—	—
红安县	1333	—	533	—	—
罗田县	947	—	667	—	—
英山县	3033	—	300	1740	—
浠水县	2097	—	500	940	—
蕲春县	1050	—	400	1840	—
黄梅县	800	—	200	653	—
麻城市	2200	—	1867	1800	400
武穴市	1067	—	—	—	—
龙感湖管理区	120	—	—	—	—
咸宁市	**17956**	**—**	**4739**	**8698**	**1073**
市直属单位	—	—	—	67	—
咸安区	1645	—	233	1300	644
嘉鱼县	1467	—	—	402	152
通城县	2307	—	713	1113	—
崇阳县	3933	—	333	2086	—
通山县	6057	—	3160	2160	267
赤壁市	2467	—	300	1560	—
九宫山自然保护区	80	—	—	10	10
随州市	**6220**	**—**	**3320**	**8179**	**—**
市直属单位	29	—	—	—	—
曾都区	279	—	533	1406	—
随县	3867	—	1000	6773	—
广水市	1787	—	1787	—	—
大洪山管理区	258	—	—	—	—
恩施土家族苗族自治州	**9754**	**—**	**14503**	**21894**	**38**

分县造林完成情况

单位:公顷

地 区	人工造林	飞播造林	新封山育林	退化林修复	人工更新
恩施市	753	—	896	4633	7
利川市	1098	—	1849	5033	—
建始县	2388	—	1566	3423	4
巴东县	1182	—	1624	—	—
宣恩县	2444	—	2254	2547	—
咸丰县	194	—	2554	3080	27
鹤峰县	1695	—	3760	3178	—
仙桃市	3473	—	—	—	—
潜江市	1726	—	—	—	687
天门市	1900	—	—	—	193
神农架林区	—	—	933	4947	—
省直属单位	131	—	—	—	—
湖南省	188114	—	168002	223819	4381
长沙市	4067	—	2667	2133	—
望城区	267	—	—	—	—
长沙县	533	—	667	333	—
浏阳市	1867	—	1333	1000	—
宁乡市	1400	—	667	800	—
株洲市	11473	—	7740	14134	396
渌口区	1440	—	940	2134	196
攸县	2933	—	1467	3000	—
茶陵县	3033	—	3467	3000	200
炎陵县	1467	—	333	2000	—
醴陵市	2600	—	1533	4000	—
湘潭市	2667	—	4667	2000	—
雨湖区	67	—	667	67	—
岳塘区	—	—	67	—	—
湘潭县	1267	—	1333	667	—
湘乡市	1233	—	1333	666	—
韶山市	67	—	667	200	—
昭山区	33	—	400	200	—
高新区	—	—	67	—	—
经开区	—	—	133	200	—
衡阳市	20468	—	24999	31480	115
珠晖区	133	—	67	—	—
雁峰区	33	—	66	—	—
石鼓区	33	—	67	—	—
蒸湘区	103	—	67	—	—
南岳区	33	—	—	—	—
衡阳县	3167	—	3333	7333	—
衡南县	3000	—	3333	5020	115
衡山县	1000	—	2333	2334	—
衡东县	2960	—	2667	2460	—
祁东县	2340	—	2667	4867	—
耒阳市	4333	—	3733	2333	—
常宁市	3333	—	6666	7133	—
邵阳市	24580	—	21267	32379	500

分县造林完成情况

单位:公顷

地　区	人工造林	飞播造林	新封山育林	退化林修复	人工更新
双清区	113	—	67	380	—
大祥区	400	—	200	1333	—
北塔区	200	—	133	666	—
邵东县	2473	—	1800	3200	—
新邵县	2273	—	1800	3200	—
邵阳县	2667	—	1866	3333	—
隆回县	2533	—	2333	3200	—
洞口县	3020	—	3002	3467	—
绥宁县	3000	—	3000	3533	—
新宁县	2567	—	3000	3334	67
城步苗族自治县	2667	—	2333	3466	100
武冈市	2667	—	1733	3267	333
岳阳市	**13825**	**—**	**7200**	**11999**	**40**
岳阳楼区	47	—	67	—	—
云溪区	400	—	—	333	—
君山区	867	—	67	200	—
岳阳县	1800	—	2667	1867	—
华容县	1000	—	333	1333	—
湘阴县	1333	—	533	1333	40
平江县	5000	—	2000	3666	—
汨罗市	1334	—	533	1334	—
临湘市	1491	—	667	1600	—
市直属单位	553	—	333	333	—
常德市	**16053**	**—**	**11333**	**12002**	
武陵区	33	—	667	67	—
鼎城区	2000	—	1000	1800	—
安乡县	2633	—	333	1400	—
汉寿县	3333	—	1333	1600	—
澧县	2333	—	1667	1467	—
临澧县	1000	—	1333	667	—
桃源县	2667	—	2333	3667	—
石门县	667	—	1667	667	—
津市市	867	—	667	400	—
市直属单位	520	—	333	267	—
张家界市	**5334**	**—**	**9332**	**8001**	
永定区	1667	—	2333	2567	—
武陵源区	100	—	333	100	—
慈利县	1700	—	3333	2667	—
桑植县	1867	—	3333	2667	—
益阳市	**13917**	**—**	**6000**	**11355**	**615**
资阳区	1200	—	667	667	—
赫山区	1750	—	800	1334	15
南县	2000	—	—	1334	—
桃江县	1667	—	1533	2000	—
安化县	4000	—	3000	3867	—
沅江市	3200	—	—	2000	—
大通湖	67	—	—	133	600

分县造林完成情况

单位:公顷

地 区	人工造林	飞播造林	新封山育林	退化林修复	人工更新
高新区	33	—	—	20	—
郴州市	**17411**	**—**	**20170**	**23414**	**1662**
北湖区	440	—	1000	1667	—
苏仙区	433	—	1000	1667	—
桂阳县	4007	—	2882	2800	—
宜章县	1533	—	2667	2200	102
永兴县	2871	—	2067	2333	427
嘉禾县	1667	—	1287	1667	—
临武县	1853	—	2667	2267	620
汝城县	1000	—	1467	2200	60
桂东县	667	—	1133	1933	267
安仁县	1673	—	1667	2013	—
资兴市	1267	—	2333	2667	186
永州市	**19107**	**—**	**18665**	**25819**	**920**
零陵区	1347	—	1333	2667	—
冷水滩区	1000	—	1333	2000	—
祁阳县	1967	—	1333	2734	67
东安县	1533	—	1333	2000	—
双牌县	1607	—	1333	2780	—
道县	2067	—	2000	2000	—
江永县	907	—	1467	1333	—
宁远县	2480	—	2000	3240	—
蓝山县	1733	—	2000	2000	—
新田县	2200	—	2667	1333	—
江华瑶族自治县	1433	—	1333	2000	800
金洞管理区	633	—	—	733	—
回龙圩管理区	133	—	333	333	53
经开区	67	—	200	666	—
怀化市	**16800**	**—**	**12010**	**24021**	**—**
鹤城区	400	—	267	333	—
中方县	1060	—	807	1820	—
沅陵县	2000	—	1200	2934	—
辰溪县	1400	—	1003	1867	—
溆浦县	2333	—	1333	3734	—
会同县	1534	—	933	2000	—
麻阳苗族自治县	1333	—	1000	1867	—
新晃侗族自治县	1000	—	1000	1667	—
芷江侗族自治县	1340	—	1333	2000	—
靖州苗族侗族自治县	1333	—	867	1799	—
通道侗族自治县	1667	—	1000	2000	—
洪江市	1333	—	1067	1800	—
洪江区	67	—	200	200	—
娄底市	**10008**	**—**	**8021**	**6801**	**133**
娄星区	667	—	387	533	—
双峰县	1547	—	667	1814	—
新化县	3147	—	2073	2487	133
冷水江市	1527	—	1507	1467	—

分县造林完成情况

单位：公顷

地　区	人工造林	飞播造林	新封山育林	退化林修复	人工更新
涟源市	3120	—	3387	500	—
湘西土家族苗族自治州	**12404**	**—**	**13931**	**18281**	**—**
吉首市	667	—	1333	307	—
泸溪县	1200	—	2000	2000	—
凤凰县	1000	—	2021	2000	—
花垣县	800	—	1693	2000	—
保靖县	667	—	1333	2000	—
古丈县	1200	—	1333	1667	—
永顺县	5403	—	2345	5640	—
龙山县	1467	—	1873	2667	—
广东省	**85178**	**—**	**99798**	**63696**	**21790**
广州市	—	—	2157	1667	—
白云区	—	—	—	200	—
黄埔区	—	—	67	—	—
花都区	—	—	—	133	—
从化区	—	—	1223	333	—
增城区	—	—	867	867	—
增城林场	—	—	—	134	—
韶关市	**8836**	**—**	**7721**	**5949**	**207**
武江区	107	—	220	67	—
浈江区	—	—	133	117	—
曲江区	268	—	300	50	—
始兴县	322	—	1400	524	—
仁化县	268	—	133	333	—
翁源县	1678	—	1453	870	—
乳源瑶族自治县	1267	—	1893	405	207
新丰县	1435	—	200	1193	—
乐昌市	1535	—	1920	920	—
南雄市	1956	—	—	1253	—
韶关林场	—	—	—	60	—
曲江林场	—	—	—	10	—
仁化林场	—	—	69	80	—
河口林场	—	—	—	23	—
九曲水林场	—	—	—	27	—
华溪林场	—	—	—	17	—
珠海市	**55**	**—**	**—**	**571**	**—**
香洲区	—	—	—	132	—
斗门区	31	—	—	160	—
万山海洋开发实验区	—	—	—	40	—
高新技术产业开发区	—	—	—	69	—
高栏港经济区	24	—	—	67	—
横琴新区	—	—	—	103	—
汕头市	**1775**	**—**	**2667**	**1103**	**—**
濠江区	—	—	—	85	—
潮阳区	617	—	1467	487	—
潮南区	890	—	1067	371	—
南澳县	268	—	133	160	—

分县造林完成情况

单位:公顷

地 区	人工造林	飞播造林	新封山育林	退化林修复	人工更新
佛山市	**813**	—	**273**	**347**	—
南海区	576	—	—	—	—
高明区	237	—	273	347	—
江门市	**330**	—	**2763**	**2191**	**13329**
蓬江区	—	—	—	—	356
江海区	10	—	—	—	4
新会区	—	—	300	348	1735
台山市	187	—	413	1189	3683
开平市	—	—	—	200	3333
鹤山市	—	—	143	187	1667
恩平市	133	—	1907	267	1400
古兜山林场	—	—	—	—	137
大沙林场	—	—	—	—	252
狮山林场	—	—	—	—	197
河排林场	—	—	—	—	84
西坑林场	—	—	—	—	290
古斗林场	—	—	—	—	17
四堡林场	—	—	—	—	174
湛江市	**1007**	—	**1127**	**2012**	**138**
市辖区	—	—	66	367	—
麻章区	—	—	—	—	133
开发区	—	—	—	26	—
遂溪县	—	—	327	216	—
徐闻县	161	—	—	134	—
廉江市	537	—	267	657	—
雷州市	210	—	467	200	—
吴川市	—	—	—	293	—
国营防护林场	66	—	—	66	—
国营东海林场	33	—	—	20	5
国营吴川林场	—	—	—	33	—
茂名市	**4095**	—	**5709**	**3406**	**206**
电白区	351	—	333	338	33
高州市	2252	—	3333	937	—
化州市	268	—	333	335	—
信宜市	1175	—	1710	1756	—
八一林场	—	—	—	—	53
文楼林场	—	—	—	—	80
平定林场	49	—	—	40	—
丽岗林场	—	—	—	—	40
肇庆市	**3869**	—	**1900**	**2730**	**646**
高要区	—	—	—	167	—
广宁县	805	—	200	487	—
怀集县	1073	—	940	601	266
封开县	1878	—	233	733	200
德庆县	—	—	500	53	47
四会市	—	—	—	170	133
国有北岭山林场	113	—	27	100	—

分县造林完成情况

单位：公顷

地　区	人工造林	飞播造林	新封山育林	退化林修复	人工更新
清桂林场	—	—	—	48	—
大南山林场	—	—	—	47	—
大水口林场	—	—	—	53	—
国有大坑山林场	—	—	—	107	—
国有新岗林场	—	—	—	164	—
惠州市	**479**	**—**	**4422**	**2866**	**103**
惠城区	33	—	—	350	—
惠阳区	—	—	333	667	—
博罗县	—	—	667	567	—
惠东县	274	—	1882	1115	—
龙门县	—	—	340	167	—
梁化林场	—	—	—	—	57
九龙峰林场	126	—	—	—	—
国有汤泉林场	—	—	—	—	5
鸡笼山林场	—	—	—	—	41
油田林场	46	—	—	—	—
龙门南昆山省级自然保护区	—	—	1200	—	—
梅州市	**13308**	**—**	**10019**	**9337**	**707**
梅江区	268	—	—	907	—
梅县区	1151	—	966	361	667
大埔县	643	—	1000	541	—
丰顺县	3229	—	1768	733	—
五华县	3358	—	2200	3387	—
平远县	1127	—	1200	640	40
蕉岭县	83	—	200	768	—
兴宁市	3449	—	2685	2000	—
汕尾市	**13998**	**—**	**12000**	**6272**	**365**
市辖区	507	—	1933	953	232
红海湾开发区	333	—	720	313	—
海丰县	3859	—	3867	1513	—
陆河县	2695	—	666	832	—
陆丰市	5548	—	4461	2195	100
黄羌林场	389	—	—	—	—
吉溪林场	667	—	333	466	—
红岭林场	—	—	20	—	33
河源市	**12495**	**—**	**12574**	**7582**	**1155**
市辖区	200	—	—	—	—
源城区	—	—	67	—	—
紫金县	4403	—	8287	3240	—
龙川县	3650	—	2000	933	380
连平县	2047	—	833	1300	—
和平县	2149	—	1387	1776	393
东源县	—	—	—	333	—
牛岭水林场	41	—	—	—	—
下石林场	—	—	—	—	382
桂山林场	5	—	—	—	—
阳江市	**3086**	**—**	**1716**	**1296**	**10**

分县造林完成情况

单位:公顷

地 区	人工造林	飞播造林	新封山育林	退化林修复	人工更新
海陵岛实验区	—	—	—	3	10
阳东区	805	—	1000	280	—
阳西县	537	—	333	400	—
阳春市	1664	—	333	513	—
国有阳江林场	80	—	25	—	—
花滩林场	—	—	25	100	—
清远市	5923	—	18411	7676	—
清城区	—	—	53	333	—
清新区	1127	—	2500	1100	—
佛冈县	24	—	373	720	—
阳山县	1357	—	6385	1140	—
连山壮族瑶族自治县	268	—	334	334	—
连南瑶族自治县	268	—	600	667	—
英德市	1369	—	7133	1460	—
连州市	855	—	933	1000	—
英德林场	—	—	—	260	—
金鸡林场	80	—	—	—	—
羊角山林场	354	—	—	594	—
小龙林场	200	—	—	—	—
龙坪林场	—	—	—	68	—
杨梅林场	21	—	100	—	—
中山市	—	—	—	—	260
潮州市	2871	—	5599	976	667
湘桥区	161	—	333	13	—
潮安区	751	—	2213	583	—
饶平县	1959	—	3053	380	667
揭阳市	4481	—	6761	2726	—
榕城区	—	—	307	—	—
揭东区	33	—	667	319	—
揭西县	2533	—	3367	1144	—
惠来县	886	—	1400	632	—
普宁市	1020	—	1020	613	—
蓝城区	9	—	—	18	—
云浮市	4436	—	2623	4293	426
云城区	476	—	167	460	—
云安区	1320	—	695	1426	—
新兴县	723	—	67	554	—
郁南县	897	—	967	985	—
罗定市	1020	—	727	868	—
大云雾林场	—	—	—	—	100
国有龙埇林场	—	—	—	—	232
飞马林场	—	—	—	—	77
国有同乐林场	—	—	—	—	17
中林集团雷州林业局有限公司	—	—	—	—	2603
省直属林场	961	—	1356	696	968
西江林场	241	—	695	453	—
乳阳林场	157	—	—	—	83

分县造林完成情况

单位：公顷

地　区	人工造林	飞播造林	新封山育林	退化林修复	人工更新
龙眼洞林场	—	—	—	—	3
天井山林场	147	—	567	—	367
樟木头林场	—	—	—	—	83
乐昌林场	—	—	47	83	127
连山林场	—	—	—	50	63
东江林场	401	—	—	—	—
九连山林场	15	—	47	110	—
云浮林场	—	—	—	—	242
湛江红树林国家级自然保护区	2360	—	—	—	—
广西壮族自治区	46828	—	29421	6085	165466
南宁市	1418	—	2082	—	14521
兴宁区	17	—	—	—	793
青秀区	56	—	—	—	425
江南区	67	—	—	—	777
西乡塘区	74	—	—	—	83
良庆区	235	—	—	—	1772
邕宁区	70	—	—	—	386
武鸣区	83	—	—	—	1183
隆安县	100	—	—	—	872
马山县	234	—	1333	—	1000
上林县	45	—	749	—	1964
宾阳县	350	—	—	—	1551
横县	87	—	—	—	3080
高新区	—	—	—	—	68
经开区	—	—	—	—	500
东盟区	—	—	—	—	67
柳州市	2163	—	1189	2591	9168
城中区	—	—	—	—	19
柳南区	—	—	—	—	72
柳北区	10	—	—	—	490
柳江区	161	—	—	—	1783
柳东新区	—	—	—	—	67
北部生态新区(阳和工业新区)	—	—	—	—	37
柳城县	334	—	—	—	867
鹿寨县	1131	—	590	—	1735
融安县	134	—	599	—	1479
融水苗族自治县	393	—	—	85	1752
三江侗族自治县	—	—	—	2506	867
桂林市	1459	—	9207	245	4372
阳朔县	—	—	1993	—	—
临桂区	57	—	696	—	402
灵川县	—	—	670	—	686
全州县	820	—	1200	200	667
兴安县	44	—	667	—	—
永福县	50	—	800	—	35
灌阳县	70	—	1107	—	549

分县造林完成情况

单位:公顷

地　区	人工造林	飞播造林	新封山育林	退化林修复	人工更新
龙胜各族自治县	348	—	—	45	378
资源县	—	—	—	—	600
平乐县	10	—	206	—	1055
荔浦县	—	—	1201	—	—
恭城瑶族自治县	60	—	667	—	—
梧州市	2559	—	—	24	12838
万秀区	108	—	—	—	366
长洲区	50	—	—	—	433
龙圩区	323	—	—	—	999
苍梧县	868	—	—	24	2446
藤县	851	—	—	—	3295
蒙山县	66	—	—	—	1725
岑溪市	293	—	—	—	3574
北海市	—	—	—	—	3067
银海区	—	—	—	—	216
铁山港区	—	—	—	—	133
合浦县	—	—	—	—	2718
防城港市	2526	—	333	—	9027
港口区	114	—	—	—	200
防城区	700	—	333	—	2026
上思县	1669	—	—	—	6567
东兴市	43	—	—	—	234
钦州市	449	—	—	—	10880
钦南区	110	—	—	—	2393
钦北区	36	—	—	—	2751
灵山县	72	—	—	—	3032
浦北县	231	—	—	—	2704
贵港市	1510	—	—	—	8510
港北区	506	—	—	—	835
港南区	—	—	—	—	2434
覃塘区	504	—	—	—	1403
平南县	150	—	—	—	1722
桂平市	350	—	—	—	2116
玉林市	747	—	—	67	16695
玉州区	—	—	—	—	181
福绵区	—	—	—	—	499
容县	246	—	—	—	4259
陆川县	148	—	—	—	3788
博白县	111	—	—	—	4113
兴业县	31	—	—	—	695
北流市	211	—	—	67	3160
百色市	13193	—	10075	321	14071
右江区	1715	—	—	—	911
田阳县	1267	—	1910	—	400
田东县	1333	—	—	—	800
平果县	278	—	1000	—	1728
德保县	405	—	1300	—	333
靖西市	667	—	2700	—	67

分县造林完成情况

单位：公顷

地 区	人工造林	飞播造林	新封山育林	退化林修复	人工更新
那坡县	1583	—	369	321	540
凌云县	1600	—	1881	—	467
乐业县	1758	—	915	—	632
田林县	1337	—	—	—	4899
西林县	550	—	—	—	1661
隆林各族自治县	700	—	—	—	1633
贺州市	**4865**	—	—	**348**	**10991**
八步区	3381	—	—	—	4113
平桂区	600	—	—	—	2133
昭平县	326	—	—	—	3238
钟山县	467	—	—	—	1003
富川瑶族自治县	91	—	—	348	504
河池市	**13381**	—	**532**	**1789**	**10863**
金城江区	798	—	40	33	977
宜州区	450	—	—	—	2506
南丹县	667	—	—	486	1133
天峨县	1067	—	—	—	1742
凤山县	600	—	—	667	400
东兰县	3400	—	—	—	563
罗城仫佬族自治县	1200	—	53	334	1200
环江毛南族自治县	1358	—	227	269	1533
巴马瑶族自治县	1573	—	67	—	410
都安瑶族自治县	1600	—	78	—	265
大化瑶族自治县	668	—	67	—	134
来宾市	**319**	—	**3896**	—	**17217**
兴宾区	7	—	1767	—	4220
忻城县	67	—	2129	—	2199
象州县	—	—	—	—	5177
武宣县	233	—	—	—	3075
金秀瑶族自治县	12	—	—	—	1610
合山市	—	—	—	—	936
崇左市	**2179**	—	**2107**	**118**	**8438**
江州区	470	—	—	—	1492
扶绥县	133	—	1374	—	1750
宁明县	356	—	—	67	3610
龙州县	647	—	—	—	100
大新县	105	—	230	33	870
天等县	267	—	503	18	416
凭祥市	201	—	—	—	200
高峰林场	—	—	—	—	1582
七坡林场	—	—	—	—	1459
东门林场	—	—	—	—	342
钦廉林场	—	—	—	—	398
六万林场	—	—	—	153	643
博白林场	—	—	—	162	3037
维都林场	—	—	—	—	500
三门江林场	—	—	—	267	1989
黄冕林场	—	—	—	—	915

分县造林完成情况

单位:公顷

地　　区	人工造林	飞播造林	新封山育林	退化林修复	人工更新
大桂山林场	—	—	—	—	1607
雅长林场	**60**	—	—	—	**1940**
中国林科院热林中心	—	—	—	—	396
海南省	**2657**	—	—	—	**7839**
海口市	589	—	—	—	745
三亚市	23	—	—	—	63
儋州市	114	—	—	—	853
五指山市	—	—	—	—	63
琼海市	102	—	—	—	252
文昌市	64	—	—	—	484
万宁市	152	—	—	—	293
东方市	493	—	—	—	371
定安县	84	—	—	—	284
屯昌县	—	—	—	—	815
澄迈县	97	—	—	—	578
临高县	218	—	—	—	371
白沙黎族自治县	79	—	—	—	477
昌江黎族自治县	276	—	—	—	283
乐东黎族自治县	293	—	—	—	517
陵水黎族自治县	53	—	—	—	141
保亭黎族苗族自治县	4	—	—	—	188
琼中黎族苗族自治县	—	—	—	—	948
东寨港国家级自然保护区	11	—	—	—	—
尖峰岭国家级自然保护区	—	—	—	—	16
岛东林场	—	—	—	—	44
昌化林场	—	—	—	—	2
儋州林场	5	—	—	—	47
岛西林场	—	—	—	—	4
重庆市	**110058**	—	**62225**	**89521**	**8199**
万州区	3601	—	4667	1333	—
涪陵区	2867	—	1000	3333	—
大渡口区	67	—	—	—	—
江北区	67	—	33	2000	—
沙坪坝区	67	—	67	1333	—
九龙坡区	133	—	33	1333	—
南岸区	67	—	333	—	—
北碚区	133	—	100	—	—
綦江区	2266	—	667	2000	—
大足区	1799	—	600	2533	—
渝北区	200	—	633	2000	—
巴南区	200	—	500	2666	—
黔江区	4823	—	2077	3333	—
长寿区	800	—	167	2000	—
江津区	5067	—	1567	1333	—
合川区	3600	—	667	667	—
永川区	267	—	267	1333	—
南川区	5135	—	1533	2600	67
璧山区	200	—	267	1000	333

分县造林完成情况

单位:公顷

地　区	人工造林	飞播造林	新封山育林	退化林修复	人工更新
铜梁区	800	—	333	567	—
潼南区	3533	—	1567	667	—
荣昌区	200	—	700	—	1333
开州区	6946	—	7054	3333	—
梁平区	3267	—	800	2000	—
武隆区	5467	—	4967	1000	2333
城口县	2600	—	2567	9667	—
丰都县	3000	—	2700	4667	—
垫江县	3467	—	700	1333	—
忠县	4200	—	133	—	4000
云阳县	2400	—	2600	6400	—
奉节县	6066	—	2000	6667	—
巫山县	5825	—	3108	4000	—
巫溪县	7067	—	5467	6400	—
石柱土家族自治县	2200	—	1000	6467	—
秀山土家族苗族自治县	5633	—	2867	501	—
酉阳土家族苗族自治县	6950	—	3884	2000	—
彭水苗族土家族自治县	7611	—	4167	2522	—
万盛经济技术开发区	1467	—	433	533	133
四川省	257961	—	70746	96135	11974
成都市	3086	—	—	1382	83
龙泉驿区	—	—	—	400	—
青白江区	77	—	—	—	—
双流区	49	—	—	—	—
金堂县	830	—	—	667	—
大邑县	189	—	—	—	—
新津县	100	—	—	—	—
都江堰市	341	—	—	—	—
彭州市	61	—	—	—	83
邛崃市	80	—	—	100	—
崇州市	745	—	—	—	—
简阳市	614	—	—	215	—
自贡市	3854	—	1040	333	400
自流井区	100	—	—	66	—
贡井区	433	—	—	—	—
大安区	354	—	—	—	—
沿滩区	600	—	—	67	—
荣县	1900	—	733	200	400
富顺县	467	—	307	—	—
攀枝花市	3801	—	—	296	—
东区	100	—	—	—	—
西区	80	—	—	—	—
仁和区	887	—	—	—	—
米易县	1067	—	—	296	—
盐边县	1667	—	—	—	—
泸州市	8634	—	867	3666	300
江阳区	240	—	—	—	—
纳溪区	380	—	—	120	—

分县造林完成情况

单位:公顷

地　区	人工造林	飞播造林	新封山育林	退化林修复	人工更新
泸县	333	—	—	—	300
合江县	2567	—	—	1213	—
叙永县	2767	—	867	2333	—
古蔺县	2347	—	—	—	—
德阳市	**2839**	**—**	**1000**	**1087**	**80**
旌阳区	547	—	—	67	—
罗江县	340	—	—	—	—
中江县	1333	—	1000	747	—
广汉市	113	—	—	13	—
什邡市	173	—	—	127	80
绵竹市	333	—	—	133	—
绵阳市	**11754**	**—**	**11213**	**1914**	**487**
涪城区	167	—	—	347	—
游仙区	400	—	100	200	—
安州区	1000	—	667	667	—
三台县	1333	—	333	—	—
盐亭县	5334	—	—	33	—
梓潼县	707	—	747	667	—
北川羌族自治县	333	—	1933	—	487
平武县	1753	—	7433	—	—
江油市	727	—	—	—	—
广元市	**9041**	**—**	**666**	**13206**	**1400**
利州区	2067	—	—	1000	—
昭化区	3533	—	—	800	133
朝天区	667	—	333	2000	—
旺苍县	353	—	—	2333	67
青川县	467	—	—	5026	—
剑阁县	1767	—	—	2047	1200
苍溪县	187	—	333	—	—
遂宁市	**3614**	**—**	**—**	**1060**	**—**
船山区	426	—	—	426	—
安居区	901	—	—	—	—
射洪县	1220	—	—	167	—
大英县	1067	—	—	467	—
内江市	**3134**	**—**	**200**	**347**	**—**
市中区	793	—	—	113	—
东兴区	1061	—	200	67	—
威远县	640	—	—	100	—
隆昌市	640	—	—	67	—
乐山市	**4010**	**—**	**1333**	**6997**	**933**
市中区	177	—	—	2564	—
沙湾区	240	—	—	514	—
五通桥区	100	—	—	233	—
犍为县	133	—	—	513	533
井研县	773	—	—	—	400
夹江县	267	—	—	1200	—
沐川县	200	—	—	400	—
峨边彝族自治县	320	—	—	—	—

分县造林完成情况

单位:公顷

地 区	人工造林	飞播造林	新封山育林	退化林修复	人工更新
川南林业局	—	—	1333	—	—
马边彝族自治县	1800	—	—	—	—
峨眉山市	—	—	—	1573	—
南充市	**14533**	**—**	**6798**	**1065**	**—**
顺庆区	1200	—	533	133	—
高坪区	2333	—	733	133	—
嘉陵区	2000	—	1400	133	—
南部县	2333	—	1267	133	—
营山县	1667	—	400	—	—
蓬安县	1533	—	1066	400	—
仪陇县	1000	—	333	—	—
西充县	1000	—	400	—	—
阆中市	1467	—	666	133	—
眉山市	**3087**	**—**	**2012**	**1866**	**1533**
东坡区	900	—	333	400	200
彭山区	267	—	133	267	167
仁寿县	1380	—	533	133	—
洪雅县	200	—	533	273	660
丹棱县	340	—	280	460	173
青神县	—	—	200	333	333
宜宾市	**22879**	**—**	**6653**	**9199**	**607**
翠屏区	1333	—	120	933	—
南溪区	2200	—	—	733	—
叙州区	2200	—	667	533	—
江安县	1533	—	13	1267	100
长宁县	487	—	—	—	340
高县	2813	—	333	1687	—
珙县	2366	—	306	413	—
筠连县	4067	—	2534	933	—
兴文县	3747	—	—	1233	167
屏山县	2133	—	2680	1467	—
广安市	**6859**	**—**	**4833**	**1900**	**—**
广安区	1333	—	500	1067	—
前锋区	800	—	867	200	—
岳池县	1033	—	533	—	—
武胜县	1160	—	333	100	—
邻水县	1733	—	2067	200	—
华蓥市	800	—	533	333	—
达州市	**22181**	**—**	**2998**	**294**	**67**
通川区	467	—	333	—	—
达川区	4233	—	333	—	—
宣汉县	4293	—	333	287	—
开江县	3521	—	—	7	—
大竹县	800	—	1333	—	67
渠县	4100	—	333	—	—
万源市	4767	—	333	—	—
雅安市	**7413**	**—**	**8067**	**2667**	**—**
雨城区	1000	—	—	—	—

分县造林完成情况

单位:公顷

地 区	人工造林	飞播造林	新封山育林	退化林修复	人工更新
名山区	373	—	760	—	—
荥经县	1400	—	—	—	—
汉源县	800	—	1467	1267	—
石棉县	760	—	2240	667	—
天全县	1947	—	—	200	—
芦山县	400	—	1533	—	—
宝兴县	733	—	2067	533	—
巴中市	**16407**	**—**	**1333**	**6099**	**—**
巴州区	1667	—	333	1333	—
恩阳区	2000	—	—	—	—
通江县	4773	—	333	333	—
南江县	3800	—	667	4333	—
平昌县	4167	—	—	100	—
资阳市	**4514**	**—**	**—**	**—**	**—**
雁江区	2180	—	—	—	—
安岳县	1287	—	—	—	—
乐至县	1047	—	—	—	—
阿坝藏族羌族自治州	**6083**	**—**	**8465**	**—**	**—**
马尔康市	617	—	1333	—	—
汶川县	462	—	333	—	—
理县	67	—	1667	—	—
茂县	566	—	—	—	—
松潘县	1308	—	—	—	—
金川县	1175	—	333	—	—
小金县	61	—	—	—	—
黑水县	713	—	333	—	—
壤塘县	294	—	1333	—	—
若尔盖县	302	—	—	—	—
红原县	91	—	—	—	—
松潘林业局	127	—	507	—	—
马尔康林业局	—	—	333	—	—
小金林业局	—	—	340	—	—
南坪林业局	300	—	1620	—	—
黑水林业局	—	—	333	—	—
甘孜藏族自治州	**10270**	**—**	**4667**	**2311**	**4724**
康定市	353	—	667	520	—
泸定县	395	—	333	533	—
丹巴县	599	—	—	275	—
九龙县	864	—	—	167	—
雅江县	419	—	—	—	—
道孚县	1124	—	667	—	—
炉霍县	551	—	333	—	1150
甘孜县	1327	—	333	—	—
新龙县	293	—	—	—	—
德格县	68	—	667	—	2267
白玉县	467	—	667	—	—
石渠县	102	—	—	—	—
色达县	—	—	—	—	1040

分县造林完成情况

单位:公顷

地　区	人工造林	飞播造林	新封山育林	退化林修复	人工更新
理塘县	1120	—	—	—	—
巴塘县	891	—	333	333	267
乡城县	90	—	—	70	—
稻城县	507	—	334	100	—
得荣县	1000	—	333	—	—
翁达局	33	—	—	—	—
新龙局	67	—	—	313	—
凉山彝族自治州	**88968**	**—**	**6601**	**40446**	**1360**
西昌市	4353	—	—	—	620
木里藏族自治县	1000	—	1333	2667	—
盐源县	8787	—	1647	4680	73
德昌县	2527	—	—	2666	—
会东县	6086	—	227	2633	—
宁南县	2330	—	—	4300	—
普格县	3533	—	—	666	—
布拖县	3847	—	—	—	—
金阳县	1950	—	715	14007	—
昭觉县	20067	—	—	1333	—
喜德县	5353	—	—	—	—
冕宁县	5703	—	—	1333	667
越西县	5207	—	306	667	—
甘洛县	3865	—	706	2667	—
美姑县	6800	—	1334	—	—
雷波县	5020	—	333	2667	—
木里林业局	520	—	—	—	—
雷波林业局	833	—	—	—	—
凉北林业局	767	—	—	—	—
第五筑路工程处	420	—	—	160	—
省直属事业单位	**1000**	**—**	**2000**	**—**	**—**
长江造林局	667	—	1000	—	—
大渡河造林局	333	—	1000	—	—
贵州省	**205917**	**—**	**84347**	**56412**	**—**
贵阳市	**17157**	**—**	**2449**	**—**	**—**
南明区	15	—	—	—	—
云岩区	19	—	—	—	—
花溪区	1576	—	—	—	—
乌当区	594	—	—	—	—
白云区	641	—	—	—	—
开阳县	2940	—	1066	—	—
息烽县	4197	—	859	—	—
修文县	2346	—	—	—	—
清镇市	4326	—	524	—	—
观山湖区	503	—	—	—	—
六盘水市	**26330**	**—**	**5329**	**800**	**—**
市辖区	50	—	—	—	—
钟山区	2976	—	—	—	—
六枝特区	4721	—	1000	133	—
水城县	6786	—	2329	—	—

分县造林完成情况

单位:公顷

地 区	人工造林	飞播造林	新封山育林	退化林修复	人工更新
盘州市	11797	—	2000	667	—
遵义市	**36821**	**—**	**7792**	**3333**	**—**
市辖区	169	—	—	—	—
汇川区	60	—	—	—	—
播州区	11118	—	—	—	—
桐梓县	22318	—	—	2000	—
绥阳县	333	—	—	—	—
正安县	700	—	2457	—	—
道真仡佬族苗族自治县	421	—	2002	—	—
务川仡佬族苗族自治县	744	—	1862	—	—
凤冈县	148	—	—	—	—
湄潭县	59	—	—	—	—
余庆县	194	—	1471	—	—
习水县	487	—	—	—	—
赤水市	—	—	—	1333	—
仁怀市	70	—	—	—	—
安顺市	**21364**	**—**	**11032**	**2667**	**—**
西秀区	1711	—	1831	—	—
平坝区	1199	—	1763	—	—
普定县	3216	—	1208	1333	—
镇宁布依族苗族自治县	5313	—	2334	—	—
关岭布依族苗族自治县	5372	—	1274	—	—
紫云苗族布依族自治县	3600	—	2622	1334	—
黄果树管委会	552	—	—	—	—
开发区农林牧水局	401	—	—	—	—
毕节市	**31846**	**—**	**14066**	**8166**	**—**
七星关区	4092	—	1574	1333	—
大方县	5434	—	1833	1333	—
黔西县	4491	—	1042	—	—
金沙县	2469	—	931	467	—
织金县	2001	—	1700	2566	—
纳雍县	4948	—	2185	—	—
威宁彝族回族苗族自治县	7653	—	2000	1334	—
赫章县	533	—	1867	1000	—
百里杜鹃管理区	216	—	600	133	—
金海湖新区	9	—	334	—	—
铜仁市	**27635**	**—**	**9062**	**14400**	**—**
碧江区	1583	—	—	1333	—
万山区	1294	—	200	1000	—
江口县	293	—	—	1934	—
玉屏侗族自治县	2096	—	—	1333	—
石阡县	1800	—	1867	2667	—
思南县	2831	—	1440	2000	—
印江土家族苗族自治县	2111	—	2468	800	—
德江县	5225	—	—	2000	—
沿河土家族自治县	4763	—	1754	—	—
松桃苗族自治县	5639	—	1333	1333	—
黔西南布依族苗族自治州	**18297**	**—**	**15789**	**9247**	**—**

分县造林完成情况

单位:公顷

地 区	人工造林	飞播造林	新封山育林	退化林修复	人工更新
兴义市	2553	—	1389	53	—
兴仁市	340	—	1949	333	—
普安县	407	—	1943	800	—
晴隆县	3843	—	1270	—	—
贞丰县	2199	—	2137	1600	—
望谟县	745	—	2571	1734	—
册亨县	6244	—	2600	3000	—
安龙县	689	—	1622	—	—
义龙新区	1277	—	308	1560	—
普晴国有林场	—	—	—	167	—
黔东南苗族侗族自治州	6366	—	5418	13599	—
凯里市	403	—	1145	—	—
黄平县	440	—	2206	133	—
施秉县	5	—	2067	—	—
三穗县	113	—	—	933	—
镇远县	175	—	—	333	—
岑巩县	570	—	—	667	—
天柱县	915	—	—	3467	—
锦屏县	139	—	—	3787	—
剑河县	1062	—	—	—	—
台江县	622	—	—	133	—
黎平县	323	—	—	2973	—
榕江县	99	—	—	13	—
从江县	513	—	—	1120	—
雷山县	456	—	—	40	—
麻江县	31	—	—	—	—
丹寨县	500	—	—	—	—
黔南布依族苗族自治州	18661	—	13410	4000	—
都匀市	318	—	333	—	—
福泉市	1158	—	2133	—	—
荔波县	1216	—	—	667	—
贵定县	702	—	—	667	—
瓮安县	1625	—	—	—	—
独山县	1753	—	2228	933	—
平塘县	2708	—	2333	933	—
罗甸县	3471	—	1696	—	—
长顺县	2272	—	2660	133	—
龙里县	657	—	—	667	—
惠水县	1924	—	2027	—	—
三都水族自治县	857	—	—	—	—
省直单位	—	—	—	200	—
贵安新区	1440	—	—	—	—
云南省	261079	—	67692	45937	88
昆明市	10729	—	4316	333	—
东川区	1733	—	—	—	—
富民县	1800	—	—	—	—
宜良县	1800	—	—	—	—
石林彝族自治县	1270	—	1460	—	—

分县造林完成情况

单位：公顷

地 区	人工造林	飞播造林	新封山育林	退化林修复	人工更新
禄劝彝族苗族自治县	2172	—	1908	—	—
寻甸回族彝族自治县	1954	—	948	—	—
安宁市	—	—	—	333	—
曲靖市	**21723**	**—**	**8966**	**—**	**—**
麒麟区	609	—	—	—	—
沾益区	1400	—	713	—	—
马龙区	2457	—	—	—	—
陆良县	1710	—	800	—	—
师宗县	2707	—	953	—	—
罗平县	2018	—	2200	—	—
富源县	1037	—	1333	—	—
会泽县	3085	—	667	—	—
宣威市	6700	—	2300	—	—
玉溪市	**6757**	**—**	**3367**	**1334**	**—**
市直属单位	13	—	—	—	—
红塔区	517	—	—	—	—
江川区	113	—	—	—	—
澄江县	1100	—	1500	667	—
通海县	60	—	—	—	—
华宁县	447	—	—	—	—
易门县	1233	—	1867	—	—
峨山彝族自治县	367	—	—	—	—
新平彝族傣族自治县	1400	—	—	667	—
元江哈尼族彝族傣族自治县	1507	—	—	—	—
保山市	**6728**	**—**	**2000**	**8001**	**—**
隆阳区	1867	—	2000	2000	—
施甸县	1167	—	—	2000	—
龙陵县	587	—	—	1667	—
昌宁县	1300	—	—	1667	—
腾冲市	1807	—	—	667	—
昭通市	**48901**	**—**	**6360**	**4000**	**—**
昭阳区	5633	—	—	—	—
鲁甸县	5460	—	200	—	—
巧家县	2667	—	1333	—	—
盐津县	6694	—	—	—	—
大关县	8400	—	3293	2334	—
永善县	5113	—	800	333	—
绥江县	1833	—	—	—	—
镇雄县	2180	—	467	—	—
彝良县	5953	—	200	1333	—
威信县	4893	—	67	—	—
水富市	75	—	—	—	—
丽江市	**6140**	**—**	**6799**	**2133**	**—**
古城区	993	—	1800	—	—
玉龙纳西族自治县	267	—	1333	—	—
永胜县	1713	—	—	—	—
华坪县	2400	—	1333	2133	—
宁蒗彝族自治县	767	—	2333	—	—

分县造林完成情况

单位：公顷

地 区	人工造林	飞播造林	新封山育林	退化林修复	人工更新
普洱市	**15304**	—	—	—	**88**
思茅区	953	—	—	—	—
宁洱哈尼族彝族自治县	667	—	—	—	—
墨江哈尼族自治县	1987	—	—	—	—
景东彝族自治县	480	—	—	—	—
景谷傣族彝族自治县	1473	—	—	—	—
镇沅彝族哈尼族拉祜族自治县	400	—	—	—	88
江城哈尼族彝族自治县	5067	—	—	—	—
孟连傣族拉祜族佤族自治县	27	—	—	—	—
澜沧拉祜族自治县	3687	—	—	—	—
西盟佤族自治县	563	—	—	—	—
临沧市	**40947**	—	**2147**	**4002**	—
临翔区	4180	—	—	667	—
凤庆县	9855	—	—	—	—
云县	5733	—	—	667	—
永德县	2560	—	267	—	—
镇康县	6180	—	1880	667	—
双江拉祜族佤族布朗族傣族自治县	4706	—	—	—	—
耿马傣族佤族自治县	4980	—	—	667	—
沧源佤族自治县	2753	—	—	1334	—
楚雄彝族自治州	**21616**	—	**666**	**8668**	—
楚雄市	2776	—	—	667	—
双柏县	2854	—	333	1333	—
牟定县	240	—	—	667	—
南华县	3035	—	333	1000	—
姚安县	1629	—	—	1000	—
大姚县	2920	—	—	667	—
永仁县	1658	—	—	667	—
元谋县	1188	—	—	1333	—
武定县	4173	—	—	667	—
禄丰县	1143	—	—	667	—
红河哈尼族彝族自治州	**30275**	—	**1538**	**8532**	—
个旧市	1813	—	—	1000	—
开远市	2267	—	200	2066	—
蒙自市	4648	—	—	1999	—
屏边苗族自治县	335	—	—	—	—
建水县	1558	—	358	333	—
石屏县	674	—	—	—	—
弥勒市	5220	—	200	2134	—
泸西县	1927	—	780	—	—
元阳县	1493	—	—	—	—
红河县	1373	—	—	—	—
金平苗族瑶族傣族自治县	4221	—	—	—	—
绿春县	3333	—	—	667	—
河口瑶族自治县	1413	—	—	333	—
文山壮族苗族自治州	**16394**	—	**14133**	**1000**	—
文山市	1273	—	2333	—	—
砚山县	2841	—	1000	—	—

分县造林完成情况

单位:公顷

地 区	人工造林	飞播造林	新封山育林	退化林修复	人工更新
西畴县	949	—	3200	—	—
麻栗坡县	483	—	2000	—	—
马关县	1280	—	—	—	—
丘北县	1709	—	2333	—	—
广南县	3514	—	1179	333	—
富宁县	4345	—	2088	667	—
西双版纳傣族自治州	**8948**	—	**667**	**1334**	—
州直属单位	67	—	—	—	—
景洪市	2147	—	—	—	—
勐海县	4547	—	667	667	—
勐腊县	2187	—	—	667	—
大理白族自治州	**18045**	—	**6734**	**3268**	—
大理市	927	—	1333	—	—
漾濞彝族自治县	998	—	—	—	—
祥云县	1200	—	—	—	—
宾川县	3680	—	—	667	—
弥渡县	1137	—	—	267	—
南涧彝族自治县	2527	—	—	—	—
巍山彝族回族自治县	2734	—	667	—	—
永平县	1169	—	—	400	—
云龙县	800	—	—	—	—
洱源县	834	—	667	—	—
剑川县	1007	—	1400	1667	—
鹤庆县	1032	—	2667	267	—
德宏傣族景颇族自治州	**1376**	—	—	**333**	—
瑞丽市	163	—	—	—	—
芒市	249	—	—	333	—
梁河县	114	—	—	—	—
盈江县	433	—	—	—	—
陇川县	417	—	—	—	—
怒江傈僳族自治州	**1171**	—	**1000**	**333**	—
泸水市	540	—	333	—	—
福贡县	127	—	—	—	—
贡山独龙族怒族自治县	471	—	667	333	—
兰坪白族普米族自治县	33	—	—	—	—
迪庆藏族自治州	**5559**	—	**8866**	**2666**	—
香格里拉市	1780	—	3200	333	—
德钦县	626	—	2866	1000	—
维西傈僳族自治县	3153	—	2800	1333	—
卫国林业局	**333**	—	**133**	—	—
墨江林业局	**133**	—	—	—	—
西藏自治区	**39883**	—	**35156**	—	—
陕西省	**160912**	**27004**	**75220**	**84958**	—
西安市	**2375**	—	—	—	—
灞桥区	55	—	—	—	—
阎良区	83	—	—	—	—
临潼区	440	—	—	—	—
长安区	200	—	—	—	—

分县造林完成情况

单位:公顷

地　区	人工造林	飞播造林	新封山育林	退化林修复	人工更新
高陵区	127	—	—	—	—
鄠邑区	143	—	—	—	—
蓝田县	752	—	—	—	—
周至县	447	—	—	—	—
西咸新区	128	—	—	—	—
铜川市	**2992**	**667**	**1867**	**2000**	**—**
市辖区	40	—	—	—	—
王益区	199	—	—	167	—
印台区	153	—	—	340	—
耀州区	1200	—	1200	467	—
宜君县	1400	667	667	1026	—
宝鸡市	**8155**	**3334**	**8532**	**6666**	
陈仓区	1680	—	1200	1067	
凤翔县	933	—	733	333	
岐山县	667	1000	667	533	
扶风县	134	—	133	—	
眉县	228	—	600	333	
陇县	1113	667	1400	1400	
千阳县	467	—	333	667	
麟游县	1933	1000	1533	1000	
凤县	800	667	466	1133	
太白县	200	—	667	200	
辛家山	—	—	400	—	
马头滩	—	—	400	—	
咸阳市	**8879**	**2333**	**5334**	**4667**	**—**
秦都区	133	—	—	—	
渭城区	67	—	—	—	
三原县	934	—	133	—	
泾阳县	1067	—	—	—	
乾县	1133	—	200	—	
礼泉县	600	—	467	—	
永寿县	733	667	1800	266	
长武县	666	—	467	1333	
旬邑县	334	1000	1133	2467	
淳化县	933	—	467	267	
武功县	200	—	—	—	
兴平市	546	—	—	—	
彬州市	1533	666	667	334	
渭南市	**18567**	**1667**	**4601**	**9407**	
临渭区	2647	—	200	1120	
华州区	1500	667	400	227	
潼关县	1933	—	—	540	
大荔县	2367	—	134	1187	
合阳县	1267	—	1000	987	
澄城县	1513	—	200	380	
蒲城县	2280	333	1133	1780	
白水县	1520	667	867	1353	
富平县	1687	—	667	1440	

分县造林完成情况

单位：公顷

地 区	人工造林	飞播造林	新封山育林	退化林修复	人工更新
华阴市	1853	—	—	393	—
韩城市	**1467**	**—**	**1000**	**1333**	**—**
延安市	**36438**	**4002**	**15933**	**12599**	**—**
宝塔区	2600	—	133	1333	—
安塞区	4573	—	333	1333	—
延长县	7146	—	7800	—	—
延川县	5466	—	333	600	—
子长县	6133	667	—	1333	—
志丹县	4020	—	667	4000	—
吴起县	3067	667	667	4000	—
甘泉县	580	—	600	—	—
富县	807	667	1334	—	—
洛川县	213	667	667	—	—
宜川县	667	667	—	—	—
黄龙县	480	667	333	—	—
黄陵县	653	—	533	—	—
劳山林业局	—	—	400	—	—
桥北林业局	—	—	400	—	—
桥山林业局	—	—	533	—	—
黄龙山林业局	33	—	1200	—	—
汉中市	**8406**	**3000**	**4532**	**7974**	**—**
汉台区	—	—	333	200	—
南郑区	1067	—	333	867	—
城固县	1066	—	400	800	—
洋县	1007	667	333	200	—
西乡县	2133	666	—	667	—
勉县	533	667	333	800	—
宁强县	467	—	200	1867	—
略阳县	533	—	533	400	—
镇巴县	1000	1000	1000	800	—
留坝县	533	—	400	707	—
佛坪县	67	—	667	666	—
榆林市	**29327**	**—**	**10488**	**10001**	**—**
榆阳区	4005	—	3668	—	—
横山区	1667	—	2733	—	—
府谷县	2800	—	667	133	—
靖边县	5189	—	420	133	—
定边县	2399	—	1000	667	—
绥德县	1333	—	—	1067	—
米脂县	1000	—	—	67	—
佳县	1200	—	—	3334	—
吴堡县	267	—	—	1333	—
清涧县	1467	—	—	2067	—
子洲县	3000	—	—	—	—
神木市	5000	—	2000	1200	—
安康市	**31639**	**6001**	**4533**	**16978**	**—**
化保局	—	—	533	—	—
恒口示范区	133	—	133	—	—

分县造林完成情况

单位：公顷

地 区	人工造林	飞播造林	新封山育林	退化林修复	人工更新
高新管委会	40	—	—	—	—
汉滨区	7467	1333	667	4460	—
汉阴县	2133	—	333	1167	—
石泉县	2640	667	—	1733	—
宁陕县	1373	—	333	680	—
紫阳县	2200	1667	—	1666	—
岚皋县	3133	1000	467	1306	—
平利县	2500	—	400	2333	—
镇坪县	1267	—	533	567	—
旬阳县	5000	667	667	1733	—
白河县	3753	667	467	1333	—
商洛市	**12600**	**6000**	**4401**	**6666**	
商州区	1533	1000	267	1067	
洛南县	1300	1000	600	933	
丹凤县	667	1000	800	933	
商南县	1600	1000	733	933	
山阳县	1933	1000	667	1067	
镇安县	3134	1000	600	933	
柞水县	2433	—	734	800	
杨凌农业高新技术产业示范区	**67**	—	—	—	
省森林资源管理局	—	—	**13332**	**6667**	—
楼观台实验林场	—	—	667	—	
甘肃省	**296021**	**667**	**85410**	**10667**	
兰州市	**2512**	**667**	**2733**	—	—
南北两山环境绿化工程指挥部	—	—	1333	—	
连城国家级自然保护区管理局	133	—	733	—	
城关区	83	—	—	—	
红古区	231	—	—	—	
永登县	420	—	667	—	
皋兰县	447	—	—	—	
榆中县	1194	667	—	—	
生态林业试验总场	4	—	—	—	
嘉峪关市	**333**	—	—	—	
金昌市	**1414**	—	**4333**	—	—
市辖区	50	—	—	—	
金川区	652	—	—	—	
永昌县	712	—	4333	—	
白银市	**19666**	—	**2000**	—	—
白银区	646	—	—	—	
平川区	1480	—	667	—	
靖远县	6560	—	667	—	
会宁县	7367	—	—	—	
景泰县	3613	—	666	—	
天水市	**31184**	—	—	**1667**	—
秦州区	9066	—	—	—	
麦积区	2967	—	—	667	
清水县	9060	—	—	—	
秦安县	2046	—	—	—	

分县造林完成情况

单位:公顷

地 区	人工造林	飞播造林	新封山育林	退化林修复	人工更新
甘谷县	2333	—	—	1000	—
武山县	3667	—	—	—	—
张家川回族自治县	2045	—	—	—	—
武威市	34039	—	30413	—	—
凉州区	6580	—	2280	—	—
民勤县	9600	—	2000	—	—
古浪县	11246	—	23600	—	—
天祝藏族自治县	2133	—	2533	—	—
石羊河林业总场	4480	—	—	—	—
张掖市	15606	—	18586	—	—
林科院	40	—	—	—	—
甘州区	1827	—	2333	—	—
肃南裕固族自治县	600	—	6753	—	—
民乐县	6260	—	4500	—	—
临泽县	2080	—	667	—	—
高台县	1799	—	—	—	—
山丹县	3000	—	4333	—	—
平凉市	32241	—	667	2666	—
崆峒区	4141	—	—	—	—
泾川县	2753	—	—	1333	—
灵台县	4634	—	—	—	—
崇信县	4000	—	—	—	—
华亭市	2947	—	—	—	—
庄浪县	4833	—	667	1333	—
静宁县	8800	—	—	—	—
关山林管局	133	—	—	—	—
酒泉市	10987	—	15979	—	—
肃州区	594	—	—	—	—
金塔县	4671	—	—	—	—
瓜州县	708	—	1333	—	—
肃北蒙古族自治县	233	—	3333	—	—
阿克塞哈萨克族自治县	186	—	11313	—	—
玉门市	4000	—	—	—	—
敦煌市	595	—	—	—	—
庆阳市	64200	—	1334	2667	—
西峰区	3400	—	—	—	—
庆城县	8733	—	—	1333	—
环县	10000	—	667	—	—
华池县	8667	—	133	—	—
合水县	2667	—	—	—	—
正宁县	4000	—	—	—	—
宁县	8667	—	—	—	—
镇原县	8666	—	—	1334	—
华池林管分局	4067	—	534	—	—
合水林业总场	3333	—	—	—	—
宁县分局	2000	—	—	—	—
定西市	20547	—	2466	1333	—
市直属单位	767	—	—	—	—

分县造林完成情况

单位:公顷

地 区	人工造林	飞播造林	新封山育林	退化林修复	人工更新
安定区	2207	—	333	—	—
通渭县	7933	—	333	—	—
陇西县	1207	—	—	1333	—
渭源县	1667	—	133	—	—
临洮县	3400	—	—	—	—
漳县	633	—	667	—	—
岷县	2733	—	1000	—	—
陇南市	**35325**	—	**533**	—	—
市辖区	667	—	—	—	—
武都区	9520	—	—	—	—
成县	1500	—	—	—	—
文县	4827	—	—	—	—
宕昌县	7360	—	—	—	—
康县	1600	—	—	—	—
西和县	3130	—	—	—	—
礼县	5484	—	—	—	—
徽县	764	—	—	—	—
两当县	273	—	—	—	—
岷江林业总场	—	—	133	—	—
康南林业总场	200	—	400	—	—
临夏回族自治州	**13841**	—	**2333**	**2334**	—
临夏市	92	—	—	—	—
临夏县	2200	—	667	—	—
康乐县	486	—	—	—	—
永靖县	3207	—	667	—	—
广河县	867	—	—	—	—
和政县	3067	—	333	667	—
东乡族自治县	1589	—	333	—	—
积石山保安族东乡族撒拉族自治县	2333	—	333	1667	—
甘南藏族自治州	**10827**	—	**200**	—	—
合作市	1440	—	—	—	—
临潭县	3407	—	—	—	—
卓尼县	2954	—	—	—	—
舟曲县	1966	—	200	—	—
迭部县	860	—	—	—	—
玛曲县	67	—	—	—	—
碌曲县	133	—	—	—	—
兰州新区	**333**	—	—	—	—
小陇山林业实验局	**1000**	—	—	—	—
祁连山国家级自然保护区管理局	—	—	**3167**	—	—
莲花山国家级自然保护区管理局	**133**	—	—	—	—
民勤连古城国家级自然保护区管理局	**133**	—	—	—	—
小陇山国家级自然保护区管理局	—	—	**333**	—	—
白龙江林业管理局	**1000**	—	**333**	—	—
省农垦公司	**700**	—	—	—	—
青海省	**70031**	—	**135873**	—	—
西宁市	**6921**	—	**6533**	—	—
市直单位	—	—	667	—	—

分县造林完成情况

单位:公顷

地 区	人工造林	飞播造林	新封山育林	退化林修复	人工更新
城中区	1467	—	—	—	—
城西区	67	—	—	—	—
城北区	160	—	—	—	—
大通回族土族自治县	2542	—	3866	—	—
湟中县	1820	—	2000	—	—
湟源县	865	—	—	—	—
海东市	16378	—	6000	—	—
乐都区	2400	—	—	—	—
平安区	1580	—	—	—	—
民和回族土族自治县	2960	—	667	—	—
互助土族自治县	3736	—	3333	—	—
化隆回族自治县	4545	—	333	—	—
循化撒拉族自治县	1157	—	1667	—	—
海北藏族自治州	3679	—	12733	—	—
州直单位	100	—	—	—	—
门源回族自治县	67	—	4867	—	—
祁连县	3145	—	4533	—	—
海晏县	267	—	1333	—	—
刚察县	—	—	2000	—	—
青海湖农场	100	—	—	—	—
黄南藏族自治州	4172	—	8667	—	—
州直单位	67	—	667	—	—
同仁县	900	—	—	—	—
尖扎县	3066	—	667	—	—
泽库县	139	—	2000	—	—
河南蒙古族自治县	—	—	5333	—	—
海南藏族自治州	34350	—	17080	—	—
共和县	29295	—	3600	—	—
同德县	80	—	7813	—	—
贵德县	539	—	667	—	—
兴海县	170	—	2000	—	—
贵南县	4266	—	3000	—	—
果洛藏族自治州	733	—	38713	—	—
玛沁县	—	—	8000	—	—
班玛县	733	—	1780	—	—
甘德县	—	—	667	—	—
达日县	—	—	14000	—	—
久治县	—	—	667	—	—
黄河源园区国家公园	—	—	13599	—	—
玉树藏族自治州	733	—	30147	—	—
玉树市	333	—	—	—	—
澜沧江源园区国家公园	—	—	2667	—	—
称多县	200	—	10000	—	—
长江源(可可西里)园区国家公园	—	—	4667	—	—
囊谦县	200	—	667	—	—
曲麻莱县	—	—	12146	—	—

分县造林完成情况

单位:公顷

地　区	人工造林	飞播造林	新封山育林	退化林修复	人工更新
海西蒙古族藏族自治州	**2311**	—	**6000**	—	—
格尔木市	137	—	—	—	—
德令哈市	267	—	1000	—	—
茫崖市	67	—	—	—	—
乌兰县	133	—	—	—	—
都兰县	1707	—	667	—	—
天峻县	—	—	4333	—	—
省三江集团	**380**	—	**9333**	—	—
贵南草业开发公司	313	—	2667	—	—
牧草良种繁殖场	—	—	667	—	—
河卡种羊场	—	—	3999	—	—
湖东种羊场	67	—	2000	—	—
省监狱管理局	**107**	—	—	—	—
诺木洪农场	107	—	—	—	—
玛可河林业局	**267**	—	**667**	—	—
宁夏回族自治区	**44828**	—	**14939**	**40288**	—
银川市	**3114**	—	**1000**	**1871**	—
兴庆区	136	—	—	25	—
西夏区	625	—	—	—	—
金凤区	133	—	—	41	—
永宁县	327	—	—	—	—
贺兰县	671	—	—	138	—
灵武市	333	—	—	67	—
白芨滩保护区	733	—	1000	1600	—
滨河新区	156	—	—	—	—
石嘴山市	**722**	—	**867**	**838**	—
市直属单位	247	—	—	133	—
大武口区	33	—	—	—	—
惠农区	169	—	200	153	—
平罗县	273	—	667	552	—
吴忠市	**10998**	—	**6739**	**6975**	—
市直属单位	40	—	—	167	—
利通区	307	—	667	1510	—
红寺堡区	1314	—	2667	1672	—
盐池县	2667	—	1672	2673	—
同心县	5110	—	1733	213	—
青铜峡市	1560	—	—	607	—
太阳山开发区	—	—	—	133	—
固原市	**18772**	—	**3600**	**27671**	—
原州区	3355	—	—	6667	—
西吉县	5220	—	1600	4340	—
隆德县	1333	—	667	4500	—
泾源县	2065	—	—	6331	—
彭阳县	6667	—	667	5833	—
六盘山保护区	132	—	666	—	—
中卫市	**10459**	—	**2733**	**2242**	—

分县造林完成情况

单位:公顷

地 区	人工造林	飞播造林	新封山育林	退化林修复	人工更新
市直属单位	2967	—	—	233	—
沙坡头区	867	—	—	—	—
中宁县	1336	—	333	—	—
海原县	5289	—	2400	2009	—
宁夏金沙林场	23	—	—	—	—
宁夏哈巴湖保护区	—	—	—	667	—
宁夏农垦集团	740	—	—	24	—
新疆维吾尔自治区	124419	5009	87412	11198	363
乌鲁木齐市	3028	—	—	—	—
天山区	333	—	—	—	—
沙依巴克区	1160	—	—	—	—
新市区	70	—	—	—	—
头屯河区	386	—	—	—	—
达坂城区	266	—	—	—	—
米东区	180	—	—	—	—
甘泉堡经济技术开发区	100	—	—	—	—
乌鲁木齐县	533	—	—	—	—
克拉玛依市	504	—	2000	—	—
吐鲁番市	4733	—	4000	1600	6
高昌区	1033	—	667	1600	—
鄯善县	1267	—	2000	—	—
托克逊县	2433	—	1333	—	6
哈密市	1166	—	2927	—	—
伊州区	200	—	1060	—	—
巴里坤哈萨克自治县	560	—	—	—	—
伊吾县	406	—	1867	—	—
昌吉回族自治州	27567	54	5066	—	—
昌吉市	2666	—	533	—	—
阜康市	7667	—	1333	—	—
阜康国有林管理局	27	54	—	—	—
国家农业科技园区	667	—	—	—	—
准东经济技术开发区	333	—	—	—	—
呼图壁县	866	—	2000	—	—
玛纳斯县	5533	—	—	—	—
奇台县	5275	—	—	—	—
吉木萨尔县	3533	—	533	—	—
木垒哈萨克自治县	1000	—	667	—	—
博尔塔拉蒙古自治州	1748	—	1467	200	54
博乐市	933	—	667	—	18
阿拉山口市	149	—	467	200	—
精河县	333	—	—	—	36
温泉县	333	—	333	—	—
巴音郭楞蒙古自治州	6510	20	6934	—	21
库尔勒市	1333	—	—	—	—
轮台县	933	—	1500	—	—
尉犁县	1800	—	2167	—	—

分县造林完成情况

单位:公顷

地 区	人工造林	飞播造林	新封山育林	退化林修复	人工更新
若羌县	1000	—	—	—	—
且末县	622	—	—	—	—
焉耆回族自治县	326	—	—	—	—
和硕县	407	—	2667	—	—
博湖县	79	—	600	—	21
巴州巩乃斯国有林管理局	10	20	—	—	—
阿克苏地区	**30340**	**67**	**22706**	**3333**	**—**
阿克苏市	7400	—	3000	—	—
托木尔峰国家级自然保护区管理局	3	34	—	—	—
温宿县	2733	—	1906	1333	—
库车县	2537	33	5333	—	—
沙雅县	1867	—	5000	667	—
新和县	1200	—	3667	1333	—
拜城县	800	—	1000	—	—
乌什县	11386	—	—	—	—
阿瓦提县	2347	—	2133	—	—
柯坪县	67	—	667	—	—
克孜勒苏柯尔克孜自治州	**2936**	**53**	**1780**	—	—
阿图什市	666	—	1780	—	—
克州奥依塔克林场	27	53	—	—	—
阿克陶县	1043	—	—	—	—
阿合奇县	800	—	—	—	—
乌恰县	400	—	—	—	—
喀什地区	**24823**	**53**	**—**	**—**	**29**
喀什市	600	—	—	—	—
昆仑山国有林管理局	—	53	—	—	—
疏附县	2000	—	—	—	—
疏勒县	600	—	—	—	—
英吉沙县	2667	—	—	—	—
泽普县	1067	—	—	—	—
莎车县	3024	—	—	—	29
叶城县	2333	—	—	—	—
麦盖提县	8400	—	—	—	—
岳普湖县	1400	—	—	—	—
伽师县	1933	—	—	—	—
巴楚县	533	—	—	—	—
塔什库尔干塔吉克自治县	266	—	—	—	—
和田地区	**10115**	**—**	**13400**	**6065**	**38**
和田市	1000	—	—	—	13
和田县	1200	—	—	1866	—
墨玉县	1600	—	4000	—	1
皮山县	1067	—	—	1333	3
洛浦县	667	—	4000	667	—
策勒县	3000	—	2000	1866	21
于田县	1519	—	3400	—	—
民丰县	62	—	—	333	—

分县造林完成情况

单位:公顷

地 区	人工造林	飞播造林	新封山育林	退化林修复	人工更新
伊犁哈萨克自治州	**6623**	—	**5334**	—	**215**
新源国有林管理局	133	—	—	—	—
伊宁市	333	—	—	—	15
奎屯市	180	—	—	—	—
霍尔果斯市	416	—	333	—	—
伊宁县	933	—	—	—	97
察布查尔锡伯自治县	1173	—	1000	—	8
霍城县	400	—	467	—	—
巩留县	340	—	1200	—	10
新源县	602	—	667	—	32
昭苏县	333	—	1667	—	—
特克斯县	980	—	—	—	6
尼勒克县	800	—	—	—	47
塔城地区	**585**	**800**	**4400**	—	—
塔城市	67	—	1200	—	—
乌苏市	—	—	667	—	—
额敏县	—	—	667	—	—
沙湾县	385	—	—	—	—
托里县	—	—	933	—	—
裕民县	133	800	933	—	—
阿勒泰地区	**3675**	**267**	**6065**	—	—
阿勒泰市	404	—	1467	—	—
布尔津县	1645	—	133	—	—
富蕴县	303	—	333	—	—
福海县	399	—	1267	—	—
哈巴河县	564	—	333	—	—
青河县	120	—	866	—	—
吉木乃县	240	—	1666	—	—
喀纳斯自然保护区管理局	—	267	—	—	—
区直单位	**66**	**3695**	**11333**	—	—
天山西部国有林管理局	—	1788	—	—	—
阿尔泰山国有林管理局	—	1040	—	—	—
新疆农业大学实习林场	33	—	—	—	—
天山东部国有林管理局	33	867	11333	—	—
新疆生产建设兵团	**10462**	—	**2266**	**1570**	**1089**
第一师	**1836**	—	—	**5**	**22**
2团	41	—	—	—	—
3团	40	—	—	—	—
4团	266	—	—	—	—
6团	15	—	—	5	22
7团	74	—	—	—	—
8团	173	—	—	—	—
9团	80	—	—	—	—
10团	40	—	—	—	—
11团	940	—	—	—	—
12团	40	—	—	—	—

分县造林完成情况

单位:公顷

地 区	人工造林	飞播造林	新封山育林	退化林修复	人工更新
13 团	40	—	—	—	—
14 团	47	—	—	—	—
16 团	40	—	—	—	—
第二师	**358**	**—**	**—**	**54**	**16**
21 团	27	—	—	—	—
22 团	11	—	—	—	—
24 团	7	—	—	—	—
25 团	17	—	—	2	—
27 团	11	—	—	12	—
30 团	67	—	—	—	—
33 团	3	—	—	—	—
34 团	3	—	—	7	—
37 团	—	—	—	33	16
38 团	182	—	—	—	—
223 团	30	—	—	—	—
第三师	**776**	**—**	**—**	**—**	**—**
42 团	55	—	—	—	—
44 团	3	—	—	—	—
45 团	28	—	—	—	—
46 团	200	—	—	—	—
49 团	53	—	—	—	—
51 团	100	—	—	—	—
53 团	11	—	—	—	—
伽师总场	44	—	—	—	—
托云牧场	2	—	—	—	—
莎车农场	280	—	—	—	—
第四师	**1605**	**—**	**—**	**—**	**88**
36 团	68	—	—	—	—
61 团	60	—	—	—	—
62 团	71	—	—	—	—
63 团	26	—	—	—	19
64 团	67	—	—	—	—
66 团	415	—	—	—	—
67 团	236	—	—	—	38
68 团	25	—	—	—	—
69 团	7	—	—	—	27
70 团	—	—	—	—	4
71 团	7	—	—	—	—
72 团	24	—	—	—	—
73 团	500	—	—	—	—
74 团	13	—	—	—	—
75 团	3	—	—	—	—
76 团	23	—	—	—	—
77 团	10	—	—	—	—
78 团	33	—	—	—	—
79 团	17	—	—	—	—

分县造林完成情况

单位:公顷

地 区	人工造林	飞播造林	新封山育林	退化林修复	人工更新
第五师	**141**	—	—	—	**92**
81 团	44	—	—	—	9
83 团	1	—	—	—	26
84 团	38	—	—	—	2
86 团	25	—	—	—	5
87 团	12	—	—	—	2
88 团	—	—	—	—	23
89 团	—	—	—	—	25
91 团	21	—	—	—	—
第六师	**1378**	—	**666**	—	—
101 团	3	—	—	—	—
102 团	413	—	133	—	—
103 团	34	—	—	—	—
105 团	3	—	—	—	—
106 团	7	—	—	—	—
新湖农场	313	—	200	—	—
芳草湖农场	366	—	100	—	—
红旗农场	180	—	233	—	—
军户农场	4	—	—	—	—
共青团农场	7	—	—	—	—
六运湖农场	7	—	—	—	—
土墩子农场	7	—	—	—	—
奇台农场	34	—	—	—	—
第七师	**1242**	—	—	—	—
123 团	153	—	—	—	—
124 团	33	—	—	—	—
125 团	439	—	—	—	—
126 团	106	—	—	—	—
127 团	106	—	—	—	—
128 团	186	—	—	—	—
129 团	119	—	—	—	—
奎管处	100	—	—	—	—
第八师	**1156**	—	—	**1101**	**210**
121 团	140	—	—	113	—
133 团	127	—	—	67	10
134 团	85	—	—	428	10
136 团	47	—	—	56	30
141 团	80	—	—	67	78
142 团	120	—	—	64	—
143 团	93	—	—	—	7
144 团	27	—	—	67	—
石河子总场	93	—	—	66	—
147 团	60	—	—	67	10
148 团	47	—	—	56	—
149 团	60	—	—	50	—
150 团	67	—	—	—	65

分县造林完成情况

单位:公顷

地 区	人工造林	飞播造林	新封山育林	退化林修复	人工更新
152 团	7	—	—	—	—
石河子市	103	—	—	—	—
第九师	**161**	**—**	**—**	**—**	**36**
161 团	3	—	—	—	—
162 团	3	—	—	—	—
163 团	23	—	—	—	9
164 团	3	—	—	—	13
165 团	7	—	—	—	—
166 团	39	—	—	—	—
167 团	48	—	—	—	14
168 团	20	—	—	—	—
170 团	7	—	—	—	—
团结农场	8	—	—	—	—
第十师	**163**	**—**	**—**	**245**	**2**
182 团	9	—	—	—	—
183 团	53	—	—	—	—
184 团	33	—	—	—	—
185 团	20	—	—	—	—
186 团	4	—	—	—	2
187 团	27	—	—	34	—
188 团	17	—	—	211	—
第十一师	**880**	**—**	**—**	**—**	**—**
5 团	880	—	—	—	—
第十二师	**227**	**—**	**—**	**—**	**—**
头屯河农场	10	—	—	—	—
三坪农场	12	—	—	—	—
104 团	36	—	—	—	—
五一农场	10	—	—	—	—
西山农场	40	—	—	—	—
211 团	20	—	—	—	—
222 团	40	—	—	—	—
47 团	59	—	—	—	—
第十三师	**51**	**—**	**1600**	**—**	**46**
红星 1 场	4	—	—	—	2
红星 2 场	3	—	—	—	—
红星 4 场	35	—	1600	—	30
黄田农场	—	—	—	—	3
火箭农场	1	—	—	—	4
柳树泉农场	—	—	—	—	3
淖毛湖农场	8	—	—	—	4
第十四师	**488**	**—**	**—**	**165**	**577**
皮山农场	108	—	—	165	577
一牧场	50	—	—	—	—
224 团	293	—	—	—	—
225 团	37	—	—	—	—
大兴安岭	**2667**	**—**	**—**	**20867**	**—**

附录五

全国历年主要统计指标完成情况

ANNEX V

中国林业和草原统计年鉴 2018

全国历年

年 份	人工造林	飞播造林	新封山育林	更新造林	森林抚育
1949~1952	170.73			2.25	
1953	111.29			1.65	
1954	116.62			3.88	
1955	171.05			3.92	
1956	572.33			9.41	
1957	435.51			5.58	
1958	609.87			39.11	
1959	544.27	0.70		56.03	
1960	413.69	0.70		48.37	
1961	143.23	0.90		15.71	
1962	118.87	1.00		10.63	
1963	151.60	1.41		18.30	
1964	289.32	1.81		20.65	
1965	340.32	2.21		23.89	
1966	435.18	18.15		32.10	
1967	354.10	36.30		30.30	
1968	285.88	55.45		24.00	
1969	275.33	72.60		23.30	
1970	297.65	90.75		32.50	
1971	340.44	112.07		30.75	
1972	347.33	116.24		31.90	
1973	392.55	105.74		35.67	
1974	411.47	88.77		36.20	
1975	443.77	53.61		42.20	
1976	432.31	60.27		42.08	
1977	421.85	57.47		41.64	
1978	412.57	37.06		45.84	
1979	391.03	57.90		40.93	
1980	394.00	61.20		42.19	
1981	368.10	42.91		44.26	
1982	411.58	37.98		43.88	
1983	560.31	72.13		50.88	
1984	729.07	96.29		55.20	
1985	694.88	138.80		63.83	
1986	415.82	111.58		57.74	
1987	420.73	120.69		70.35	
1988	457.48	95.85		63.69	
1989	410.95	91.38		71.91	
1990	435.33	85.51		67.15	

注：1. 1985年以前，造林成活率达到40%即统计造林面积，以后为达到85%以上统计。
2. 本表自2015年新封山育林面积包含有林地和灌木林地封育，飞播造林面积包含飞播营林。
3. 森林抚育面积特指中、幼龄林抚育。

营造林面积

单位:万公顷

年 份	人工造林	飞播造林	新封山育林	更新造林	森林抚育
1991	475.18	84.27		66.41	262.27
1992	508.37	94.67		67.36	262.68
1993	504.44	85.90		73.92	297.59
1994	519.02	80.24		72.27	328.75
1995	462.94	58.53		75.10	366.60
1996	431.50	60.44		79.48	418.76
1997	373.78	61.72		79.84	432.04
1998	408.60	72.51		80.63	441.30
1999	427.69	62.39		104.28	612.01
2000	434.50	76.01		91.98	501.30
2001	397.73	97.57		51.53	457.44
2002	689.60	87.49		37.90	481.68
2003	843.25	68.64		28.60	457.77
2004	501.89	57.92		31.93	527.15
2005	322.13	41.64		40.75	501.06
2006	244.61	27.18	112.09	40.82	550.96
2007	273.85	11.87	105.05	39.09	649.76
2008	368.43	15.41	151.54	42.40	623.53
2009	415.63	22.63	187.97	34.43	636.26
2010	387.28	19.59	184.12	30.67	666.17
2011	406.57	19.69	173.40	32.66	733.45
2012	382.07	13.64	163.87	30.51	766.17
2013	420.97	15.44	173.60	30.31	784.72
2014	405.29	10.81	138.86	29.25	901.96
2015	436.18	12.84	215.29	29.96	781.26
2016	382.37	16.23	195.36	27.28	850.04
2017	429.59	14.12	165.72	30.54	885.64
2018	367.80	13.54	178.51	37.19	867.60
1949~1990	14728.44	1925.44		1379.90	
1991~1995	2469.95	403.61		355.06	1517.89
1996~2000	2076.06	333.06		436.21	2405.41
2001~2005	2754.60	353.26		190.71	2425.10
2006~2010	1689.80	96.68	740.77	187.41	3126.69
2011~2015	2051.08	72.42	865.02	152.68	3967.56
2016~2018	1179.75	43.90	539.59	95.01	2603.28
1949~2018	26949.67	3228.37	2145.37	2796.98	16045.93

全国历年林业重点

年 份	合 计	天然林资源保护工程	退耕还林工程 小计	其中:退耕地造林	京津风沙源治理工程	小 计
1979~1985 年	1010.98					1010.98
"七五"小计	589.93					589.93
"八五"小计	1186.04				44.12	1141.92
1996 年	248.17				16.50	231.67
1997 年	244.94				21.60	223.35
1998 年	271.80	29.04			23.16	219.60
1999 年	316.95	47.76	44.79	38.15	21.16	203.25
2000 年	309.90	42.64	68.36	32.84	28.03	170.88
"九五"小计	1391.76	119.43	113.15	70.99	110.43	1048.75
2001 年	307.13	94.81	87.10	38.61	21.73	103.49
2002 年	673.17	85.61	442.36	203.98	67.64	77.56
2003 年	824.24	68.83	619.61	308.59	82.44	53.35
2004 年	478.06	64.15	321.75	82.49	47.33	44.83
2005 年	309.96	42.48	189.84	66.74	40.82	36.82
"十五"小计	2592.56	355.87	1660.66	700.41	259.96	316.06
2006 年	280.17	77.48	105.05	21.85	40.95	56.68
2007 年	267.83	73.29	105.60	5.95	31.51	57.42
2008 年	343.35	100.90	118.97	0.22	46.90	76.58
2009 年	457.55	136.09	88.67	0.07	43.48	189.31
2010 年	366.79	88.55	98.26	0.03	43.91	136.06
"十一五"小计	1715.68	476.31	516.55	28.12	206.77	516.05
2011 年	309.30	55.36	73.02	0.01	54.52	126.40
2012 年	275.39	48.52	65.53		54.17	107.18
2013 年	256.90	46.03	62.89		62.61	85.36
2014 年	192.69	41.05	37.86	0.01	23.91	89.87
2015 年	284.05	64.48	63.60	44.63	22.33	133.64
"十二五"小计	1318.32	255.44	302.90	44.64	217.53	542.46
2016 年	250.55	48.73	68.33	55.85	23.00	110.50
2017 年	299.12	39.03	121.33	121.33	20.72	94.79
2018 年	244.31	40.06	72.35	71.98	17.78	89.39
总 计	10599.25	1334.86	2855.28	1093.32	900.31	5460.82

注:1. 京津风沙源治理工程 1993~2000 年数据为原全国防沙治沙工程数据;
2. 自 2006 年起将无林地和疏林地封育面积计入造林总面积,2015 年起将有林地和灌木林地封育计入造林总面积;
3. 2016 年三北及长江流域等重点防护林体系工程造林面积包括林业血防工程 3.67 万公顷造林面积。2017 年林业重公顷,三北及长江流域等重点防护林体系工程造林面积包括林业血防工程 0.55 万公顷造林面积。

生态工程完成造林面积

单位:万公顷

	三北及长江流域等重点防护林体系工程				
三北防护林工程	长江流域防护林工程	沿海防护林工程	珠江流域防护林工程	太行山绿化工程	平原绿化工程
1010.98					
517.49	36.99			35.46	
617.44	270.17	84.67		151.86	17.78
134.23	46.40	7.22		40.25	3.59
126.61	44.78	6.35	5.67	36.63	3.31
124.40	44.86	6.03	3.99	34.37	5.96
124.54	36.98	4.45	3.21	29.34	4.73
105.32	20.69	5.69	3.07	29.85	6.26
615.09	193.71	29.73	15.93	170.44	23.84
54.17	16.27	9.09	2.71	14.13	7.13
45.38	11.03	5.57	4.66	7.62	3.32
27.53	10.88	3.86	4.47	5.00	1.62
23.23	11.33	3.02	3.18	3.09	0.98
21.79	6.59	2.27	3.07	2.85	0.25
172.10	56.10	23.80	18.07	32.69	13.29
32.68	7.87	1.70	2.88	11.47	0.09
38.15	7.64	2.39	1.74	7.39	0.11
49.79	7.23	7.42	3.70	8.03	0.41
125.59	22.21	21.22	8.21	11.92	0.17
92.82	11.88	17.32	6.68	6.92	0.43
339.04	56.83	50.05	23.21	45.73	1.20
73.78	20.48	20.99	7.23	3.66	0.26
67.87	15.79	14.54	5.16	3.81	
51.86	13.04	11.86	4.40	3.57	0.64
59.63	10.74	9.69	2.69	4.92	2.19
76.60	23.72	18.85	9.66	4.81	
329.74	83.78	75.92	29.14	20.77	3.10
64.85	21.78	10.87	5.73	3.59	
62.64	17.40	6.81	4.80	3.14	
57.85	20.65	4.45	2.55	3.89	
3787.23	757.40	286.30	99.43	467.58	59.22

点工程造林面积合计包括石漠化治理工程23.25万公顷。2018年林业重点工程造林面积合计包括石漠化治理工程24.73万

全国历年林业重点生态工程实际

年 份	指标名称	合计	天然林资源保护工程	退耕还林工程	京津风沙源治理工程	小 计
1979~1995年	实际完成投资	417515			17432	400083
	其中:国家投资	196633			8501	188132
1996年	实际完成投资	140461			15741	124720
	其中:国家投资	51939			4506	47433
1997年	实际完成投资	186106			33782	152324
	其中:国家投资	64741			12247	52494
1998年	实际完成投资	441717	227761		37741	176215
	其中:国家投资	280338	206365		10176	63797
1999年	实际完成投资	713818	409225	33595	35477	235521
	其中:国家投资	501534	351309	33595	8198	108432
2000年	实际完成投资	1106412	608414	154075	43102	300821
	其中:国家投资	881704	582886	146623	15655	136540
"九五"小计	实际完成投资	2588514	1245400	187670	165843	989601
	其中:国家投资	1780256	1140560	180218	50782	408696
2001年	实际完成投资	1771124	949319	314547	183275	303066
	其中:国家投资	1353311	887717	248459	59283	145743
2002年	实际完成投资	2519018	933712	1106096	123238	316711
	其中:国家投资	2249185	881617	1061504	120022	157582
2003年	实际完成投资	3307863	679020	2085573	258781	232083
	其中:国家投资	2977684	650304	1926019	239513	136239
2004年	实际完成投资	3489682	681985	2142905	267666	352661
	其中:国家投资	2981364	640983	1920609	261857	135782
2005年	实际完成投资	3600892	620148	2404111	332625	192556
	其中:国家投资	3211855	584777	2185928	325408	91292
"十五"小计	实际完成投资	14688579	3864184	8053232	1165585	1397077
	其中:国家投资	12773399	3645398	7342519	1006083	666638
2006年	实际完成投资	3527084	643750	2321449	327666	179501
	其中:国家投资	3254930	604120	2224633	310029	85398
2007年	实际完成投资	3470969	820496	2084085	320929	165879
	其中:国家投资	3027545	666496	1915544	298768	91273

完成投资及国家投资情况（一）

单位：万元

三北及长江流域等重点防护林体系工程						野生动植物保护及自然保护区建设工程
三北防护林工程	长江流域防护林工程	沿海防护林工程	珠江流域防护林工程	太行山绿化工程	平原绿化工程	
231652	77939	41990		32622	15880	
132779	27148	10930		8780	8495	
71169	23114	16548		7371	6518	
30802	7455	2531		2085	4560	
80567	21095	12653	16430	12247	9332	
34704	7196	2198	502	2853	5041	
90289	27774	21029	12060	11970	13093	
37206	11154	3340	1557	5411	5129	
118754	31384	22897	16463	24232	21791	
57383	16345	5717	2775	14195	12017	
143682	31273	31551	14392	23781	56142	
71602	18427	13768	6831	13327	12585	
504461	134640	104678	59345	79601	106876	
231697	60577	27554	11665	37871	39332	
102468	53406	40026	10678	16169	80319	20917
56163	22736	14425	6499	8832	37088	12109
139272	45837	41164	17657	17151	55630	39261
66512	27942	13839	15481	10920	22888	28460
85437	41442	29155	13136	10436	52477	52406
49105	27758	20127	11083	8097	20069	25609
86645	109028	51946	11922	13048	80072	44465
44014	26017	29705	9797	11268	14981	22133
85231	53607	23029	9134	14620	6936	51452
41252	12808	19704	7039	10095	394	24450
499053	303320	185320	62527	71423	275434	208501
257046	117261	97800	49899	49212	95420	112761
84328	24386	42553	6509	13949	7776	54718
38539	8262	20637	4647	13108	205	30750
94026	13912	37819	3994	13213	2915	79580
48202	9964	23290	2811	6541	465	55464

全国历年林业重点生态工程实际

年 份	指标名称	合计	天然林资源保护工程	退耕还林工程	京津风沙源治理工程	小 计
2008 年	实际完成投资	4193747	973000	2489727	323871	337349
	其中:国家投资	3625728	923500	2210195	310795	139275
2009 年	实际完成投资	5075170	817253	3217569	403175	557076
	其中:国家投资	4179436	688199	2886310	355377	209602
2010 年	实际完成投资	4711990	731299	2927290	382406	570888
	其中:国家投资	3616315	591086	2499773	329166	138550
"十一五"小计	实际完成投资	20978960	3985798	13040120	1758047	1810693
	其中:国家投资	17703954	3473401	11736455	1604135	664098
2011 年	实际完成投资	5319584	1826744	2463373	250395	664819
	其中:国家投资	4342817	1696826	1949855	223978	394431
2012 年	实际完成投资	5283825	2186318	1977649	356646	630274
	其中:国家投资	4050116	1710230	1545329	321863	380467
2013 年	实际完成投资	5361512	2301529	1962668	378669	569772
	其中:国家投资	4378163	2020503	1557260	357304	354732
2014 年	实际完成投资	6659502	2610936	2230905	106583	1512854
	其中:国家投资	5448154	2204105	1916113	81217	1098931
2015 年	实际完成投资	7056599	2983638	2752809	111595	954103
	其中:国家投资	6299919	2838326	2520733	107268	637340
"十二五"小计	实际完成投资	29681022	11909165	11387404	1203888	4331822
	其中:国家投资	24519169	10469990	9489290	1091630	2865901
2016 年	实际完成投资	6754068	3400322	2366719	152729	678829
	其中:国家投资	6304925	3334513	2149296	141944	533251
2017 年	实际完成投资	7180115	3763641	2221446	174385	676739
	其中:国家投资	6702046	3615667	2055317	158962	546891
2018 年	实际完成投资	7171963	3956762	2254055	123900	575427
	其中:国家投资	6721782	3870733	2048106	112997	441992
总 计	实际完成投资	89460736	32125272	39510646	4761809	10860271
	其中:国家投资	76702164	29550262	35001201	4175034	6315599

注:2016 年三北及长江流域等重点防护林体系工程投资包括林业血防工程 17507 万元,其中国家投资 14887 万元。2017 漠化治理工程 107522 万元,其中国家投资 104297 万元;三北及长江流域等重点防护林体系工程投资包括林业血防工程 2438

完成投资及国家投资情况(二)

单位:万元

三北及长江流域等重点防护林体系工程						野生动植物保护及自然保护区建设工程
三北防护林工程	长江流域防护林工程	沿海防护林工程	珠江流域防护林工程	太行山绿化工程	平原绿化工程	
184078	34916	94009	7142	16804	400	69800
99184	13119	18429	4043	4275	225	41963
270310	101057	140019	23828	21663	199	80097
133198	27000	35953	8979	4422	50	39948
284589	49422	192579	27177	16471	650	100107
68632	19557	33802	12519	4000	40	57740
917331	**223693**	**506979**	**68650**	**82100**	**11940**	**384302**
387755	**77902**	**132111**	**32999**	**32346**	**985**	**225865**
322215	98832	200344	26204	12948	4276	114253
208105	42627	117478	14984	11167	70	77727
325088	99667	165824	25796	13899		132938
210938	40869	96239	19977	12444		92227
274469	65806	178784	21154	17539	12020	148874
170664	33863	116389	11354	10442	12020	88364
406704	98569	278075	21229	13196	695081	198224
253193	33154	140431	14930	12664	644559	147788
551846	103717	247150	31420	19970		254454
370283	85227	138168	23913	19749		196252
1880322	**466591**	**1070177**	**125803**	**77552**	**711377**	**848743**
1213183	**235740**	**608705**	**85158**	**66466**	**656649**	**602358**
355827	96009	145345	38195	25946		155469
322104	83955	66275	20084	25946		145921
397780	129902	95172	31473	22412		254075
294678	120732	88841	20611	22029		236685
347045	123383	62467	19310	20784	2438	154297
272132	106295	27613	13705	20215	2032	143657
5133471	**1555477**	**2212128**	**405303**	**412441**	**1123945**	**2005387**
3111374	**829610**	**1059829**	**234121**	**262865**	**802913**	**1467247**

年林业重点工程投资合计包括石漠化治理工程 89829 万元,其中国家投资 88524 万元。2018 年林业重点工程投资合计包括石 万元,其中国家投资 2032 万元。

全国历年木材、竹材及木材加工、林产化学主要产品产量

时期	木材 (万立方米)	竹材 (万根)	锯材 (万立方米)	人造板(万立方米) 总计	其中 胶合板	纤维板	刨花板	木竹地板 (万平方米)	松香 (吨)
1949~1977年	90947.00	210405	26285.10	500.06	324.28	143.10	32.68		3884994
1978年	5162.30	11181	1105.50	62.45	25.22	32.88	4.36		282027
1979年	5438.93	10507	1271.40	77.46	29.24	42.93	5.29		297034
1980年	5359.31	9621	1368.70	91.43	32.99	50.62	7.82		327283
1981年	4942.31	8656	1301.06	99.61	35.11	56.83	7.67		406214
1982年	5041.25	10183	1360.85	116.67	39.41	66.99	10.27		400784
1983年	5232.32	9601	1394.48	138.95	45.48	73.45	12.74		246916
1984年	6384.81	9117	1508.59	151.38	48.97	73.59	16.48		307993
1985年	6323.44	5641	1590.76	165.93	53.87	89.50	18.21		255736
"六五"时期	27924.13	43198	7155.74	672.54	222.84	360.36	65.37		1617643
1986年	6502.42	7716	1505.20	189.44	61.08	102.70	21.03		293500
1987年	6407.86	11855	1471.91	247.66	77.63	120.65	37.78		395692
1988年	6217.60	26211	1468.40	289.88	82.69	148.41	48.31		376482
1989年	5801.80	15238	1393.30	270.56	72.78	144.27	44.20		409463
1990年	5571.00	18714	1284.90	244.60	75.87	117.24	42.80		344003
"七五"时期	30500.68	79734	7123.71	1242.14	370.05	633.27	194.12		1819140
1991年	5807.30	29173	1141.50	296.01	105.40	117.43	61.38		343300
1992年	6173.60	40430	1118.70	428.90	156.47	144.45	115.85		419503
1993年	6392.20	43356	1401.30	579.79	212.45	180.97	157.13		503681
1994年	6615.10	50430	1294.30	664.72	260.62	193.03	168.20		437269
1995年	6766.90	44792	4183.80	1684.60	759.26	216.40	435.10		481264
"八五"时期	31755.10	208181	9139.60	3654.02	1494.20	852.28	937.66		2185017
1996年	6710.27	42175	2442.40	1203.26	490.32	205.50	338.28	2293.70	501221
1997年	6394.79	44921	2012.40	1648.48	758.45	275.92	360.44	1894.39	675758
1998年	5966.20	69253	1787.60	1056.33	446.52	219.51	266.30	2643.17	416016
1999年	5236.80	53921	1585.94	1503.05	727.64	390.59	240.96	3204.58	434528
2000年	4723.97	56183	634.44	2001.66	992.54	514.43	286.77	3319.25	386760
"九五"时期	29032.03	266453	8462.78	7412.78	3415.47	1605.95	1492.75	13355.09	2414283
2001年	4552.03	58146	763.83	2111.27	904.51	570.11	344.53	4849.06	377793
2002年	4436.07	66811	851.61	2930.18	1135.21	767.42	369.31	4976.99	395273
2003年	4758.87	96867	1126.87	4553.36	2102.35	1128.33	547.41	8642.46	443306
2004年	5197.33	109846	1532.54	5446.49	2098.62	1560.46	642.20	12300.47	485863
2005年	5560.31	115174	1790.29	6392.89	2514.97	2060.56	576.08	17322.79	606594
"十五"时期	24504.61	446844	6065.13	21434.19	8755.66	6086.88	2480.25	48091.77	2308829
2006年	6611.78	131176	2486.46	7428.56	2728.78	2466.60	843.26	23398.99	915364
2007年	6976.65	139761	2829.10	8838.58	3561.56	2729.85	829.07	34343.25	1183556
2008年	8108.34	126220	2840.95	9409.95	3540.86	2906.56	1142.23	37689.43	1067293
2009年	7068.29	135650	3229.77	11546.65	4451.24	3488.56	1431.00	37753.20	1117030
2010年	8089.62	143008	3722.63	15360.83	7139.66	4354.54	1264.20	47917.15	1332798
"十一五"时期	36854.68	675814	15108.92	52584.57	21422.11	15946.12	5509.76	181102.03	5616041
2011年	8145.92	153929	4460.25	20919.29	9869.63	5562.12	2559.39	62908.25	1413041
2012年	8174.87	164412	5568.19	22335.79	10981.17	5800.35	2349.55	60430.54	1409995
2013年	8438.50	187685	6297.60	25559.91	13725.19	6402.10	1884.95	68925.68	1642308
2014年	8233.30	222440	6836.98	27371.79	14970.03	6462.63	2087.53	76022.40	1700727
2015年	7218.21	235466	7430.38	28679.52	16546.25	6618.53	2030.19	77355.85	1742521
"十二五"时期	40210.79	963932	30593.39	124866.30	66092.26	30845.74	10911.62	345642.72	7908592
2016年	7775.87	250630	7716.14	30042.22	17755.62	6651.22	2650.10	83798.66	1838691
2017年	8398.17	272013	8602.37	29485.87	17195.21	6297.00	2777.77	82568.31	1664982
2018年	8810.86	315517	8361.83	29909.29	17898.33	6168.05	2731.53	78897.76	1421382
总计	352674.47	3764030.24	138360.31	302035.33	155033.48	75716.40	29801.07	833456.33	33585938

注:自2006年起松香产量包括深加工产品。

全国历年林业投资完成情况

单位:万元

年 份	林业投资完成额	其中:国家投资
1950~1977 年	**1453357**	**1105740**
1978 年	108360	65604
1979 年	141326	91364
1980 年	144954	68481
1981 年	140752	64928
1982 年	168725	70986
1983 年	164399	77364
1984 年	180111	85604
1985 年	183303	81277
"六五"时期	**837291**	**380159**
1986 年	231994	83613
1987 年	247834	97348
1988 年	261413	91504
1989 年	237553	90604
1990 年	246131	107246
"七五"时期	**1224925**	**470315**
1991 年	272236	134816
1992 年	329800	138679
1993 年	409238	142025
1994 年	476997	141198
1995 年	563972	198678
"八五"时期	**2052243**	**755396**
1996 年	638626	200898
1997 年	741802	198908
1998 年	874648	374386
1999 年	1084077	594921
2000 年	1677712	1130715
"九五"时期	**5016865**	**2499828**
2001 年	2095636	1551602
2002 年	3152374	2538071
2003 年	4072782	3137514
2004 年	4118669	3226063
2005 年	4593443	3528122
"十五"时期	**18032904**	**13981372**
2006 年	4957918	3715114
2007 年	6457517	4486119
2008 年	9872422	5083432
2009 年	13513349	7104764
2010 年	15533217	7452396
"十一五"时期	**50334423**	**27841825**
2011 年	26326068	11065990
2012 年	33420880	12454012
2013 年	37822690	13942080
2014 年	43255140	16314880
2015 年	42901420	16298683
"十二五"时期	**183726198**	**70075645**
2016 年	45095738	21517308
2017 年	48002639	22592278
2018 年	48171343	24324902
总 计	**404342565**	**185770217**

附录六

2009~2018年主要林产品进出口情况

ANNEX VI

中国林业和草原统计年鉴 2018

2009~2018年主要林产

产品			2009年	2010年	2011年	2012年
总计		出口	36316317	46316686	55033714	58690787
		进口	33902486	47506554	65299100	61948082
原木	针叶原木	出口	274	51	38	1724
		进口	2234430	3240796	4864608	7250935
	阔叶原木	出口	4306	10475	6730	—
		进口	1852088	2830298	3408524	3760576
	合计	出口	4580	10526	6768	1724
		进口	4086518	6071094	8273132	3490359
锯材		出口	346344	342001	360493	331346
		进口	2327863	3878172	5721322	5524195
单板		出口	172678	210865	273559	234420
		进口	63736	88064	118568	135155
特形材		出口	371345	433189	377244	359769
		进口	15547	19708	29668	30988
刨花板		出口	32712	41387	56411	66454
		进口	88913	114283	122232	116921
纤维板		出口	884401	1114253	1435693	1613657
		进口	119570	124654	107114	93740
胶合板		出口	2523949	3402140	4339929	4795625
		进口	89042	116042	119681	119546
木制品		出口	3324597	4114612	4536235	4854951
		进口	84081	121953	156709	274723
家具		出口	12035202	16157214	17118709	18331201
		进口	297671	387711	546457	596047
木片		出口	887	558	726	30
		进口	353802	673817	1159600	1331814
木浆		出口	22351	11344	34119	12694
		进口	6795615	8774104	11852421	10904715
废纸		出口	48	119	616	691
		进口	3796054	5352897	6967452	6275973
纸和纸制品		出口	6129326	7554688	10454553	11800706
		进口	3879784	4610590	5055272	4600238
木炭		出口	26065	35748	39094	44428
		进口	17552	22952	44877	58017
松香		出口	181729	486750	593328	268287
		进口	6104	8830	8577	17549

品进出口金额(一)

单位:千美元

2013年	2014年	2015年	2016年	2017年	2018年
64454614	71412007	74262543	72676670	73405906	78491352
64088332	67605223	63603710	62425744	74983984	81872984
—	289	—	—	—	—
5114048	5440581	3657984	4111591	5138718	5785597
6656	7773	4140	29793	30155	23605
4203304	6341506	4402247	3973686	4781965	5199242
6656	8062	4140	29793	30155	23605
9317352	11782087	8060231	8085277	9920683	10984839
325737	298200	206795	194220	204445	180496
6829924	8088849	7506603	8137933	10067066	10132562
235983	276757	283714	280009	382999	481998
142005	183822	162113	157597	156892	192217
334364	355706	293881	234461	213652	189707
28193	35357	41178	51055	36828	45769
93181	136337	114107	120502	97400	106627
127891	141666	141018	184022	241020	242553
1523620	1630949	1425474	1228476	1146604	1118496
100575	110055	108396	125490	135017	141499
5033698	5813258	5487696	5275773	5097387	5425910
103104	131966	121126	138484	150851	155669
5160484	5932432	6457198	6308242	6289577	6086516
500161	715093	763723	771224	740539	666670
19440770	22091885	22854641	22209363	22692178	22933444
707904	888821	884025	961700	1183797	1256034
57	21	102	823	—	478
1554275	1545100	1693669	1912019	1897517	2263472
14008	12433	16818	17267	16600	20375
11316770	12004565	12701792	12196424	15266065	19513308
418	265	280	495	385	203
5930000	5347795	5283161	4988961	5874652	4294716
14232066	15859260	17097590	16403632	16733385	17599912
4373700	4308915	4046869	3945233	4981667	6203231
64472	89129	108964	101677	104079	80387
62857	62022	50057	46031	50264	87121
272145	296592	194439	104297	—	81774
47616	25367	40434	64510	—	84263

2009～2018年主要林产

产品			2009年	2010年	2011年	2012年
水果	柑橘属	出口	592697	615797	726457	971902
		进口	74224	106072	148576	150776
	鲜苹果	出口	713518	831627	914326	959913
		进口	54108	75932	115830	92578
	鲜梨	出口	220716	243263	285559	325154
		进口	23	75	1043	3793
	鲜葡萄	出口	85926	104943	162273	336036
		进口	172077	189471	324280	425205
	鲜猕猴桃	出口	33082	44719	2803	1592
		进口	1900	2571	81910	138843
	山竹果	出口	—	1	1	1
		进口	144383	147018	145837	196000
	鲜榴莲	出口	—	1	4	—
		进口	124373	149562	234304	399762
	鲜龙眼	出口	857	711	2451	2813
		进口	157334	193182	314287	395965
	鲜火龙果	出口	161	300	719	1093
		进口	94538	105305	200154	326473
坚果	核桃	出口	19849	24536	47654	54660
		进口	28502	48596	55204	73373
	板栗	出口	68208	73434	75865	85864
		进口	18108	22090	17893	26937
	松子仁	出口	142974	159277	153902	174671
		进口	7875	5619	21990	22467
	开心果	出口	5622	7334	10889	35959
		进口	77461	203136	116623	134940
干果	梅干及李干	出口	2311	3844	4943	6766
		进口	2865	4942	8274	9718
	龙眼干、肉	出口	1249	1742	1674	1868
		进口	88737	64630	86455	82020
	柿饼	出口	9098	13896	11100	16040
		进口	—	—	1	—
	红枣	出口	17399	17447	22611	26808
		进口	20	90	58	70
	葡萄干	出口	65311	69960	102067	73901
		进口	18340	23010	34943	41525
果汁	柑橘属果汁	出口	14218	16064	19946	11107
		进口	106311	109036	172899	153505
	苹果汁	出口	655526	747088	1081240	1142004
		进口	718	606	1087	1383
其他		出口	7640042	9459801	11782556	11746517
		进口	6718656	9727522	23016281	14830100

说明：
①资料来源：原始数据由海关总署提供。
②木浆中未包括从回收纸与纸板中提取的木浆。
③纸和纸制品中未包括回收纸和纸板及印刷品等。
④纸和纸制品出口按木纤维浆（原生木浆和废纸中的木浆）价值比例折算，各年的折算系数为：2009年取0.80；2010 0.93，2018年为0.92。
⑤以造纸工业纸浆消耗价值中原生木浆价值的比例将纸和纸制品出口额折算为木制林产品价值，各年的折算系数为：年为0.93；2017年为0.93；2018年为0.92。
⑥印刷品、手稿、打字稿等的进（出）口额＝进（出）口折算量×纸和纸制品的平均价格。

品进出口金额(二)

单位:千美元

2013年	2014年	2015年	2016年	2017年	2018年
1155959	1170064	1258434	1303841	1071605	1261167
166152	229953	267179	354846	552051	633489
1030074	1027619	1031232	1452932	1456372	1298926
67465	46278	146957	123220	115215	117385
361737	350656	442537	487011	—	530066
6041	10148	12935	13300	—	12671
268561	358756	761873	663604	735140	689676
514608	602607	586628	629772	590728	586352
3026	4646	4463	—	7061	9781
121626	195481	266718	145952	350104	411291
—	—	—	12932	28	30
231455	158470	238200	343079	147070	349401
—	—	—	—	3	6
543165	592625	567943	693302	552171	1095163
2158	3105	10187	8763	9936	8295
448088	328267	341923	270213	437722	365577
736	329	345	538	1781	6422
410163	529932	662882	381121	389512	396649
63087	71524	60735	30301	106052	149973
61000	62120	42335	31916	33817	34107
84255	82517	77858	76939	—	78469
24578	18360	10504	15222	—	19220
212315	234068	258135	272137	243249	184826
26953	53440	64841	88809	96659	30162
28830	13482	10306	9956	—	20762
80886	66195	75964	118898	—	352594
6479	4235	2294	2405	2096	2416
9745	4251	3267	6282	7722	11365
1535	1657	2392	1905	1713	2765
86062	56678	26565	60613	91308	125350
13476	14826	8830	11904	7764	7446
—	—	—	2	17	5
24638	28535	35320	37290	33361	35872
8	8	4	16	49	47
83392	74344	56891	62245	29387	45737
37881	37952	50952	55113	43633	52983
11209	10880	10914	9353	10808	9974
155367	153185	124160	115084	160369	191326
906622	638698	561250	546813	648227	621540
2269	3209	4454	4811	6438	5354
13455234	14525425	15122709	15176770	16032475	19173670
10756768	19280066	18504906	17208212	20706541	9833733

年为0.78；2011年为0.8；2012年为0.85；2013年为0.89；2014年为0.89；2015年为0.90；2016年为0.92；2017年为

2009年取0.81；2010年取0.79；2011年取0.81；2012年取0.86；2013年取0.89；2014年取0.89；2015年为0.91；2016

2009~2018年主要林产

产品		单位	2009年	2010年	2011年	20012年
原木	针叶原木 出口	立方米	851	174	41	—
	针叶原木 进口	立方米	20302606	24274023	31465280	26769151
	阔叶原木 出口	立方米	11885	28208	14339	3569
	阔叶原木 进口	立方米	7756655	10073466	10860568	11123565
	合计 出口	立方米	12736	28382	14380	3569
	合计 进口	立方米	28059261	34347489	42325848	37892716
锯材	出口	立方米	561106	539433	544194	479847
	进口	立方米	9935167	14812175	21606705	20669661
单板	出口	立方米	114327	158158	246914	205644
	进口	立方米	72327	109517	200231	342983
特形材	出口	吨	251560	302159	254144	247267
	进口	吨	7953	10513	13442	14108
刨花板	出口	立方米	124944	165527	86786	216685
	进口	立方米	446543	539368	547030	540749
纤维板	出口	立方米	2031141	2569456	3291031	3609069
	进口	立方米	452979	400071	306210	211524
胶合板	出口	立方米	5634800	7546940	9572461	10032149
	进口	立方米	179178	213672	188371	178781
木制品	出口	吨	1563994	1858712	1876915	1865571
	进口	吨	39734	43652	55484	198006
家具	出口	件	247470421	298327198	289157492	286991126
	进口	件	3298999	4361353	5497244	6368316
木片	出口	吨	7247	5342	5094	69
	进口	吨	2766012	4631704	6565328	7580364
木浆	出口	吨	35045	14433	31520	19504
	进口	吨	13578483	11299952	14354611	16380763
废纸	出口	吨	220	621	2853	2067
	进口	吨	27501707	24352214	27279353	30067145
纸和纸制品	出口	吨	4802753	5157993	5997827	6444274
	进口	吨	3495948	3536533	3477712	3254368
木炭	出口	吨	54922	63398	67463	64192
	进口	吨	156678	175518	188697	167655
松香	出口	吨	193291	249801	231148	167784
	进口	吨	2927	3589	2659	9918

品进出口数量（一）

2013 年	2014 年	2015 年	2016 年	2017 年	2018 年
—	2042	—	—	—	—
33163602	35839252	30059122	33665605	38236224	41612911
13128	9702	12070	94565	92491	72327
11995831	15355616	14509893	15059132	17162103	18072555
13128	11744	12070	94565	92491	72327
45159433	51194868	44569015	48724737	55398327	59685466
458284	408970	288288	262053	285640	255670
24042966	25739161	26597691	31526379	37402136	36642861
204347	255744	265447	246424	335140	428288
599518	986173	998698	880574	738810	958718
225281	212089	176867	162298	148973	132838
11818	16072	21624	27295	18896	28971
271316	372733	254430	288177	305917	353440
586779	577962	638947	903089	1093961	1065331
3068658	3205530	3014850	2649206	2687649	2273630
226156	238661	220524	241021	229508	307631
10263412	11633086	10766786	11172980	10835369	11203381
154695	177765	165884	196145	185483	162996
1935606	2175183	2269553	2302459	2420625	2392503
445186	670641	760350	796138	753180	664333
287405234	316268837	327246688	332626587	367209974	386935434
7384560	9845973	10191956	11101311	11888758	12246952
69	42	85	5531	—	230
9157137	8850785	9818990	11569916	11401753	12836122
22759	18393	25441	27790	24417	24370
16781790	17893771	19791810	21019085	23652174	24419135
923	661	631	2142	1394	537
29236781	27518476	29283876	28498407	25717692	17025286
7622315	8520484	8358720	9422457	9313991	8563363
2971246	2945544	2986103	3091659	4874085	6404037
75550	80373	74075	68170	76533	60647
209273	219758	172780	159338	170718	298037
133136	122469	85322	58433	—	46950
30413	11343	23357	45857	—	69931

2009~2018年主要林产

产品		产品		2009年	2010年	2011年	2012年
水果	柑橘属	出口	吨	1113002	933089	901557	1082217
		进口	吨	91652	105275	131739	126154
	鲜苹果	出口	吨	1174191	1122953	1034635	975878
		进口	吨	54116	66882	77085	61505
	鲜梨	出口	吨	463159	437804	402778	409584
		进口	吨	13	13	527	2479
	鲜葡萄	出口	吨	100225	89359	106477	152292
		进口	吨	89775	81744	122909	168409
	鲜猕猴桃	出口	吨	26835	33162	1891	934
		进口	吨	1749	2041	43114	51979
	山竹果	出口	吨	—	1	4	1
		进口	吨	91719	90918	83573	101141
	鲜榴莲	出口	吨	—	4	11	—
		进口	吨	196147	172205	210938	286510
	鲜龙眼	出口	吨	945	1177	1704	1894
		进口	吨	256037	291336	338846	323328
	鲜火龙果	出口	吨	418	440	430	607
		进口	吨	195044	218355	339710	469245
坚果	核桃	出口	吨	10582	12086	17952	18024
		进口	吨	21102	25918	22837	27801
	板栗	出口	吨	46640	37002	37767	35081
		进口	吨	10820	11983	9197	10666
	松子仁	出口	吨	7862	7027	9633	11579
		进口	吨	935	503	2481	2279
	开心果	出口	吨	2469	3382	5178	11008
		进口	吨	21545	52781	24952	28039
干果	梅干及李干	出口	吨	551	954	1157	1522
		进口	吨	3034	5635	9065	8269
	龙眼干、肉	出口	吨	232	283	264	248
		进口	吨	133616	62036	77370	58551
	柿饼	出口	吨	5001	6505	4657	6080
		进口	吨	—	—	—	—
	红枣	出口	吨	8668	7686	6873	8522
		进口	吨	5	51	37	17
	葡萄干	出口	吨	41345	39850	47959	30633
		进口	吨	11743	13855	20624	22358
果汁	柑橘属果汁	出口	吨	20220	22563	20541	6102
		进口	吨	65108	71364	78156	61904
	苹果汁	出口	吨	799505	788409	613912	591633
		进口	吨	467	464	819	1034

说明：
①资料来源：原始数据由海关总署提供。
②表中数据体积与重量按刨花板650千克/立方米，单板750千克/立方米的标准换算；2004~2006年纤维板分别按硬算标准：密度>800千克/立方米的取950千克/立方米、500千克/立方米<密度<800千克/立方米的取650千克/立方米、
③木浆中未包括从回收纸和纸板中提取的木浆。
④纸和纸制品中未包括回收的废纸和纸板、印刷品、手稿等。
⑤废纸、纸和纸制品出口量按木纤维浆（原生木浆和废纸中的木浆）比例折算，纸和纸制品出口量按纸和纸产品中木浆年为0.89；2015年为0.90；2016年为0.92；2017年为0.92；2018为0.91。
⑥核桃进（出）口量包括未去壳核桃和核桃仁的折算量，其中核桃仁的折算量是以40%的出仁率将核桃仁数量折算为未板栗数量折算为未去壳板栗数量；开心果进（出）口量包括未去壳开心果和去壳开心果的折算量，其中去壳开心果的折算量
⑦柑橘属水果中包括橙、葡萄柚、柚、蕉柑、其他柑橘、柠檬酸橙、其他柑橘属水果。

品进出口数量(二)

2013年	2014年	2015年	2016年	2017年	2018年
1041421	979882	920513	934320	775228	983551
128621	161833	214890	295641	466751	533265
994664	865070	833017	1322042	1334636	1118478
38642	28148	87563	67109	68850	64512
381374	297260	373125	452435	—	491087
3122	7379	7930	8224	—	7433
105152	125879	208015	254452	280391	277162
185228	211019	215899	252396	233931	231702
1478	2175	2007	—	4304	6498
48243	62829	90178	66247	112532	113344
—	—	—	4133	27	26
112945	82798	104480	125988	71141	159029
—	—	—	—	3	4
321950	315509	298793	292310	224382	431956
1892	1754	3915	2760	3170	3713
365227	326079	354149	348455	528806	456603
347	179	146	240	1092	3990
538542	603876	813480	523373	533448	510844
18189	17571	13660	9151	33826	51157
28385	26409	13137	12380	12334	11114
39046	35594	34590	32884	—	36389
11788	9874	6694	7213	—	7822
10683	11428	13444	13771	16153	12750
1948	3750	4228	6638	12980	3175
5193	3360	2596	2082	—	4939
13651	10779	11348	18331	—	54954
1504	935	469	497	421	544
6838	1613	1171	3421	4362	6304
193	216	297	291	246	410
64471	35810	16203	33729	57850	83965
5036	5492	3113	4013	2614	2434
—	—	—	—	4	2
7784	7822	9573	11027	9886	11172
1	1	—	4	9	3
36005	30201	25500	28770	13792	23739
20073	22592	34818	37087	33132	37717
5661	5265	5076	4323	4741	4553
70459	69701	64356	66268	82451	97816
601490	458590	474959	507390	655527	558700
1769	2747	4770	5600	7712	6445

质纤维板 950 千克/立方米、中密度纤维板 650 千克/立方米、绝缘板 250 千克/立方米的标准折算;2007~2017 年纤维板折 350 千克/立方米＜密度＜500 千克/立方米的取 425 千克/立方米、密度＜350 千克/立方米的取 250 千克/立方米。

比例折算,出口量的折算系数:2009 年为 0.80;2010 年为 0.78;2011 年为 0.80;2012 年为 0.85;2013 年为 0.88;2014

去壳的核桃数量;板栗进(出)口量包括未去壳板栗和去壳板栗的折算量,其中去壳板栗的折算量是以 80% 的出仁率将去壳 是以 50% 的出仁率将去壳开心果数量折算为未去壳开心果数量。

附录七
野生动植物进出口情况
ANNEX VII

全国野生动植物进出口情况（一）

指标名称				单位	2018 年
一、进出口证明书核发数量				份	**63487**
1. 进口	小计			份	52741
	动物			份	15508
	植物			份	37233
2. 出口	小计			份	6420
	动物			份	3138
	植物			份	3282
3. 再出口	小计			份	4326
	动物			份	954
	植物			份	3372
二、物种证明核发数量				份	**8091**
1. 进口	小计			份	4695
	动物			份	2848
	植物			份	1847
2. 出口	小计			份	3396
	动物			份	172
	植物			份	3224
三、进出口贸易额				万元	**5243532**
（一）进出口证明书贸易额	合计			万元	4808151
	1. 进口	小计		万元	4386812
		动物	计	万元	179629
			观赏活体类	万元	25082
			实验类	万元	1387
			毛皮类	万元	129084
			食用类	万元	1368
			药用或中成药类	万元	1985
			其他	万元	20723
		植物	计	万元	4207184
			观赏类	万元	6944
			食用类	万元	14203
			用材类	万元	4166091
			药用或中成药类	万元	10872
			其他	万元	9073

全国野生动植物进出口情况（二）

指标名称			单位	2018年
（一）进出口证明书贸易额	2. 出口	小计	万元	295686
		动物 计	万元	161913
		动物 观赏活体类	万元	7081
		动物 实验类	万元	27966
		动物 毛皮类	万元	394
		动物 食用类	万元	29886
		动物 药用或中成药类	万元	92021
		动物 其他	万元	4565
		植物 计	万元	133773
		植物 观赏类	万元	21411
		植物 食用类	万元	72033
		植物 用材类	万元	753
		植物 药用或中成药类	万元	27962
		植物 其他	万元	11615
	3. 再出口	小计	万元	125652
		动物 计	万元	34082
		动物 观赏活体类	万元	28
		动物 实验类	万元	—
		动物 毛皮类	万元	1931
		动物 食用类	万元	13001
		动物 药用或中成药类	万元	5868
		动物 其他	万元	13253
		植物 计	万元	91570
		植物 观赏类	万元	3015
		植物 食用类	万元	12390
		植物 用材类	万元	67804
		植物 药用或中成药类	万元	1399
		植物 其他	万元	6963
（二）物种证明贸易额	合计		万元	435381
	1. 进口	小计	万元	285767
		动物	万元	41473
		植物	万元	244294
	2. 出口	小计	万元	149614
		动物	万元	11197
		植物	万元	138417

各办事处野生动植

单位	进出口证明书核发数量(份)						
	合计	进口			出口		
		小计	动物	植物	小计	动物	植物
总计	63487	52741	15508	37233	6420	3138	3282
濒管办北京办事处	1530	824	659	165	479	377	102
濒管办内蒙古自治区办事处	12	6	6	—	6	—	6
濒管办长春办事处	1604	1292	163	1129	176	21	155
濒管办黑龙江省办事处	14169	14009	2	14007	26	4	22
濒管办上海办事处	20167	18050	10598	7452	1194	1098	96
濒管办福州办事处	2397	769	457	312	633	42	591
濒管办合肥办事处	2064	1191	186	1005	259	117	142
濒管办武汉办事处	114	24	20	4	83	81	2
濒管办广州办事处	20038	16526	3388	13138	2241	1052	1189
濒管办成都办事处	659	17	17	—	642	169	473
濒管办云南省办事处	582	21	3	18	555	161	394
濒管办西安办事处	113	3	3	—	98	10	88
濒管办乌鲁木齐办事处	—	—	—	—	—	—	—
濒管办贵阳办事处	38	9	6	3	28	6	22

注：北京办事处下辖北京、天津、河北、山西核发点，长春办事处下辖吉林、辽宁核发点，上海办事处下辖上海、浙江、江苏核辖广东、广西、海南核发点，成都办事处下辖四川、重庆、西藏核发点，西安办事处下辖陕西、甘肃、青海、宁夏核发点，乌鲁木齐

物进出口情况(一)

再出口			物种证明核发数量(份)						
			合计	进口			出口		
小计	动物	植物		小计	动物	植物	小计	动物	植物
4326	954	3372	8091	4695	2848	1847	3396	172	3224
227	53	174	346	188	25	163	158	—	158
—	—	—	4	2	2	—	2	—	2
136	2	134	245	121	89	32	124	6	118
134	—	134	102	80	75	5	22	—	22
923	498	425	4408	3046	2119	927	1362	139	1223
995	102	893	418	142	51	91	276	—	276
614	83	531	260	62	4	58	198	—	198
7	4	3	59	—	—	—	59	—	59
1271	212	1059	1304	758	468	290	546	27	519
—	—	—	167	8	—	8	159	—	159
6	—	6	190	90	—	90	5	—	5
12	—	12	354	16	15	1	338	—	338
—	—	—	181	181	—	181	—	—	—
1	—	1	148	1	—	1	147	—	147

发点,福州办事处下辖福建、江西核发点,合肥办事处下辖安徽、山东核发点,武汉办事处下辖湖北、河南核发点,广州办事处下办事处下辖新疆、新疆生产建设兵团核发点,贵阳办事处下辖贵州、湖南核发点。

各办事处野生动植

单 位	总计	合计	小计	计	观赏活体类	实验类	毛皮类	食用类	药用或中成药类	其他
									进出口	
									进出口证明书	
									进口	
					动物					
总计	**5243532**	**4808151**	**4386812**	**179629**	**25082**	**1387**	**129084**	**1368**	**1985**	**20723**
濒管办北京办事处	203874	79484	38448	13191	2721	—	1041	24	—	9406
濒管办内蒙古自治区办事处	246	216	25	25	—	—	—	—	—	25
濒管办长春办事处	43655	34793	14857	1781	130	1294	142	—	—	216
濒管办黑龙江省办事处	175370	173357	169256	64	38	—	26	—	—	—
濒管办上海办事处	475324	389965	332891	121700	2405	93	111863	—	—	7339
濒管办福州办事处	86776	81649	24606	2673	753	—	—	—	1921	—
濒管办合肥办事处	258152	150135	47140	7111	6310	—	712	—	—	89
濒管办武汉办事处	7264	4637	426	292	267	—	—	—	—	25
濒管办广州办事处	3875121	3813826	3757001	30907	11140	—	15194	1337	64	3172
濒管办成都办事处	38374	29783	154	154	40	—	106	8	—	—
濒管办云南省办事处	58041	44420	716	437	—	—	—	—	—	437
濒管办西安办事处	13806	4447	310	310	295	—	—	—	—	14
濒管办乌鲁木齐办事处	4107	—	—	—	—	—	—	—	—	—
濒管办贵阳办事处	3421	1438	984	984	984	—	—	—	—	—

物进出口情况(二)

贸易额(万元) 贸易额						出口							
植物						小计	动物						
计	观赏类	食用类	用材类	药用或中成药类	其他		计	观赏活体类	实验类	毛皮类	食用类	药用或中成药类	其他
4207184	6944	14203	4166091	10872	9073	295686	161913	7081	27966	394	29886	92021	4565
25257	—	—	17872	6329	1055	27630	16484	7055	1074	—	—	5551	2805
—	—	—	—	—	—	191	—	—	—	—	—	—	—
13075	—	—	12788	—	287	17941	878	—	—	1	—	878	—
169192	—	—	169192	—	—	2732	7	—	—	—	7	—	—
211191	89	4098	203722	1965	1318	25219	22436	5	1749	65	20080	—	537
21933	6092	—	9621	1285	4935	27172	22081	—	—	—	—	20871	1209
40029	69	—	39871	—	89	72747	59499	21	—	261	—	59217	—
134	—	—	134	—	—	4180	4020	—	2301	66	1653	—	—
3726094	525	10106	3712892	1183	1389	40027	26995	—	17901	1	3615	5465	14
—	—	—	—	—	—	29630	3324	—	1054	—	2270	—	—
280	169	—	—	110	—	43696	5965	—	3888	—	2077	—	—
—	—	—	—	—	—	4071	40	—	1	—	39	—	—
—	—	—	—	—	—	—	—	—	—	—	—	—	—
—	—	—	—	—	—	452	185	—	—	—	184	—	1

各办事处野生动植

单 位	出口						进出口 小计	进出口证明书	
	植物								
	计	观赏类	食用类	用材类	药用或中成药类	其他	小计	计	观赏活体类
总计	133773	21411	72033	753	27962	11615	125652	34082	28
濒管办北京办事处	11146	—	—	706	10427	12	13407	6610	—
濒管办内蒙古自治区办事处	191	191	—	—	—	—	—	—	—
濒管办长春办事处	17063	177	15155	—	253	1479	1995	—	—
濒管办黑龙江省办事处	2725	—	—	—	2725	—	1369	—	—
濒管办上海办事处	2783	573	362	—	1811	37	31855	8079	—
濒管办福州办事处	5091	—	—	—	5091	—	29871	18723	—
濒管办合肥办事处	13248	61	—	—	3102	10085	30248	61	—
濒管办武汉办事处	161	—	—	—	161	—	32	—	—
濒管办广州办事处	13032	11626	—	—	1405	1	16799	610	28
濒管办成都办事处	26306	12	23903	—	2391	—	—	—	—
濒管办云南省办事处	37731	8553	28898	—	281	—	8	—	—
濒管办西安办事处	4031	—	3715	—	316	—	66	—	—
濒管办乌鲁木齐办事处	—	—	—	—	—	—	—	—	—
濒管办贵阳办事处	267	220	—	47	—	—	3	—	—

物进出口情况(三)

贸易额(万元)										
贸易额										
再出口										
动物					植物					
实验类	毛皮类	食用类	药用或中成药类	其他	计	观赏类	食用类	用材类	药用或中成药类	其他
—	1931	13001	5868	13253	91570	3015	12390	67804	1399	6963
—	200	—	146	6263	6797	—	—	—	—	6797
—	—	—	—	—	—	—	—	—	—	—
—	—	—	—	—	1995	—	—	1952	—	43
—	—	—	—	—	1369	—	—	1364	—	5
—	1173	—	—	6906	23776	—	4278	19388	—	110
—	—	13001	5721	—	11148	3015	—	6734	1399	—
—	61	—	—	—	30187	—	—	30187	—	—
—	—	—	—	—	32	—	—	32	—	—
—	498	—	—	83	16190	—	8045	8145	—	—
—	—	—	—	—	—	—	—	—	—	—
—	—	—	—	—	8	—	—	—	—	8
—	—	—	—	—	66	—	66	—	—	—
—	—	—	—	—	—	—	—	—	—	—
—	—	—	—	—	3	—	—	3	—	—

各办事处野生动植物进出口情况（四）

单位	进出口贸易额(万元) 物种证明贸易额						
	合计	进口			出口		
		小计	动物	植物	小计	动物	植物
总计	435381	285767	41473	244294	149614	11197	138417
濒管办北京办事处	124390	95700	603	95096	28690	—	28690
濒管办内蒙古自治区办事处	30	10	10	—	20	—	20
濒管办长春办事处	8862	4167	4133	34	4696	—	4696
濒管办黑龙江省办事处	2013	1310	1280	30	703	—	703
濒管办上海办事处	85359	51710	12908	38802	33650	731	32919
濒管办福州办事处	5128	1306	246	1060	3822	—	3822
濒管办合肥办事处	108017	60225	412	59813	47792	9982	37810
濒管办武汉办事处	2627	—	—	—	2627	—	2627
濒管办广州办事处	61294	53352	21856	31495	7943	485	7458
濒管办成都办事处	8591	217	—	217	8374	—	8374
濒管办云南省办事处	13621	13616	—	13616	5	—	5
濒管办西安办事处	9360	32	24	8	9327	—	9327
濒管办乌鲁木齐办事处	4107	4107	—	4107	—	—	—
濒管办贵阳办事处	1983	16	—	16	1967	—	1967

附录八
世界主要国家林业情况
ANNEX VIII

中国
林业和草原统计年鉴 2018

2015年世界主要国家森林面积及变化

国家(地区)	土地面积（千公顷）	2015年森林面积		2010~2015年森林面积变化		2015年森林立木蓄积量（百万立方米带皮材积）	2010~2015年森林立木蓄积量变化	
		森林面积（千公顷）	占国土面积的百分比(%)	年变化量（千公顷/年）	年变化率（%）		年变化量（千立方米/年）	年变化率（%）
非洲								
中非	62298	22170	35.6	-16	-0.1	3751	-5	-0.1
刚果(金)	226705	152578	67.3	-311	-0.2	35115	-72	-0.2
加蓬	25767	23000	89.3	200	0.9	5405	47	0.9
苏丹	186665	19210	10.3	-174	-0.9	1378	-9	-0.6
亚洲								
日本	36450	24958	68.5	-2	—	—	—	—
蒙古	155356	12553	8.1	-97	-0.8	1406	11	0.8
韩国	9710	6184	63.7	-8	-0.1	918	24	2.8
印度尼西亚	171857	91010	53.0	-684	-0.7	10227	-223	-2.1
老挝	23080	18761	81.3	189	1.0	920	-4	-0.4
马来西亚	32855	22195	67.6	14	0.1	5034	90	1.9
缅甸	65755	29041	44.2	-546	-1.8	1342	-18	-1.3
泰国	51089	16399	32.1	30	0.2	1506	-6	-0.4
越南	31007	14773	47.6	129	0.9	878	7	0.8
欧洲								
芬兰	30390	22218	73.1	—	—	2320	—	—
法国	54766	16989	31.0	113	0.7	2935	57	2.1
德国	34861	11419	32.8	2	—	3663	9	0.3
意大利	29414	9297	31.6	54	0.6	1385	21	1.6
俄罗斯	1637687	814931	49.8	-41	—	81488	-7	—
西班牙	49880	18418	36.9	34	0.2	1212	19	1.6
瑞典	41034	28073	68.4	—	—	2989	8	0.3
北美洲和中美洲								
加拿大	909351	347069	38.2	-47	—	—	—	—
墨西哥	194395	66040	34.0	-92	-0.1	4727	-5	-0.1
美国	916192	310095	33.8	275	0.1	40699	423	1.1
大洋洲								
澳大利亚	768230	124751	16.2	308	0.2	—	—	—
新西兰	26331	10152	38.6	—	—	3975	15	0.4
巴布亚新几内亚	46312	33559	72.5	-3	—	5195	—	—
南美洲								
巴西	835814	493538	59.0	-984	-0.2	96745	-120	-0.1
智利	74353	17735	23.9	301	1.8	—	—	—
哥伦比亚	110950	58502	52.7	-27	—	—	—	—
苏里南	16066	15332	95.4	-4	—	3816	-1	—
委内瑞拉	88205	46683	52.9	-164	-0.3	—	—	—

说明：资料来源为联合国粮食及农业组织《2015年全球森林资源评估报告》。

2017年世界主要国家林产品产量、贸易量和消费量(一)

国家(地区)	原 木(千立方米)				锯 材(千立方米)			
	产量	进口量	出口量	消费量	产量	进口量	出口量	消费量
世界总计	3797146	137492	138515	3796124	485119	148698	153060	480758
非洲合计	752774	1612	7633	746680	10502	9357	2361	17498
刚果(金)	89182	4	147	89038	150	—	31	119
加蓬	3270	—	11	3259	650	—	550	100
乌干达	47626	44	12	47614	440	12	1	451
南非	25788	806	682	25911	2165	254	222	2148
尼日利亚	75913	5	850	75063	2002	1	38	1965
亚洲合计	1128472	71615	4235	1195852	136575	64601	9077	192099
日本	28682	3270	971	30981	9457	6333	93	15697
韩国	5151	3717	2	8866	2293	2638	23	4908
印度	353953	4898	19	358833	6889	869	13	7746
印度尼西亚	118252	1173	25	119400	4169	169	526	3812
马来西亚	16323	23	2574	13773	3248	148	2172	1223
泰国	33206	46	1	33251	3700	1164	4381	483
越南	40154	1506	58	41603	6000	2180	372	7808
欧洲合计	760665	56237	71134	745767	163532	42196	93464	112264
芬兰	63295	4842	977	67160	11745	565	9376	2934
法国	51232	1431	4634	48029	8107	2722	1483	9346
德国	53491	9218	4128	58580	23168	5144	8314	19997
意大利	12928	3445	180	16193	1520	4915	416	6019
波兰	45346	1754	2966	44134	5120	1033	924	5320
俄罗斯	212399	2	19509	192892	40584	29	29650	10964
瑞典	74670	7853	796	81727	18407	532	223	5786
北美洲合计	574699	7794	21923	560571	129869	28817	39051	119635
加拿大	155121	6494	8151	153464	49495	1386	31657	19225
美国	419578	1300	13772	407106	80374	27418	7395	100398
大洋洲合计	80408	34	30216	50226	9902	822	2199	8526
澳大利亚	37275	1	4544	32733	5243	662	307	5598
新西兰	29097	8	19247	9858	4242	72	1827	2487
巴布亚新几内亚	9605	—	3261	6344	240	1	37	204
拉美和加勒比合计	500130	274	3374	497029	34739	2905	6908	30736
巴西	256809	14	483	256339	14597	22	2652	11967
智利	62109	—	176	61933	8151	35	3127	5060
墨西哥	46644	10	38	46616	3362	2001	29	5334
乌拉圭	15896	4	1376	14523	595	9	342	262

说明:资料来源为联合国粮食及农业组织《森林产品2017年鉴》。

2017年世界主要国家林产品产量、贸易量和消费量(二)

国家(地区)	人造板(千立方米)				木浆(千吨)				纸张和纸板(千吨)			
	产量	进口量	出口量	消费量	产量	进口量	出口量	消费量	产量	进口量	出口量	消费量
世界总计	401510	84561	90654	395417	183988	64745	64269	184464	412645	115039	116784	410900
非洲合计	2648	2339	382	4606	2442	764	1156	2050	3474	5084	725	7833
刚果(金)	1	3	—	4	—	1	—	1	3	14	—	17
加蓬	95	—	17	78						4	3	1
乌干达	30	3	27	7	—	—	—	—		127	4	123
南非	1442	186	164	1464	2251	170	1139	1282	2180	605	453	2332
尼日利亚	96	224	5	314	23	37	—	60	19	336	2	352
亚洲合计	242708	23342	30220	235813	35307	36239	5892	65654	195425	30957	22399	203984
日本	5172	134	150	8975	8921	1798	366	10353	26544	1589	1966	26167
韩国	3136	2475	51	5561	505	2271	25	2751	11091	1225	3123	9193
印度	2831	497	36	3292	3362	1565	3	4924	14961	3523	841	17643
印度尼西亚	4643	456	3027	2072	7677	1433	4633	4477	10466	721	4350	6838
马来西亚	5214	1192	4041	2365	131	180	2	309	1750	1560	289	3020
泰国	6145	434	5440	1139	1109	676	141	1643	5172	1075	1345	4902
越南	970	1343	648	1665	540	390	2	928	1742	1634	140	3236
欧洲合计	87221	37082	43472	80832	47811	19519	17032	50298	105483	55474	69666	91291
芬兰	1348	381	1108	621	10840	474	3655	7659	10280	353	9802	831
法国	4938	2336	2783	4490	1713	1996	582	3127	8022	4803	4022	8803
德国	13056	5655	6328	12383	2433	4770	1202	6001	22931	11806	14384	20353
意大利	3880	2479	1064	5295	392	3428	123	3696	9072	5183	3503	10752
波兰	10974	3260	3250	10984	1236	1009	164	2081	4748	3953	2309	6391
俄罗斯	15592	1213	5324	11481	8547	151	2259	6439	8569	1210	3039	6740
瑞典	635	1148	182	1601	12152	568	3322	9398	10261	918	9958	1221
北美洲合计	47444	17554	10259	54739	66044	5899	17886	54057	81635	12088	18818	74905
加拿大	12269	3302	8328	7242	16839	522	9911	7450	9867	2916	7211	5572
美国	35175	14248	1931	47493	49205	5377	7975	46607	71768	9171	11607	69333
大洋洲合计	3099	926	949	3077	3068	347	947	2468	3968	1909	1695	4182
澳大利亚	1712	731	110	2332	1378	297	—	1675	3235	1245	1225	3256
新西兰	1322	161	825	658	1690	49	947	792	733	587	468	853
巴布亚新几内亚	55	3	13	45						21	1	20
拉美和加勒比合计	18388	3317	5373	16332	29317	1975	21356	9937	22659	9528	3482	28705
巴西	10922	9	3438	7493	20187	226	13991	6422	10471	617	1994	9094
智利	3072	306	1151	2228	5193	21	4492	723	1106	645	469	1282
墨西哥	1043	1324	76	2291	248	995	14	1229	5755	3881	302	9335
乌拉圭	241	44	224	61	2644	7	2641	10	62	71	6	127

说明:资料来源为联合国粮食及农业组织《森林产品2017年鉴》。